Quality and Safety Control Technology in
Liquid Milk Production Process

液奶生产过程
质量安全控制技术

董阿力德尔图　吴海霞　张艳玲　主编

化学工业出版社

·北京·

内容简介

　　本书共 8 章，以牛乳为例介绍了液奶工业发展历史及现状、乳品安全问题及控制，随后详细介绍了液奶的成分及性质，液奶生产工艺及流程、液奶热处理过程中的成分变化、检测技术、清洗技术、微生物控制技术，最后梳理了液奶质量监管体系。书后附有行业相关检验方法等标准规范，供读者参考。

　　本书具有较强的实用性和参考性，可供从事乳品、食品研发、检测、质控的专业人员参考，以便更好地保障液奶生产质量，也可供高等学校化学化工、食品类等相关专业师生参阅。

图书在版编目（CIP）数据

　　液奶生产过程质量安全控制技术/董阿力德尔图，吴海霞，张艳玲主编 . —北京：化学工业出版社，2022.12

　　ISBN 978-7-122-42280-4

　　Ⅰ.①液… Ⅱ.①董…②吴…③张… Ⅲ.①鲜乳-生产过程-质量控制 Ⅳ.①TS252.41

　　中国版本图书馆 CIP 数据核字（2022）第 181384 号

责任编辑：刘　婧　刘兴春　　　　　　　　　　装帧设计：韩　飞
责任校对：田睿涵

出版发行：化学工业出版社（北京市东城区青年湖南街 13 号　邮政编码 100011）
印　　装：北京科印技术咨询服务有限公司数码印刷分部
787mm×1092mm　1/16　印张 19　字数 399 千字　2023 年 1 月北京第 1 版第 1 次印刷

购书咨询：010-64518888　　　　　　　　　　售后服务：010-64518899
网　　址：http://www.cip.com.cn
凡购买本书，如有缺损质量问题，本社销售中心负责调换。

定　　价：128.00 元

《液奶生产过程质量安全控制技术》
编委会

主　　　　编：董阿力德尔图　吴海霞　张艳玲

副　主　　编：赵文岩　肖豆鑫

其他参编人员：王潇栋　孔阳芷　武蕾颖　李　想

前　言

　　民以食为天，食以安为先，安以质为本。"乳"是营养丰富的液态食品，是最接近完善的食品。近年来，随着国民经济的快速发展及人民生活水平的不断提高，乳及乳制品的质量安全问题已成为全社会关注的焦点。为了保证乳及乳制品的质量，我国陆续颁布了多项乳和乳制品及相关检验的技术标准。乳制品质量安全控制需要多种控制技术的推陈创新，并建立相应的食品安全管理体系，使乳制品企业在生产加工过程中尽量避免各种影响乳制品质量安全的风险，生产出高品质的乳制品。

　　众所周知，液奶在乳制品的生产与销售中占绝对优势。编者针对液奶生产加工过程中的质量安全及控制编写了本书，图书内容基于内蒙古大学乳制品质量安全控制技术教育部工程研究中心多年科研、教学实践成果，并反映了国内外有关液奶生产质量控制技术的研究进展。

　　本书主要分为四个部分：第1章介绍了液奶工业发展、乳制品安全问题及质量安全控制相关概念；第2章～第4章对液奶生产工艺流程及加工过程中液奶成分变化进行了阐述；第5章～第7章详细论述了液奶生产过程的质量控制技术，包括检测技术、清洗技术及微生物控制技术；第8章介绍了液奶质量监管体系。书中内容理论联系实际，从液奶质量安全问题的提出，到液奶质量安全控制的相关概念、基本理论、控制技术，再到液奶的质量监管，对液奶质量安全控制技术进行了全面、深入的阐述，对我国液奶质量控制技术的发展具有一定的借鉴意义和参考价值。

　　本书的编写人员均在乳制品质量控制技术领域具有较丰富的科研与教学经验，全书由董阿力德尔图、吴海霞、张艳玲主编，具体分工如下：第1章由赵文岩编写；第2、第3章由肖豆鑫编写；第4、第5章由吴海霞编写；第6章由张艳玲编写；第7章由董阿力德尔图编写；第8章由吴海霞、张艳玲、赵文岩编写；附录由吴海霞和肖豆鑫整理。全书最后由董阿力德尔图、吴海霞、张艳玲统稿并定稿。此外，王潇栋、孔阳芷、武蕾颖、李想也参与了资料收集、整理及部分编写工作。

　　本书在编写过程中参考借鉴了许多国内外优秀教材、专著及科技论文等资料，在此向上述资料的原作者表示衷心的感谢。

　　限于编者水平及编写时间，书中不妥及疏漏之处在所难免，敬请读者批评指正。

主编

2022 年 6 月

目　录

第3章　液奶生产工艺及流程 　51

第7章 液奶的微生物控制技术 203

第 1 章

绪　论

哺乳动物分娩后由乳腺分泌的一种具有胶体特性、均匀的生物学液体，称为乳（我国南方称为奶）。乳的色泽呈乳白色或略带微黄色，不透明，味微甜并具有特有的香气。乳富含哺乳动物出生后生长发育所必需的全部营养成分，是哺乳动物直接喂哺刚出生后代的完全食物。目前人类直接饮用乳的种类主要有人乳、牛乳（奶牛、水牛、牦牛）、羊乳和马乳等。

1.1　液奶工业发展历史及现状概述

1.1.1　液奶的发展历史

严格意义上讲，液奶既非酒精饮料也非软饮料，是被排除在饮料范畴之外的。然而，由于人类在摆脱了单一靠狩猎取食的生活方式后，紧接着发展的是畜牧业和农耕业，因而在生活中液奶是人类最古老的饮料，估计人类在饮用自然水之后就进入了饮用液奶的阶段。据史料记载，考古学家在 2 万年前的原始人穴居遗址中曾发现过牛群的图像。还在一座古城的废墟中找到一幅公元前 3500 年的挤奶图，这说明至少在那个时候，人类已经开始饮用液奶。在中世纪的欧洲，液奶作为药物的功用被人们夸张了。当第一批欧洲移民涌向北美大陆淘金时，尽管漂洋过海的木帆船拥挤不堪，但人们仍然要带上大批奶牛。多少世纪以来，人们一直靠从自家的奶牛或附近的奶牛群来挤取液奶。因为液奶不易保存，在常温下数小时就会腐败，所以那个时候喝奶并不像喝水那么方便。

在漫长的历史岁月中，液奶是所有饮品中陪伴人类时间最长、与日常生活最密不可分的一种，重要性仅次于水。据考古学家的推测，早在 12000 年前，人类就开始驯服牛作为家畜，并把液奶作为重要的食物来源。在 6000 年前一座古巴比伦神庙中的壁画发现了迄今为止关于人类获取和饮用液奶的最早历史记录；公元前 4000 年左右，古埃及人使用乳为祭品，与此同时，欧洲人已经开始掌握了用液奶制作奶酪的技术。1856 年，法国人路易·巴斯德（Louis Pasteur）发明了至今仍被广为使用的巴氏消毒法，这种方法既能杀死液奶中的有害细菌，又能最大程度地保有其有益成分和味道，延长了液奶的保质期。此后，随着工艺的不断改进和技术革新，奶业不断发展，液奶及奶制品在人类饮食中占据越来越重要的地位。

我国饲养奶畜，食用乳和乳制品的历史悠久。我国北方和南方地区少数民族利用黄牛、牦牛挤奶食用已有 5000 多年的历史。自有文字以来，古籍中屡有关于乳的记载。秦代关于液奶的记述是比较早的。西汉文帝时已有关于加工奶酒的纪录。据今 2100 年前，西汉司马迁在《史记·匈奴列传》中记述，古代匈奴族"人食畜肉，饮其汁"，这个汁就是牛、马的奶汁。到了唐朝，食用乳制品已比较普遍，史书记载液奶在当时已是和尚的日常食物。《唐书地理志》在记述各地向皇宫进贡的礼品中就有干酪。乳制品不仅是民间的食品，也为军中所食。在元朝，意大利旅行家马可·波罗曾在他的游记中，记述了元代蒙古骑兵食用马奶食品。蒙古大将慧元对液奶进行了巧妙的干燥处理，做成了便于携带的粉末状奶粉，作为军需物资。到了明代，对乳制品的认识有了新的飞跃，李时珍所著的《本草纲目》中，对各种乳的特性与医药效果有详细的阐述。可见，在长期的历史发展中，乳和乳制品不但作为食品，还作为军需物资、药品被广泛应用，长期以来与人民的生活密切相关。

我国以乳和乳制品作为商品的乳业历史不过一百多年，中华人民共和国成立以来，乳业也是从头开始，经过半个多世纪的风风雨雨，终于成长壮大。特别是进入 21 世纪，我国乳业进入快速发展阶段，2020 年，全国奶牛数量为 6150 千头，比 2005 年增长了 3%；2019 年中国牛奶产量为 3201.2 万吨，同比增长了 4.1%；2020 年中国牛奶产量为 3440 万吨，同比增长了 7.5%[1]。全国规模以上的乳品企业乳制品总产量为 251.1 万吨，同比下降 1.9%

曾在很长一段时间内，牛乳一直是婴幼儿的辅助食品和年老体弱者等的滋补营养品，是一种"奢侈品"。但是随着科学发展和社会进步，人们对液奶的认识逐步加深，消费量也不断增加。20 世纪 80 年代开始，液奶作为一种相对普及的大众饮料发展起来。一方面是由于城乡人民生活水平提高了，收入增加了；另一方面是因为奶牛的饲养、奶制品加工和销售网扩大，有了相应的发展。

1.1.2　液奶的发展现状

乳业是现代农业的重要组成部分。牛奶产量和牛奶人均占有量被视为一个国家经济发达程度与综合国力的重要标志之一。世界卫生组织把人均乳制品消费量作为衡量一个国家人民生活水平的重要标志。当今世界各国都普遍重视乳业的发展。发达国家乳业产值一般会占到畜牧业总产值的 1/3 左右，显而易见，乳业已成为发达国家农业的主导产业。发展中国家，特别是亚洲国家近年来也高度重视乳业发展。我国乳业已发展成为增长最为强劲的食品工业之一，属于朝阳产业，具有巨大的潜在发展空间。近年来我国奶牛饲养业、乳品工业发展迅速，在奶源基地建设、产品产量、结构调整、包装水平、技术装备水平、消费市场、进出口贸易等方面都有了明显改善。然而，在我国乳业高速发展的背后也存在着不足，主要包括奶牛良种覆盖率低、优质原料奶不足、奶牛单产水平低、奶牛养殖规模小和模式落后、乳制品品种结构单一、检测技术落后、产品质量问题严重、乳制品加工规模小、关键设备性能及配套技术落后、企业重复建设现象严重、企业加工能力利用率低等问题。

1.1.2.1 牛奶总产量稳定增加

近年来，我国牛奶产量稳步增长，2019 年达到 3201.2 万吨，较 2018 年增长 4.1%。截至 2020 年牛奶产量达到了 3440 万吨，同比增长了 7.5%。图 1-1 所示为 2014～2021 年我国牛奶产量变化情况[2]。

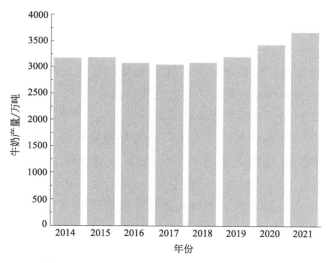

图 1-1　2014～2021 年我国牛奶产量变化情况

1.1.2.2 乳制品结构发生巨大变化

近年来，我国乳制品产量增长的同时，乳制品结构也发生了巨大变化，首先表现为液态奶比重增长，其他奶制品比重下降。根据国家统计局数据分析，相比 2010 年，2020 年全国乳制品市场主导的产品是液态奶、酸奶和婴配奶粉。其中，只有液态奶实现增长，干乳制品及其中的奶粉产量均下降。从 2010 年到 2020 年，全国乳制品产量从 2159.60 万吨增长至 2780.40 万吨，同比增长 28.7%。其中，2020 年液态奶产量 2599.43 万吨，远远超过其他品类；2020 年全国干乳制品产量 180.95 万吨，同比下降 3.09%；2020 年全国奶粉产量 101.23 万吨，同比下降 9.43%，如表 1-1 所列[3,4]。

表 1-1　2010～2020 年我国乳制品、液态奶、干乳制品产量

年份	乳制品产量/万吨	液态奶		干乳制品	
		产量/万吨	比重/%	产量/万吨	比重/%
2010	2159.60	1845.80	85	313.80	15
2011	2387.50	2060.79	86	326.71	14
2012	2545.19	2146.57	84	398.62	16
2013	2697.80	2335.97	87	361.83	13
2014	2651.80	2400.10	91	251.70	9
2015	2782.53	2521.00	91	261.53	9
2016	2993.23	2737.20	91	256.10	9
2017	2935.00	2691.66	92	243.38	8
2018	2687.10	2505.50	93	181.50	7
2019	2717.40	2537.70	93	181.70	7
2020	2780.40	2599.43	93	180.95	7

液态奶生产范围逐步扩大到原料乳产量大的北方地区。1997 年以后，北方开始生产灭菌乳，液态奶快速发展主要得益于超高温灭菌乳的发展，使得北方低成本的液奶原乳通过采用超高温灭菌和无菌灌装技术，保质期可长达 6 个月，能够长途运输到南方市场，以及没有冷链条件的农村市场。2016 年液态奶中超高温灭菌乳、巴氏杀菌乳、发酵乳、调制乳所占的比重分别是 40.6%、10.0%、21.3% 和 28.1%[5]，到 2019 年所占比重分别变成 36.3%、13.2%、34.3%、22.2%[6]。液态奶中灭菌乳已占有举足轻重的地位，灭菌乳的快速发展加快了中国乳制品结构调整的步伐，为推动中国乳业的发展，扩大液态奶的消费区域做出了贡献。

《2020 年中国液态奶行业研究报告》中的相关数据表明，2019 年乳制品消费中，液态奶约占 62.1%、酸奶约占 34.3%[6]。而干酪等产品在国外都属大宗产品，在国内基本没有生产，尤其是深加工、高科技和高附加值的产品更少，不能满足市场需求。国内乳制品消费仍以液态奶为主。在我国液体乳制品中，益生菌发酵乳以其良好的风味及特有的健康功能，成为增长最快的品种，同时因发酵乳的高附加值而使企业获得较好的经济效益。此外，随着人们收入的提升和城镇化的推进，我国人均酸奶消费量增加较快。统计局数据显示，2019 年低温酸奶的人均消费量由 2010 年的 0.59kg/人增长至 2019 年的 1.58kg/人[7]。酸奶更符合年轻消费群体的喜好，是乳制品中潜力较大的细分市场。2019 年我国酸奶消费额同比增长 23.8%[8]。

在我国干乳制品中，乳粉是最主要的产品，占到了干乳制品产量的 56% 左右，产值约占乳制品工业总产值的 45%。近 20 年来，中国乳粉结构发生了较大变化，婴幼儿乳粉、全脂乳粉、中老年乳粉已占到了乳粉的绝大部分。2019 年全国规模以上企业乳

粉产量 105.24 万吨。其中，全脂乳粉约占 15%，婴幼儿乳粉约占 60%，其他乳粉（中老年、儿童、加糖、孕产妇、调味、脱脂）约占 25%[9]。从乳粉构成来看，婴幼儿乳粉占乳粉类产品的一半多。婴幼儿乳粉也是我国乳制品进口的主要品种，2019 年全国共进口各种乳制品 313.16 万吨，金额达 118.61 亿美元。其中，液体乳进口量增长 32.26%、乳粉增长 26.62%，处于大幅度增长；婴幼儿配方乳粉增长率为 9.05%，趋于缓和；乳清粉下降 18.63%、乳糖下降 20.80%，幅度更大，标志着婴幼儿配方乳粉产量下降[9]。另外，中国干酪、炼乳和奶油产量都不高。由于消费者习惯的影响，中国干酪产量很低，目前国内生产干酪的厂家也是寥寥无几，基本是大型企业附带性生产少量的加工干酪，市场上的干酪产品多为进口。2019 年我国奶酪产量增长至 13.16 万吨，进口量为 11.5 万吨。炼乳是中国乳制品的传统产品，生产历史悠久，但是由于受到销售区域和用途的限制，产量已较少，以进口为主。2019 年我国炼乳和奶油进口量分别为 3.5 万吨和 8.6 万吨，如图 1-2 所示[9]。

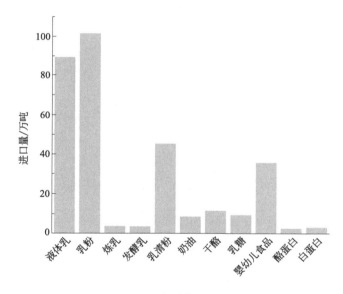

图 1-2　2019 年乳制品进口情况

1.1.2.3　乳业区域格局已经形成

在市场需求的指引下，按照资源优化配置的原则，一个特色鲜明、布局合理、协调发展的乳制品工业格局正在形成。从 2015～2019 年全国各地区牛奶产量数据可以看出（表 1-2），2019 年牛奶产量前 5 位的地区依次是内蒙古、黑龙江、河北、山东、新疆，5 省（自治区）2019 年牛奶总产量为 1903.58 万吨，占全国 2019 年牛奶总产量的 59.5%。2015～2019 年牛奶产量增长较快的有宁夏和新疆等地区。但到 2020 年，由于受疫情和牛肉价格上涨的影响，有些地区出现了负增长的现象。

表 1-2 2015～2019 年全国各地区牛奶产量[2]

地区	牛奶产量/万吨				
	2015 年	2016 年	2017 年	2018 年	2019 年
全国	3180	3064	3039	3075	3201
北京	57.22	45.70	37.42	31.06	26.41
天津	68.00	68.02	52.05	48.04	47.37
河北	473.14	440.49	381.01	384.81	428.68
山西	91.87	95.09	77.39	81.06	91.81
内蒙古	803.20	734.12	552.86	565.57	577.20
辽宁	140.25	143.06	119.71	131.80	133.90
吉林	52.33	52.85	33.98	38.83	39.90
黑龙江	570.48	545.95	465.21	455.91	465.24
上海	27.69	26.04	36.37	33.44	29.74
江苏	59.59	59.01	49.04	50.03	62.36
浙江	16.50	15.30	14.31	15.73	15.48
安徽	30.63	32.68	29.84	30.80	33.76
福建	14.95	15.45	13.11	13.82	14.46
江西	13.00	13.45	9.45	9.63	7.28
山东	275.38	268.40	223.54	225.11	228.04
河南	342.20	326.80	202.86	202.65	204.07
湖北	16.85	16.86	12.76	12.81	13.38
湖南	9.70	10.10	6.05	6.20	6.30
广东	12.95	12.95	13.88	13.89	13.92
广西	10.06	9.66	8.14	8.87	8.71
海南	0.23	0.22	0.50	0.19	0.23
重庆	5.45	5.45	5.06	4.89	4.19
四川	67.48	62.76	63.70	64.24	66.74
贵州	6.20	6.39	4.40	4.58	5.29
云南	55.00	56.93	56.83	58.21	59.87
西藏	30.04	29.73	37.06	36.44	42.39
陕西	141.19	140.20	170.28	109.75	107.77
甘肃	39.31	40.00	40.40	40.50	44.10
青海	31.50	33.00	32.43	32.57	34.87
宁夏	136.53	139.47	160.07	168.29	183.36
新疆	155.77	156.08	191.86	194.85	204.42

1.2 乳品安全问题引发的健康问题

自古以来，食品的安全问题一直同人类的生产活动紧密相连，是制约人类健康和社会进步的重要因素。不安全的液奶及乳制品将导致消费者生病，甚至死亡，生产者产品滞销、利润下降，甚至破产。

消费者如果食用了不安全的液奶及乳制品就会产生一些不良反应或疾病，例如应急反应，食物中毒，甚至肝脏器官的病变、癌症、传染性疾病。

液奶及乳制品可能存在的危害主要包括以下几点。

1.2.1 急性和亚急性危害

1.2.1.1 食物中毒

食物中毒包括化学性的和生物性的。化学性的食物中毒原因有：人为添加到乳中的化学制剂或药品造成的中毒，如一定量的硝酸盐或亚硝酸盐、抗生素、农药、杀虫剂、防腐剂、消毒剂等，以及其他可能引起急性中毒的重金属和一些化学药品或添加剂。生物性的食物中毒原因有：乳中引入大量的致病菌，如沙门氏菌、大肠杆菌 O157:H7、金黄色葡萄球菌等以及由于饲料中产生的黄曲霉毒素进入乳中造成的敏感人群的急性中毒。

1.2.1.2 食品的放射性污染

奶牛或牛饲料被放射性物质污染，以及产出的牛奶被放射性物质污染，都会给食用者造成放射性危害，而出现急性或亚急性症状。

1.2.2 慢性危害

毒性物质在身体内的累积会对人体健康造成威胁，如细菌毒素、小剂量抗生素、农药、杀虫剂、防腐剂、消毒剂以及硝酸盐和亚硝酸盐等在机体内沉积，对人体的各种脏器的侵害和对人体免疫系统的损伤。此外，转基因食品是否对人体健康有慢性损害也是目前正在研究的重要项目。

1.2.3 人体损伤

液奶中可能混入的物理性危害造成对人体器官的损伤，如可能混入的玻璃碎片、金属碎屑、操作工身上佩戴的饰物、小型机器零配件等。

因此，乳制品引发的食品安全问题更多的是由化学性和生物性危害引起，在乳制品生产、储存和销售过程中必须加强对这两方面的关注，防止发生该方面的食品安全事件，以免影响到整个乳制品加工业的发展。

1.3 乳制品安全控制

1.3.1 乳制品安全管理现状

乳是哺乳动物产犊后由乳腺分泌出的一种具有胶体特性、均匀的生物学液体。乳被誉为"营养最接近于完善的食品"，具有非常高的营养价值。近年来，随着乳制品质量安全水平的提高，我国乳制品在国际市场开拓方面取得了新的进展。但是，在乳制品质量安全方面还存在着值得重视的问题。

日益激烈的市场争夺战使得国内乳制品企业，甚至一些知名乳制品公司屡现食品安全问题，而乳制品质量安全问题已然成为制约中国乳制品行业升级发展的桎梏。

当前有四大难题威胁着我国的乳制品质量安全：

① 乳制品质量安全意识不强，难以适应乳业健康发展的要求；

② 生产经营水平较低，难以适应乳业标准化生产的要求；

③ 个别企业自律性不强、诚信度较低；

④ 法规和标准体系建设滞后，乳制品质量安全检测机构不健全，不利于实现对乳制品质量安全的有效监管，不能满足乳制品质量安全管理工作的要求。

由于食品工业规模的庞大和多样性，食品可能引发的疾病越来越引起人们的关注，而且随着食品国际贸易的全球化，食品污染扩散的速度之快、范围之广、危害之大也是前所未有的。欧洲的"疯牛病"、亚洲的"口蹄疫"及美国发生的李斯特菌、沙门氏菌、大肠杆菌O157:H7引发的事件，我国2008年"三聚氰胺"奶粉等引起的食品危害造成的恐慌，至今仍记忆犹新。食品危害的严重性受到高度关注，食品安全成为许多国家政府和学术研究的重要课题，许多国家相继推行了保证食品安全的计划和措施。

（1）国内

2008年的奶制品污染事件也就是"三聚氰胺事件"，是中国乳业人不愿轻言的往事，同时也是我国乳业成长的阵痛。事故起因是：很多食用某集团生产的婴幼儿奶粉的婴儿被发现患有肾结石，随后在其奶粉中发现化工原料三聚氰胺。该事件引起我国中央政府的高度重视，国务院启动国家安全事故Ⅰ级响应机制处置奶粉污染事件。在2008年三聚氰胺事件之后，中国原料乳产量增速放缓，行业关注重点转向了食品安全和质量。

早在2008年3月，我国农业部办公厅就下发了《奶牛标准化规模养殖生产技术规范（试行）》的通知，以加快推进奶牛标准化、规模化、集约化养殖，规范奶牛规模养殖场（小区）建设和管理方式。继2008年奶粉事件发生后，全国各省市都加强了奶源质量的监管力度，并出台财税政策扶持乳业由"散户养殖模式"向"规模化标准化养殖模式"转变。各地均鼓励奶牛散户向规模化养殖场集中，鼓励养殖大户和养殖场（养殖小区）收购散养户奶牛、新建奶牛养殖小区、增强鲜奶质量检测能力等。经过半年多的整顿和规范，全国生鲜乳收购站的面貌发生了重大变化，经营秩序明显规范，许可证核发工作已全面展开，生鲜乳收购站标准化管理水平显著提高，全国生鲜乳质量安全状况得到进一步提升。2010 年 2 月 1 日，中共中央、国务院发布了《关于加大统筹城乡发展力度 进一步夯实农业农村发展基础的若干意见》（2010 年中央一号文件），该文件明确提出了"支持建设生猪、奶牛规模养殖场（小区），发展园艺作物标准生产基地和水产健康养殖示范场，开展标准化创建活动，推进畜禽养殖加工一体化"[10]。2011 年 4 月，国家卫生部公布《食品安全国家标准　婴儿配方食品》（GB 10765—2010）❶、《食品安全国家标准　较大婴儿和幼儿配方食品》（GB 10767—2010）❷，该标准在多个项目要求中均比国际食品法典委员会婴幼儿奶粉标准更严格，被誉为"全球最严格婴幼儿奶粉国标"。2014 年 6 月，国家食药监总局公布获得新版婴幼儿奶粉生产许可的 82 家乳品生产企业。2015 年 10 月 1 日，新版《中华人民共和国食品安全法》（以下简称《食品安全法》）正式实施。

2013 年，生乳价格大幅上涨，主要是受口蹄疫疫情影响和新西兰干旱的影响。但是，各级畜牧部门根据农业部畜牧业司"加快规模养殖、推进结构调整、加强科学管理、重振消费信心"的思路，通过加快推进奶牛标准化规模养殖，扩大优质奶源基地；加快改良奶牛品种，提高奶业生产水平；加强奶站监管和实施生鲜乳监测计划，确保生鲜乳质量安全；大力实施"振兴奶业苜蓿发展行动"，从源头上提高生鲜乳质量安全水平；加强技术推广培训和宣传，努力提升消费信心等工作，推动我国奶业向优质化、规模化、标准化、机械化和合作化方向的发展。2014 年全国牛奶产量 3725 万吨，同比增长 5.5%；奶牛单产不断提高；奶牛规模养殖加快推进，100 头以上规模养殖比重达到 45%，比 2013 年提高 30%。

2014 年至 2015 年初，一些乳制品加工企业停收、限收生鲜乳，国内部分地区发生"卖奶难"问题，出现几起奶农倒奶现象，给奶农造成损失，影响到奶业生产发展的基础。针对这一情况，2015 年 1 月，农业农村部下发《关于协调处理卖奶难稳定奶业生产的紧急通知》，要求各级地方农牧部门在当地政府领导下，迅速行动起来，采取有效措施，全力以赴协调处理"卖奶难"，确保奶农利益、稳定奶业生产。有专家称，乳业困局凸显奶牛养殖业转型升级的重要性。奶农需改变"小户＋乳企"这种既有的发展模式，融入规模化和集约化的发展模式之中，才能获得广阔的发展空间。这就导致了一批中小牧场向规模牧场转型发展。

2010 年，国务院发布《关于加快培育和发展战略性新兴产业的决定》，明确重点发展七大战略性新兴产业，其中节能环保被列为七大战略性新兴产业之首。2017 年 5 月，国务院办公厅印发《关于加快推进畜禽养殖废弃物资源化利用的意见》（以下简称《意

---

❶ 新版标准《食品安全国家标准　婴儿配方食品》（GB 10765—2021）将于 2023 年 2 月 22 日起实施。
❷ 新版标准《食品安全国家标准　幼儿配方食品》（GB 10767—2021）将于 2023 年 2 月 22 日起实施。

见》），同时，环保部、农业部联合制定下发了《畜禽养殖禁养区划定技术指南》以保证该《意见》得以落实。因此，我国养殖业面临环保压力陡增，而养殖成本不断提高，迫使散户和中小牧场加速退出。

2019年，随着《国务院办公厅关于推进奶业振兴保障乳品质量安全的意见》和农业农村部等9部委《关于进一步促进奶业振兴的若干意见》的进一步贯彻落实，3月，农业农村部办公厅印发《奶业品牌提升实施方案》，5月，七部委联合发布《国产婴幼儿配方乳粉提升行动方案》，我国奶业从上游养殖到下游生产加工再到市场销售都进入了紧张的"转型升级期"。从2018年的数据可以看出奶业发展步伐加快：我国规模以上乳品加工企业587家，主营业务收入3398.9亿元，占食品制造业主营业务收入的18.5%。全国大中型乳品加工企业占企业总数的79%；其中6家企业主营业务收入超过100亿元，约占全国乳制品制造业主营业务收入的57%；排名前2位的企业进入世界乳品企业主营业务收入排名前10，亚洲排名第一、第二。

（2）国外

2011年瑞典宣布：在欧洲出售的某品牌婴幼儿食品里可能含有大量有毒元素，如砷、镉、铅、铀。如果婴儿每天进食两次米糊等食品，砷吸入量会比单独喂母乳高50倍、镉高150倍、铅高8倍。同年5月5日，韩国质检部门通报，在韩国市面45种抽检的乳制品中均发现微量甲醛。

2017年12月，法国奶制品巨头拉克塔利斯集团，也是全球第三大奶粉生产企业，宣布在全球83个国家召回1200万箱受沙门氏菌感染的"毒奶粉"，而被这批"毒奶粉"感染的婴幼儿病例有30多例。感染沙门氏菌可以导致腹泻、胃痛、呕吐等症状，幼儿、老人感染后可能因脱水而发生危险。

2019年，据美国疾病控制和预防中心的显示，美国有33个州爆发了沙门氏菌疫情，短短4个月已有100人感染，感染者最小的才1岁。更让美国父母崩溃的是7月24日美国食品药物监督管理局（Food and Drug Administration，FDA）表示这次沙门氏菌疫情与一家乳清供应商有关，而乳清供应商公司发言人竟公开表示不会公布其客户名单，包括将产品销售给其他企业的第三方分销商。乳清粉是一种常规的食品原料，在很多儿童食品、婴幼儿奶粉中都很常见，一旦用于婴儿配方奶粉后果将不堪设想。

2019年10月24日，德国公益组织"食品观察"在其网站上发布一份调查报告称，该组织对购自德国、荷兰和法国的多个品牌的婴幼儿奶粉进行检测，在部分奶粉中检出具有致癌风险物质——芳香烃矿物油残留物。报告称，根据3个独立实验室的检测结果，4种购自德国的奶粉中，有3种检测出芳香烃矿物油。此外，在12种购自法国和荷兰的奶粉产品中，有5种检测出芳香烃矿物油。此次卷入"芳香烃门"的8款奶粉总共涉及6大品牌。

2020年11月，德国某品德婴儿配方奶粉有一批次检测不合格，被查出奶粉中含有的香兰素不符合国家安全标准。

1.3.2　乳制品安全控制相关法规标准

　　根据《中华人民共和国食品安全法》、《乳品质量安全监督管理条例》和《奶业整顿和振兴规划纲要》等规定，经第一届食品安全国家标准审评委员会审查，卫生部于 2010 年 3 月 26 日公布了《生乳》（GB 19301—2010）等 66 项新乳品安全国家标准。新的乳制品安全国家标准包括乳制品产品标准 15 项、生产规范 2 项、检验方法标准 49 项。

　　2021 年 12 月卫健委牵头会同农业农村部、国家标准委、工业和信息化部、工商总局、质检总局、食品药品监管局等部门和轻工业联合会、中国疾病预防控制中心、乳制品工业协会、奶业协会等单位成立了乳品质量安全标准协调小组，共同做好乳品安全国家标准工作。各部门推荐了近 70 名专家组成乳品安全标准专家组，具有较广泛的代表性。各部门和各领域专家深入研究乳品标准中的重大问题，多次听取各界意见并公开征求社会意见，履行了向世界贸易组织（WTO）成员通报的程序。经过一年多努力工作，乳品质量安全标准协调小组对涉及乳品的食用农产品质量安全标准、食品卫生标准、食品质量标准和有关食品的行业标准中强制执行的标准进行整合完善，由卫健委统一公布为乳品安全国家标准。

　　通过清理完善，新的乳品安全国家标准基本解决了现行乳品标准的矛盾、重复、交叉和指标设置不科学等问题，提高了乳品安全国家标准的科学性，形成了统一的乳品安全国家标准体系。与以往乳品标准比较，新的乳品安全国家标准有以下特点：一是体现《食品安全法》立法宗旨，突出安全性要求。食品安全国家标准属于技术性法规，新的乳品安全国家标准严格遵循《食品安全法》要求，突出与人体健康密切相关的限量规定。二是以食品安全风险评估为基础，兼顾行业现实和发展需要。乳品安全国家标准以食品安全风险监测和评估数据为依据，确保标准的科学性，同时注重听取行业主管部门和协会意见，充分考虑我国乳品行业实际情况，确保标准的实用性。三是整合现行乳品标准，扩大标准的覆盖范围。乳品安全国家标准整合了以往乳品标准中的强制性规定，在减少标准数量的同时，提高了食品安全国家标准的通用性和覆盖面，避免标准间的重复和交叉。四是与现行法规和产业政策相衔接，确保政策的连续性和稳定性。乳品安全国家标准对规范乳品产业健康发展具有十分重要的意义。在制定标准过程中，对与食品安全要求非直接相关的有关规定，尽量予以保留并注意其衔接。卫健委将继续加强食品安全风险评估工作，跟踪国际研究进展，加强标准执行情况的跟踪评价，进一步完善食品安全国家标准。同时，按照食品安全整顿工作要求，继续组织做好食品安全国家标准清理完善工作，制（修）订食品中农兽药残留、有毒有害污染物、致病微生物、真菌毒素限量以及食品添加剂使用标准。

1.3.3　乳制品安全控制相关术语

食品质量安全（food quality safety）是指食品的质量状况对食品消费者的健康与安全没有直接或潜在不良危害，是食品卫生的重要组成部分。1996 年，在世界卫生组织发表的《加强各国食品安全性计划指南》中，将食品安全性解释为"对食品按照其原定用处进行制作和食用时不会使消费者健康受到损害的一种担保"。

食品的安全性（food safety）是以食品卫生为基础，食品安全性包括了卫生的基本含义，即"食品应当无毒、无害"，是正常人在正常食用情况下摄入可食状态下的食品，不会造成对人体的危害。中国法律对食品安全卫生质量基本要求的规定为：食品应当无毒、无害，符合应当有的营养要求，具有相应的色、香、味等感官性状。《食品工业基本术语》将"食品卫生（食品安全）"定义为：为防止食品在生产、收获、加工、运输、贮藏、销售等各个环节被有害物质（包括物理、化学、微生物等方面）污染，使食品有益于人体健康，所采取的各项措施。强调保证食品卫生的首要问题，并不是单纯解决吃得好不好、精细与粗陋的问题，而是解决吃得干净不干净、有害与无害、有毒与无毒的问题，也就是食品安全与卫生的问题。

食品链（food chain）：从初级生产直至消费的各环节和操作的顺序，涉及食品及其辅料的生产、加工、分销、贮存和处理。食品链包括食源性动物的饲料生产和用于生产食品的动物的饲料生产，也包括与食品接触材料或原材料的生产。

食品安全危害（food safety hazard）：食品中所含有的对健康有潜在不良影响的生物、化学或物理的因素或食品存在状态。

终产品（final product）：不再进一步加工或转化的产品。这是一个相对的概念，食品链涉及从初级生产到最终消费的全过程，食品链中的生产企业一般只完成其中某一段的工作，因此企业产品也是阶段性的，需要食品链的下游企业进一步加工或转化。

污染（pollution）：在食品和食品环境中带进或出现污染物。

交叉污染（cross pollution）：通过生的食品、食品加工者或食品加工环境把生物的、化学的或物理的污染物转移到食品的过程。

巴氏杀菌（pasteurization）：通过加热以达到杀灭所有致病菌和破坏及降低一些食品中腐败微生物数量为目的的一种杀菌方式（通常在 100℃以下的加热介质中低温杀菌）。

高温灭菌（high temperature sterilization）：以杀灭所有通过平板或其他计数方法可以测出的活菌为目的的一种杀菌方式。

控制措施（control measure）：能够用于防止或消除食品安全危害或将其降低到可接受水平的行动或活动。

良好操作规范（good manufacture practice，GMP），GMP 是政府以法规、规范、条例或标准的形式发布的文件，是规范食品企业卫生行为的总要求。各国政府根据 CAC《食品卫生通则》制定本国的通用规范，即本国的 GMP。文件规定了食品企业在生产、加工、包装、贮存、运输、销售方面的基本要求，也是食品企业应当达到的必须要求。我国现已制定了 23 个企业良好操作规范和出口企业的 10 个规范，其中《食品安全国家标准　食品生产通用卫生规范》（GB 14881—2013）为通用的规范，其余是各专业的规范。

卫生标准操作程序（sanitation standard operation procedure，SSOP）是按照国家有关安全卫生法规的要求所制定的、用于食品控制的生产卫生操作程序，是食品加工厂企业为了保证达到 GMP 所规定的要求，确保加工过程中消除不良的因素，使其所加工的食品符合卫生要求而制定的，指导食品生产加工过程中实施清洗、消毒和卫生保持的作业指导文件，是食品生产和加工企业建立和实施 HACCP 计划的重要的前提条件。SSOP 由食品企业自己编写，应以 GMP 为基础，紧密结合企业的实际。

危害分析与关键控制点（hazard analysts and critical control point，HACCP）是生产（加工）安全食品的一种控制手段，对原料、关键生产工序及影响产品安全的人为因素进行分析，确定加工过程中的关键环节，建立、完善监控程序和监控标准，采取规范的纠正措施。

前提方案（prerequisite program）：为减少食品安全危害在产品或产品加工环境中引入和（或）污染或扩散的可靠性，通过危害分析确定基本的前提方案。

关键控制点（critical control point，CCP）：能够进行控制，且该控制是防止、消除食品安全危害或将其降低到可接受水平所必需的某一步骤。关键控制点对应着流程图上的某一步骤，该步骤的控制措施能够实施且有效，并且这种控制对于食品安全危害达到可接受水平是必需的。

关键限值（critical limit，CL）：区分可接受和不可接受的判定值。设定关键限值保证关键控制点受控。当超出或违反关键限值时，受影响的产品应被视为潜在的不安全产品。要针对每个关键控制点的每个食品安全危害设定关键限值，关键限值应是能够测量的判定值，可以是一个或多个。关键限值可以是定性的，如检查原料合格证明的有无；也可以是定量的，如测定温度、时间、pH 值等。关键限值的作用是为了保证将发现的食品安全危害预防、消除或降低到可接受水平。

1.4　液奶质量安全控制存在的问题

1.4.1　生化酶解

生化酶解与微生物引起的变质与质量变化的现象极为接近。目前还没有简洁可行的方法直接对产品中的酶活性进行检出，但生化酶解造成的变质一般可以依据变质产品中是否有微生物检出加以区分。

1.4.1.1 产生的原因

① 酶解引起的变质主要是由经过超高温（UHT）灭菌的液奶中残留耐热酶造成的。在 UHT 灭菌处理过程中，绝大多数酶类都会失去其活性，而由假单胞菌族嗜冷菌和某些芽孢杆菌合成的蛋白分解酶和脂肪分解酶会因其具有较强的耐热能力而残留下来，在产品贮存和销售期间这两种酶会逐渐恢复活性，并降解液奶中的蛋白质和脂肪。其中，蛋白质被改变结构或降解，从而导致乳蛋白的凝胶化或产生带有苦味的苦肽；乳脂肪的分解则会导致乳中不饱和脂肪酸游离且酸值升高，以及脂肪球膜的破坏和不良风味的产生。

② 无菌包装机内环境卫生不合格，霉菌较多。

③ 原料奶质量差，本身的芽孢数较高。

④ 无菌空气过滤器失效，空气中霉菌较多。

⑤ 过氧化氢（双氧水）浓度不够。

1.4.1.2 控制措施

① 加工区域环境条件要清洁卫生，加强杀菌器的清洗力度，使加工设备的杀菌更彻底。

② 在 UHT 灭菌条件下，耐热蛋白酶和脂肪酶的绝对灭活是很难实现的，尤其在酶含量较高时更是如此。为降低或避免 UHT 灭菌液奶的酶解变质发生率，目前较为可行的办法是加强生鲜液奶卫生指标的管理，降低微生物污染程度和繁殖速度。对细菌总数较高的生鲜液奶及时地进行巴氏杀菌和冷贮，能使细菌总数降低两个指数级，也能为酶解变质的控制提供有力措施。一般情况下，生鲜液奶的嗜冷菌总数最好控制在 1000 个/mL 以内。

③ 加强原料乳的卫生控制和预杀菌强度，避免长时间低温贮藏。

④ 控制好双氧水浓度。

⑤ 加强生产过程中的监控与检查。

⑥ 加强贮存间的卫生，及时更换无菌过滤器，无菌包装间要加强消毒和保障环境卫生。

⑦ 对包装膜的微生物指标和质量（如砂眼）要严格检查。其次，人员要严格按照生产规范进行操作，尽量避免后污染。

1.4.2 脂肪分离

乳脂肪分离现象在液态奶及乳饮料中较为常见，成品的脂肪上浮一般出现在生产后几天到几个月范围内。有的在贮存 3 个月后出现，而有的在 2 周就会产生。一般表现为脂肪从液奶的乳浊液体系中游离出来，通过脂肪球膜的同性相溶进而形成较大的脂肪团块，集中上浮于乳的表层，这种变化属于理化范畴，主要对液奶的组织状态和风味造成不良影响。当剪开利乐包装盒，会发现上层有明显可见的白色流动液体，有时浮有少量白色碎片，而且会黏在盒的内壁。当把奶煮开后会形成一层脂肪膜，即奶皮。但品尝此种奶口味纯正、无异味，经检测其黏度（20℃时）、酸度（pH 值）均在正常奶的范围。因此，该奶从理论上讲可以饮用，对人体无害，但是应慎用已有异味的奶。

1.4.2.1　产生的原因

① 一般造成乳脂肪上浮的原因可能是生产过程中均质不当（如低温下均质）。上浮的严重程度一般与贮存及销售的温度有关。温度越高，上浮速度越快，严重时在包装的顶层脂肪膜可达几毫米厚。

② 乳化剂的乳化效果不好。

③ 过度机械处理。

④ 前处理不当，混入过多空气。

⑤ 饲料喂养不当导致脂肪与蛋白质比例不合适。

⑥ 原料乳中含过多脂肪酶。有研究表明，经 140℃、5s 的热处理，胞外脂肪酶的残留量约为 40%，残留的脂肪酶在贮存期间分解脂肪球膜，释放出自由脂肪酸而导致聚合、上浮。

⑦ 原料乳中含有过多自由脂肪酸。

具体分析如下。液态奶生产中要求采用二级均质，首先是低压均质（4MPa），然后是高压均质（15～20MPa），均质时奶的温度为 70～75℃时效果最佳。均质的作用即破碎大的脂肪颗粒形成小的脂肪球，并均匀分布于乳中，不至于脂肪聚集或乳蛋白结合形成大颗粒。在长货架期 UHT 乳生产中乳化剂的选用尤其重要，而且添加量要适宜（0.1% 左右），过量和不足都会影响产品的稳定性。此外，对于 UHT 乳出现的脂肪上浮现象还有一种可能，即由乳中天然蛋白酶（碱性蛋白酶）所致。在乳中，该酶能够水解 α-CN、β-CN，破坏了乳脂肪球和酪蛋白表面结构，引起脂肪与脂肪、脂肪与酪蛋白结合并聚集，形成小的薄片浮于乳的上部。影响乳蛋白酶的因素主要有牛的健康状况和乳的卫生质量。因此，禁止以乳房炎乳为 UHT 乳的原料乳，而且国外有规定当原料乳中体细胞数超过 50 万时即怀疑为乳房炎乳。此外，由酶引起的脂肪上浮可能会伴随乳滋气味的改变。因此，当乳的风味发生明显改变时不宜饮用。

1.4.2.2　控制措施

（1）提高原料乳质量

1）原料乳产出

① 挤乳前应将牛床打扫干净，刷拭牛体，特别是后躯，药浴乳头和用温水彻底洗净乳房，同时还要充分按摩乳房。

② 头几把乳应挤在准备好的专用桶内，禁止挤在牛床上。

③ 挤乳过程中严禁随意打牛和高声吆喝牛。

④ 患病牛应放在最后挤，病乳放在专用的容器内，集中处理。

⑤ 每次挤乳一定要挤净，挤后要立刻采取乳头药浴。

⑥ 挤乳用具必须在挤乳前和挤乳后进行彻底清洗消毒。

⑦ 挤奶员要定期健康检查，经常修剪指甲。

⑧ 挤奶员要固定，挤乳手法要熟练。

⑨ 人工挤乳应采用压榨法，严禁使用滑榨法。机器挤乳时，真空泵压力保持在 $360\sim400\mathrm{mmHg}$❶、频率为 60~70 次/min。有时根据泌乳情况确定挤乳次数。

2）过滤

牧场在没有严格遵守卫生条件下挤乳时，乳容易被粪屑、饲料、垫草、牛毛和蚊蝇等污染。因此挤下的乳必须及时进行过滤。凡是将乳从一个地方送到另一个地方，从一个工序转到另一个工序，或者由一个容器转移到另一个容器时，都应该对乳进行过滤。除用纱布过滤外，也可以用过滤器进行过滤。过滤器具和介质必须清洁卫生，及时清洗杀菌。

3）净化

原料乳经数次过滤后，虽然除去了大部分的杂质，但是乳又会受很多极为微小的机械杂质和细菌污染，难以用一般的过滤方法除去。为了达到最高的纯净度，一般采用离心净乳机净化。

4）冷却

净化后的乳最好直接加工，如果需要短期贮藏，必须及时进行冷却以保持乳的新鲜度。刚挤下的乳温度为 36℃ 左右，是微生物繁殖最适宜的温度，如不及时进行冷却，混入乳中的微生物就会迅速繁殖。所以新挤出的乳经净化后需尽快冷却到 4℃ 左右来抑制乳中微生物繁殖。

5）贮存

为了保证工厂连续生产的需要，厂家必须有一定的原料乳贮存量。一般总的贮乳量不应少于 1d 的处理量。冷却后的乳应尽可能保持低温，以防止其保存性降低。因此，贮存原料乳的设备要有良好的绝热保温措施，并配有适当的搅拌装置，定时搅拌乳液以防止乳脂肪上浮而造成分布不均匀。

贮乳罐外边有绝缘层（保温层）或冷却夹层，以防止罐内温度上升。贮罐要求保温性能良好，一般乳经过 24h 贮存后，乳温上升不得超过 2~3℃。

6）运输

乳的运输是乳品生产上重要的一环，应注意以下几点：

① 防止乳在运输途中升温，特别是在夏季，运输最好在夜间或早晨，或用隔热材

---

❶ $1\mathrm{mmHg}=1.33\times10^2\mathrm{Pa}$，下同。

料盖好桶；

②所采用的容器必须保持清洁卫生，并加以严格杀菌；

③夏季必须装满盖严，以防震荡。冬季不得装得太满，避免因原料冻结而使容器破裂；

④长距离运送乳时，最好采用乳槽车，乳槽车运乳的优点是单位体积表面小，乳的升温慢，特别是在乳槽车外加绝缘层后可以基本保持乳在运输中不升温。

（2）其他

①在生产前检查均质设备。

②人员要严格按照生产要求进行操作。

③进行必要的质量监督。

1.4.3　褐变颜色

正常液奶应为乳白色或稍带黄色。当乳色泽较深时，则可能发生了不同程度的褐变。褐变主要是由于乳糖的羟基和乳中蛋白质的某些氨基发生了美拉德反应，正常的 UHT 灭菌条件（135～140℃，3～4s）一般不会导致产品明显褐变。新鲜液奶只有在灭菌温度过高或灭菌时间过长时才会有明显的褐变现象。一般来说，UHT 灭菌液奶在一定程度上的褐变是不可避免的，但比保持灭菌液奶的程度要轻，正常情况下肉眼是不易发现褐变的。程度较深的褐变不但会使液奶的感官质量下降，也会直接影响其营养价值。

1.4.3.1　产生的原因

①原料乳的质量不好。美拉德反应的速度与乳中的还原糖、酪蛋白含量以及含氧量都有关系，而原料乳质量的差异很大程度上会影响到这些物质在乳中的含量。

②生产时间过长或是温度突然过高。如果生产时间过长则容易使局部过度受热，从而导致乳蛋白变性程度增大并产生糊管现象，这样不仅使乳容易发生褐变而且影响杀菌效果。

③灭菌参数不稳定。例如，无菌灌装设备因故障停止灌装时，或液奶因某种原因在 UHT 灭菌器中反复循环。

④未进行预杀菌或前处理效果不好。

⑤杀菌设备不当。

⑥乳中添加稳定剂。

1.4.3.2　控制措施

①控制灭菌参数的稳定是预防褐变的主要方法。例如，当无菌灌装设备因故障停止灌装时，液奶会因在 UHT 灭菌器中反复循环而造成产品严重褐变，此种情况下应将

灭菌设备尽快排空后以水循环，待设备恢复正常后可以重新进料进行灌装。

② 控制生鲜液奶的新鲜度在一定程度上也会提高液奶的抗褐变能力。

③ 生产时间过长或是温度突然过高不仅会使乳中蛋白质变性程度增大并产生糊管现象（焦糖化），而且 UHT 管内壁的结焦还会影响清洗效果，造成恶性循环。因此，遇到 UHT 温升太快（平均 1h 超过 1℃），或者清洗后刚开始使用就温升过快，首先要分析产品的配方，改变一下配方组成；其次要跟踪清洗效果，调整就地清洁（cleaning in place，CIP）清洗程序。

④ 预杀菌工序是 UHT 灭菌的前处理，温度控制在 85～90℃并保持 16s，主要是减少原料乳中的嗜冷菌及芽孢，钝化引起风味变化的酶系，以保证液态奶的安全性，此过程同时避免了成品产生褐变的不良现象。

⑤ 生产中也应适当注意杀菌设备。避免板式换热器加热不均和局部过热现象。

1.4.4 蛋白质变性

生乳经热处理造成的蛋白质变性通常会产生两方面的影响：一方面是产品中有悬浮蛋白质絮片或蛋白质沉淀；另一方面是产生硫化物等裂解产物，造成较重的"蒸煮味"。

1.4.4.1 产生的原因

正常情况下，UHT 灭菌仅会造成液奶中少量的乳清蛋白热变性，对占绝对数量的酪蛋白的影响不大。但是，当生乳的盐离子不平衡或酸度较高时，其蛋白质稳定性就会显著下降。Ca^{2+} 作为连接酪蛋白的中间纽带，其数量直接关系酪蛋白的稳定性；酸度对蛋白质稳定性的影响主要基于 pH 值接近蛋白质等电点（pI）时，蛋白质结构发生变化，稳定性明显下降（生乳的蛋白质稳定性可以通过 75% 以上的酒精试验进行有效验证）。

1.4.4.2 控制措施

为改善 UHT 灭菌液奶中蛋白质的稳定性并减轻蛋白质变性数量，灭菌处理前对用于生产的生鲜液奶进行常规的蛋白质稳定性检验是极其必要的。而且为严格质量控制，在生鲜液奶检验时，只有通过酒精试验确认其蛋白质稳定性良好时方可进行加工，而酒精阳性乳不宜使用。

1.4.5 变稠

在我国目前的畜牧和设备资源的实际情况下，对于 250mL 分装的 UHT 灭菌液奶，其产品微生物控制失败率在 0.01% 左右时，通常是可以接受的；反之，如果失败率明显偏高或者由微生物引起的变质较为集中出现时，往往是由生产控制不当造成的。

对于 UHT 灭菌的液奶尤其要注意嗜冷菌的影响。在低温条件下，液奶中较为多见的细菌有假单胞菌属、产碱杆菌属、无色杆菌属、黄杆菌属等。其中的某些菌属（如假单胞菌属）可产生强耐热的脂肪酶和蛋白酶，经 UHT 处理后仍保持活性，并会对产品造成不利影响。经一段时间的贮存后，脂肪酶分解脂肪产生游离脂肪酸，从而引起产品的风味变化，如哈喇味、腐败味等。这些嗜冷菌产生的蛋白酶会分解蛋白质，产生肽和氨基酸，从而使产品有苦味，部分蛋白酶甚至会影响乳中蛋白质的结构，使产品产生沉淀，即胶凝现象，通常表现为产品的黏度提高。原料乳如果贮存 2～3d 再加工，则会有嗜冷菌大量繁殖。因此，应尽可能缩短原料乳的贮存时间，或尽快对原料乳进行巴氏杀菌来稳定液奶的质量。

1.4.5.1 产生的原因

① 经过 UHT 灭菌后的液奶，绝大部分细菌（或真菌）的繁殖体和芽孢（或孢子体）均已被灭活。然而，由湿热杀菌的热动力学过程［符合化学反应一级方程式 $\lg(N_0/N)=kt$］可知，随着生鲜液奶中所含的耐热芽孢菌数的升高及产量的增大，其芽孢残留率也随之增加。也就是说，当生鲜液奶中耐热芽孢菌数足够多、产量足够大时，绝对的灭菌是不可能的。

② 清洗不够彻底（包括中间清洗以及 CIP 清洗）。

③ 灭菌和灌装过程的后期污染也是引起变质的主要原因之一。

④ UHT 包装袋有沙眼或密封不严。

⑤ 封口四角有小眼，袋面有划痕。

⑥ 包材灭菌效果不佳。

1.4.5.2 控制措施

① 减少生鲜液奶的污染机会，及时进行净乳冷藏，必要时进行巴氏杀菌，控制耐热芽孢总数不多于 100 个/mL。

② 合理设定 UHT 灭菌机组的灭菌参数（135～140℃，3～4s），保证灭菌温度平稳。

③ 确保 UHT 灭菌机组和无菌包装机自身灭菌参数或程序设定正确，灭菌彻底；确保清洗效果良好。清洗是 UHT 奶生产中的一个非常重要的环节，根据不同的设备采取不同的清洗方法。

Ⅰ. 配料设备和管线的清洗。为了避免交叉污染，配料罐要清空一次清洗一次，日常清洗以清水为主，若配制不同品种的产品，中间要用 3% 碱液清洗一次，每天都进行一次高温消毒。

Ⅱ. 管线的清洗。配料罐到原料乳罐之间的管路，在夏季天气炎热时，2 次打奶之间每隔 1h 清洗一次，以防止因管线中残留的液奶变质而影响产品质量。

Ⅲ. UHT 设备的清洗。

Ⅳ. 超高温乳生产加工中间清洗（AIC）：AIC 是指生产过程中在保证完全无菌状态的情况下，对热交换器进行清洗，确保无菌灌装正常进行的过程。采用这种清洗是为了去除加热面上沉积的脂肪和蛋白质等垢层，降低系统内压力，对液奶进行充分有效的杀菌，从而延长运转时间。AIC 一般先使用水顶出产品，然后加入碱运行一段时间后，用水洗去残留的碱液，如果水洗时间不够就进料刚会使乳中残留碱液，而使乳呈现碱味。为了生产出优质的超高温乳，车间工作人员应该严格按照生产规范进行操作。根据不同的设备和实际生产情况，主要是根据物料压力来判断是否进行 AIC 清洗。

Ⅴ. CIP 清洗：CIP 清洗是指对 UHT 设备进行彻底的封闭式的循环清洗。对于中性产品而言，每连续生产 8h 后，设备即需要进行一次 CIP 清洗；对于酸性产品或杀菌温度在 110℃ 左右的产品，也要坚持 23h 内停机清洗的制度。因为 UHT 产品是无菌产品，不得有半点的污染，只有保证制度才能控制产品的质量安全。

Ⅵ. 无菌罐的清洗：在正常生产情况下，无菌罐作为平衡生产和优化生产工艺是很有效的，但绝不是保险缸，仅当 UHT 设备清洗或是包装机出现故障时，对产品进行暂时存放所用，但存贮的时间不宜过长，在重新开机生产前一定要先将无菌罐内的产品进行包装，尽量减少新老产品交叉混合包装。因为无菌罐的清洗会使生产中断，但也要坚持 23h 内进行一次清洗。无菌罐的清洗要与无菌罐输出到包装机的管线一起清洗，遗留任何一处都会影响到整条线的清洗效率，在生产线更换产品品种时一定要进行 CIP 清洗，以防止影响不同产品间的风味。

Ⅶ. 包装机的清洗：对于包装机而言，不能认为上下灌注管一直处于液体流动状态或是整个与物料接触的表面都处于无菌状态下而忽略对其的清洗，由于设备不正常的停机对停留在管道内的物料是不利的，所以若中途停机超过 30min，必须对包装机进行 CIP 清洗后方可再次生产。另外，还要坚持在生产 23h 内对包装机进行一次 CIP 清洗。

④ 经常检查用于包装材料灭菌的化学消毒剂浓度是否达标（以 30%～50% 的双氧水为主），包装材料内表面的消毒剂必须涂抹均匀或浸润良好。包装材料应密封贮存和运输以免微生物污染（包装材料带菌量不应多于 5 个/cm²）。

⑤ 无菌灌装。无菌热空气温度 145℃，室内空气正压，对包装材料用 70℃ 以上的 35%～40%（体积分数）的双氧水溶液灭菌 6s，生产中每 140h 更换一次系统内的双氧水。

⑥ 包装过程中，按设备操作要求抽检包装的封口质量。封口要及时有效，保证密封良好，杜绝灭菌后的牛奶发生二次污染。当封口不良时，应立即对设备的封口装置进行涂抹检验，检查是否有微生物污染。有些细菌的特点是在冷藏的温度下能迅速繁殖，虽说这些细菌经过加热可被杀死，但也应对温度（或电流）进行调节，并对封口元件定

期检查，以免导致外源性微生物污染。

参考文献

[1]　陈兵，张军平，刘泽禹. 2020 年度我国奶业概况及分析 [J]. 中国奶牛，2021(6)：65-69.

[2]　国家统计局. 畜产品产量 [EB/OL]. https://data.stats.gov.cn/easyquery.htm? cn=C01

[3]　中国乳制品工业协会. 中国乳业十年巨变 [EB/OL]. https://www.cdia.org.cn/searchcn.php? id=1707

[4]　新乳业. 2020 年，我国仅有这类乳制品的产量增长了 [EB/OL]. http://www.foodaily.com/market/show.php? itemid=23850

[5]　中国奶业协会.《中国奶业质量报告（2017）》[EB/OL]. https://www.dac.org.cn/read/newgndt-17071915434754710221.jhtm

[6]　产业信息网. 2020 年中国液态奶行业市场现状、行业发展面临的问题、未来新的增长点及未来发展方向分析 [EB/OL]. https://www.chyxx.com/industry/202106/956149.html

[7]　产业信息网. 2019 年中国低温酸奶市场现状与竞争格局分析 [EB/OL]. https://www.chyxx.com/industry/202008/886823.html

[8]　关研报告网. 我国酸奶行业市场规模稳定上升 伊利、蒙牛、光明市占率排名前三 [EB/OL]. http://free.chinabaogao.com/shipin/202012/1295244202020.html

[9]　博亚和讯网. 乳制品行业 2019 年回顾及 2020 上半年运行情况 [EB/OL]. http://www.boyar.cn/article/1090479.html

[10]　中华人民共和国农业农村部. 中共中央 国务院关于加大统筹城乡发展力度 进一步夯实农业农村发展基础的若干意见 [EB/OL]. http://www.moa.gov.cn/xw/zwdt/201002/t20100201_1425496.htm

第 2 章

液奶的成分组成及性质

2.1 液奶的成分组成

2.1.1 液奶的化学组成

液奶的成分十分复杂，其中至少含有上百种化学成分，主要包括水分、脂肪、蛋白质、乳糖、盐类、维生素、酶类及气体等。正常液奶中各种成分的组成大体上是稳定的，但也受乳牛的品种、个体、地区、泌乳期、畜龄、挤乳方法、饲料、季节、环境、温度及健康状态等因素的影响而有差异，其中变化最大的是乳脂肪，其次是蛋白质，乳糖及灰分的含量则相对比较稳定。液奶（牛乳）的组成成分可概括为图 2-1。

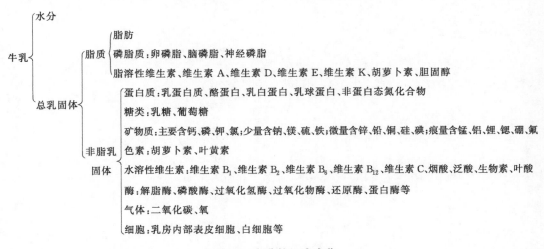

图 2-1 牛乳的组成成分

由图 2-1 看出：牛乳由水和总乳固体组成；总乳固体主要由脂质和非脂乳固体组成；非脂乳固体主要由蛋白质、糖类、矿物质等组成。液奶主要组成成分含量的变化范围见表 2-1。

表 2-1　液奶主要组成成分含量的变化范围　　　　单位:%

成分	水分	总乳固体	脂肪	蛋白质	乳糖	无机盐
变化范围	85.5~89.5	10.5~14.5	2.5~6.0	2.9~5.0	3.6~5.5	0.6~0.9
平均值	87.5	13.0	4.0	3.4	4.8	0.8

2.1.2　影响液奶成分的因素

影响液奶各种成分的因素主要有乳牛品种、个体、泌乳期、挤奶方法、饲料、季节、环境、气温及乳牛健康状况等。

2.1.2.1　品种

世界上产奶的奶牛主要有中国黑白花牛、荷斯坦牛、澳洲牛、更赛牛、娟姗牛、以色列牛、瑞士牛、短角牛等奶牛品种。

不同品种、个体和体重均影响奶牛产奶量。不同品种奶牛的产奶量和乳脂率有很大的差异（表 2-2）。在众多的奶牛品种当中，荷斯坦牛是产奶量较高的品种，但其乳脂率相对较低，更赛牛、娟姗牛液奶脂率最高。同一品种内的不同个体，其产奶量和乳脂率也有差异。如荷斯坦牛一个泌乳期的产奶量一般在 3000~12000kg 之间，乳脂率为 2.6%~6.0%，中国黑白花牛与荷斯坦牛相似，干物质含量较低，但产乳量较高，平均 305d（一个泌乳期）产奶量可达 7000kg 以上。产奶量最高的是以色列牛，一个泌乳期产乳量最高可达 18965kg。体重大的个体其绝对产奶量比体重小者要高，在一定限度内，体重每增加 100kg，奶产量提高 1000kg。但并不是体重越大产奶量越高，通常情况下母牛体重在 650~700kg 为宜。[1]

表 2-2　不同奶牛品种液奶的平均组成　　　　单位:%

品种	干物质	脂肪	蛋白质	乳糖	灰分
荷斯坦牛	12.50	3.55	3.43	4.86	0.68
短角牛	12.57	3.63	3.32	4.89	0.73
瑞士牛	13.13	3.85	3.48	5.08	0.72
更赛牛	14.65	5.05	3.90	4.96	0.74
娟姗牛	14.53	5.05	3.78	5.00	0.70

2.1.2.2　年龄

正常奶牛的寿命在十几年左右，年龄对产奶量影响很大，奶牛在两岁半之前一般不产奶；初产时乳腺与躯体正在发育，所以产奶量少；到了 6 岁左右，发育成熟，产奶量最高；奶牛到了 10 岁，机体衰老，机能减退，产奶量下降。

2.1.2.3　挤奶方式及日挤奶次数

挤奶是饲养奶牛的一项很重要的技术工作，也是影响奶牛产奶量的重要因素之一。合理正确的挤奶方法可以提高奶牛的产奶量，不正确的挤奶方法不仅不能提高奶牛的产奶量，甚至会损坏乳头对奶牛造成伤害。挤奶方式有人工挤奶和机械挤奶两种。小型牧场和个体农户的牧场较多采用人工挤奶。机械挤奶是利用真空原理将牛奶从乳房中吸出，一般挤奶设施有管道式挤乳、挤乳台和桶式挤乳系统三种，前两种均适合于大型乳牛场，后者适合于拴系式饲养条件的小奶牛场和专业户。挤奶机主要由：真空泵、脉动器以及挤乳机组三个部分组成。挤奶过程一般包括挤奶前的准备、开机、挤奶、设备的清洗等环节。

日挤奶次数对产奶量也有很大影响。一般每日 2～3 次挤奶，有时也有 4 次挤奶的。在国外由于劳工费用高，故多采用 2 次挤奶。在我国普遍实行 3 次挤奶，3 次挤奶比 2 次挤奶可多 10%～25% 的产奶量，4 次挤奶又可增加 5%～15% 的产奶量，但有时因个体因素而有差异。挤 1 次奶是不合适的，相当于在逐渐停奶，使奶牛产奶量减少。但如果奶牛健康状况差时，应该给它更多的休息时间，不宜 4 次挤奶，以挤奶 2～3 次为好。

2.1.2.4　泌乳期 [2]

母牛从产犊开始泌乳到停止泌乳的这段时期称为泌乳期。乳牛在一个泌乳期中产奶量呈规律性的变化，分娩后头几天产奶量较低，随着身体逐渐恢复，日产奶量逐渐增加，在第 20～60 天，日产奶量达到该泌乳期的最高峰（低产母牛在产后 20～30d，高产母牛在产后 40～60d）。维持一段时间后，从泌乳第 3～4 个月开始又逐渐下降。泌乳 7 个月以后，迅速下降。泌乳 10 个月左右停止产奶。一般盛乳期产奶量达到 305d 产奶量的 45% 左右，是夺高产的关键时期，所以要特别做好这一阶段的饲养管理工作。不同的泌乳时期，乳脂率也有变化。初乳期内的乳脂率很高，大约超过常乳的 1 倍。第 2～8 周，乳脂率最低。从第 3 个泌乳月开始，乳脂率又逐渐上升。

2.1.2.5　营养

奶牛的饲料与营养对产奶量起着重要作用。奶牛在怀孕时给予必要的营养，使其贮存足够的能量、矿物质等，以备产奶时利用。产奶阶段按其产奶量、乳成分以及体重科学合理地进行饲养，是提高产奶量的关键。这里要强调的是，应根据产奶量给予平衡日粮或全价的配合饲料。如配合不当，不仅影响牛群或个体牛产奶量，更主要的是浪费了饲料，降低了养牛的经济效益。在实际生产中，由于不了解过去和目前的产奶量及乳中成分，或日粮特别是全价料配合不当，常常出现以下两种情况。

① 饲养水平低于奶牛或奶牛群的产奶水平。在营养不充分的情况下，奶牛利用营养的顺序首先是维持生命，再次是用于生产（生长或泌乳），第三才是繁殖后代。高产奶牛最易发生繁殖障碍，因为产奶消耗能量较多。

② 饲养水平高于奶牛或奶牛群的产奶水平。该情况会造成饲料浪费，同时牛喂得过肥，容易引起母牛难产以及母牛、犊牛的死亡。由于繁殖障碍使得空怀时间延长。由于牛肥胖，泌乳早期胃口不佳，从而影响产奶量。

以上两种情况的解决办法就是精确地测定牛群平均产奶量，以此作为制定合理日粮的依据。我国农村养奶牛比较粗放，粗料只有秸秆，精料则是玉米、棉籽饼，喂得不科学。例如，经过合理搭配或喂以配合饲料后，产奶量有明显的提高。又例如一些奶牛场，青贮饲料、干草准备不够，结果在这些饲料不足的情况下，只得将正在生长的青玉米割来喂牛，由于青玉米的水分大，营养不够，造成奶量下降。改喂青贮加干草及混合精料后，产奶量恢复正常。

2.1.2.6　管理

牛群的产奶量常有忽高忽低的情况，这是管理问题，对过去的产奶量应有很好的记录，并应经常与目前产奶量进行对比，研究奶牛配合饲料有无问题，其他有关方面有无问题。个体奶牛产奶量同样有忽高忽低的情况。奶牛生病、受热、受惊、角斗、抢食、挤奶不当等都会使奶牛产奶量下降，从干奶到产奶期日粮的过渡不合理，饲料突然转换以及奶牛的发情期等也都会降低产奶量。

2.1.2.7　季节和气温

在我国目前条件下，奶牛最适宜的产犊季节是冬季和春季。此期温度适宜，又无蚊蝇侵袭，利于奶牛体内激素分泌，使奶牛在分娩后很快达到泌乳盛期，提高产奶量。夏季虽然饲料条件好，但由于气候炎热，奶牛食欲不振，影响产奶量。实践证明，在1~3月、12月产犊的奶牛全期产奶量较高，在7~8月产犊的奶牛全期产奶量较低[3]。

奶牛对温度的适应范围是0~20℃，最适宜的温度是10~16℃。当外界温度升高到25℃时，乳牛呼吸频率加快，食欲不振，自身消耗增加，产乳量开始下降。气温达到30℃时，奶牛采食量和产奶量明显下降，因此夏季做好防暑降温工作对奶牛十分重要。相对而言，奶牛不怕冷，奶牛在外界气温下降到-13℃时产奶量才开始下降。只要冬季保证供应足够的青贮饲料和多汁饲料，适当增加蛋白质饲料，一般对产奶量不会有很大影响[4]。

2.1.3　液奶的分散体系

液奶是一种复杂的胶体分散体系，这个分散体系中分散介质是水，分散质有乳糖、无机盐类、蛋白质、脂肪、气体等。各种分散质的分散度差异很大，其中乳糖、水溶性盐类呈分子或离子状态溶于水中，其微粒直径小于或接近 1nm，形成真溶液；乳白蛋白及乳球蛋白呈大分子态，其微粒直径为 15～50nm，形成典型的高分子溶液；酪蛋白在乳中形成酪蛋白酸钙-磷酸钙复合体胶粒，胶粒平均直径约 100nm，从其结构、性质和分散度来看，它处于一种过渡状态，属胶体悬浮液范畴；乳脂肪呈球状，直径 100～10000nm，形成乳浊液。乳中含有的少量气体，部分以分子状态溶于液奶中，部分气体经搅动后在乳中形成泡沫状态。所以，液奶并不是一种简单的分散体系，而是包含着真溶液、高分子溶液、胶体悬浮液、乳浊液及其多种过渡状态的复杂的、具有胶体特性的多级分散体系。

2.1.4　液奶加工后各组分的名称

没有经过离心分离加工的液奶称为全脂乳；液奶经离心分离处理，分离出来的含脂肪部分，称为稀奶油；剩下的部分称为脱脂乳。

液奶加酸或凝乳酶后生成以酪蛋白和脂肪为主要成分的凝乳，除去酪蛋白和脂肪后所剩的黄色透明液体称为乳清，其中含有水、乳糖、可溶性乳清蛋白、矿物质、水溶性维生素等[5]。液奶分离加工后各组分的名称见表 2-3。

表 2-3　液奶分离加工后各组分的名称

	分离方法			成分
牛乳	离心分离	稀奶油（脂肪、脂溶性维生素）		
		脱脂乳	酪蛋白	
			乳清	沉淀（乳白蛋白、乳球蛋白）
				滤液（乳糖、矿物质、维生素）
	酸沉淀或凝乳酶	凝乳	酪蛋白、脂肪、脂溶性维生素	
		乳清	乳白蛋白、乳球蛋白、乳糖、矿物质、水溶性维生素	

2.2　液奶成分性质

2.2.1　水分

水分是乳的主要组成部分，占 87％～89％。水可溶解各种可溶性盐类、碳水化合物、维生素和少部分蛋白质。

乳中水分又可分为自由水、结合水、结晶水。

2.2.1.1　自由水

自由水也称游离水，占水分总含量的 80％～90％，它是乳汁中各种营养成分的分散剂，许多理化和生物学特性均与游离水有关。在加工过程中除去的水大多数是自由水。

自由水以游离状态存在或充满固形物的毛细管中。液奶中的水大部分为自由水，其是溶解和分散其他营养物质的溶剂。这种水在常压下，100℃时沸腾汽化，在0℃时可结冰。乳的许多物理化学过程均与自由水有关。自由水借毛细管的作用可以向外或向内移动。在乳粉的干燥过程中不仅液滴表面的自由水蒸发，而且自由水也可从毛细管内部进行蒸发，这种水在干燥时容易除去[6]。

2.2.1.2　结合水

结合水占总水量的2%～3%，主要有氢键和蛋白质的亲水基结合产生的蛋白质结合水，乳糖产生的结晶水，柠檬酸盐、磷酸盐等形成的盐类结合水。结合水无溶解其他物质的特性，在0℃时不结冰，100℃也不蒸发。

存在于带电荷的胶体颗粒表面的结合水分子，由于水分子的极性，形成向水的单分子层，在单分子层上又吸附着一些微水滴，于是逐渐形成一层新的结合水，见图2-2。水层在加厚时胶粒逐渐无法支持，结果围绕着微粒形成一层疏松的、扩散性的水层。外水层与胶体表面联结很弱，因此温度高时，容易和胶体分离，但内层结合水很难除去，这种现象发生在乳干燥过程中。因此，在乳粉生产中任何时候也不能得到绝对无水的产品，总要保留一部分结合水。即使在良好的喷雾或滚筒干燥条件下，仍会保留3%左右的水分。而要想除去这些多余的水分，只有加热到150～160℃，或者长时间保持在100～105℃的恒温时才能达到。但是乳粉受长时间高温处理后，成分会受到破坏，如乳糖焦化、蛋白质变性、脂肪氧化，这会降低乳粉的营养价值。乳与乳制品中结合水的数量见表2-4。

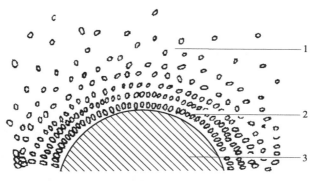

图 2-2　乳蛋白体颗粒表面结合水的分布

1—疏松的结合水层；2—水单分子层；3—胶体颗粒

2.2.1.3　结晶水

结晶水是按一定比例作为分子组成成分与乳中物质相结合的。它同物料的结合相当稳定。在乳糖和乳粉生产中，可以看到一分子结晶水的乳糖晶粒。

表 2-4　乳与乳制品中结合水的数量

名称	100g 物质中结合水量/%	名称	100g 物质中结合水量/g
乳粉	2.0～3.5	白蛋白	1.30～1.32
脱脂乳粉	2.13～2.59	乳清蛋白	0.75
含脂率为 20% 的稀奶油	2.5～3.42	乳的无脂干物质	0.35
酪乳	1.75	乳糖	0.027
初乳	4.62	脂肪	0.104～0.117
脱脂炼乳	11.62	脂肪球膜物质	0.～0.62
酪蛋白	0.60～0.69	磷脂	5.35～6.30

2.2.2　乳干物质

乳干物质又称总乳固体或全乳固体，是将液奶干燥到恒重时所得到的残余物。乳干物质含量为 11%～13%，乳干物质由脂肪和非脂乳固体组成，非脂乳固体是总乳固体除去脂肪后的剩余物质。

乳干物质的含量随乳成分的含量而变，尤其是乳脂肪含量不太稳定，对乳干物质含量影响较大，因此在实际中常用非脂乳固体（无脂干物质）作为指标。

根据弗莱希曼确定的乳的相对密度、脂肪含量和干物质含量之间存在着一定关系的结论，可用下式近似地计算出干物质含量。

$$T = 0.25L + 1.2F \pm K$$

式中　T——干物质含量，%；

　　　L——相对密度（乳稠计 15℃/15℃ 的读数）；

　　　F——脂肪含量，%；

　　　K——校正系数，通常为 0.14。

2.2.3　乳蛋白质

乳蛋白质是乳中主要的含氮物，由碳、氢、氧、氮及少量硫元素组成，是由 20 余种氨基酸组成的化合物，其中包括多种人体所必需的氨基酸。液奶的含氮化合物中 95% 为乳蛋白质，5% 为非蛋白态含氮化合物，蛋白质在液奶中的含量为 3.0%～3.5%。液奶中的蛋白质可分为酪蛋白和乳清蛋白两大类，另外还有少量脂肪球膜蛋白。

除了乳蛋白质外，尚有少量非蛋白态氮，如氨、游离氨基酸、尿素、尿酸、肌酸及嘌呤碱等。这些物质基本上是机体蛋白质代谢的产物，通过乳腺细胞进入乳中。另外，还有少量维生素态氮。

下面重点介绍酪蛋白、乳清蛋白、脂肪球膜蛋白和非蛋白态含氮物。

2.2.3.1 酪蛋白

（1）酪蛋白的定义

在温度 20℃时调节脱脂乳的 pH 值，当 pH 值调至 4.6 时沉淀的一类蛋白质称为酪蛋白，占乳蛋白质总量的 80%～82%。其元素组成大致为：碳 53.50%，氢 7.13%，氧 22.14%，氮 15.8%，磷 0.71%，硫 0.72%。

（2）酪蛋白的存在状态

酪蛋白不是单一的蛋白质，而是一种复合蛋白质。其中，α-酪蛋白约占 60%、β-酪蛋白约占 30%、γ-酪蛋白约占 10%。酪蛋白是典型的含磷蛋白质，同时还与乳中的钙离子结合成复杂的酪蛋白酸钙-磷酸钙复合体胶粒。

乳中的酪蛋白首先与钙结合成酪蛋白酸钙，再与胶体状的磷酸钙形成酪蛋白酸钙-磷酸钙复合体，以胶体悬浮液的状态存在于液奶中，其胶体微粒直径范围在 10～300nm 之间变化，一般情况下 40～160nm 占大多数。每毫升液奶中含有 $5×10^{12}$～$15×10^{12}$ 个胶粒。此外，酪蛋白胶粒中还含有镁等物质。

（3）酪蛋白的性质

酪蛋白是一种两性电解质，但其分子中含有的酸性氨基酸远多于碱性氨基酸，因此具有明显的酸性。

① 酪蛋白的酸沉淀。酪蛋白胶粒对 pH 值的变化很敏感。当脱脂乳的 pH 值降低时，酪蛋白胶粒中的钙与磷酸盐就逐渐游离出来。当 pH 值达到酪蛋白的等电点 4.6 时，就会形成酪蛋白沉淀[7]。在正常的情况下，在等电点沉淀的酪蛋白不含钙。但在酪蛋白稳定性受到影响时，在 pH=5.2～5.3 时就发生沉淀（图 2-3）。这种酪蛋白沉淀中含有钙，对于制造无灰干酪素等产品极为不利，必须反复进行繁杂的洗涤处理。

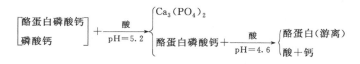

图 2-3 酪蛋白的酸凝固

为使酪蛋白沉淀，工业上一般使用盐酸。同样，如果由于乳中的微生物作用，使乳中的乳糖转化分解为乳酸，从而使 pH 值降至酪蛋白的等电点时，同样会发生酪蛋白的酸沉淀，这就是液奶的自然酸败现象。

由于加酸程度不同，酪蛋白酸钙-磷酸钙复合体中钙被酸取代的情况也有差异，当液奶中加酸后 pH 值达 5.2 时磷酸钙现行分离，酪蛋白开始沉淀；继续加酸使 pH 值达到 4.6 时，钙又从酪蛋白酸钙中分离，游离的酪蛋白完全沉淀。在整个加酸凝固过程中，酸只和酪蛋白酸钙、磷酸钙作用，所以除了酪蛋白外，白蛋白、球蛋白都没有发生变化。

② 酪蛋白的凝乳酶凝固。液奶中的酪蛋白在凝乳酶的作用下会产生凝固，工业上

生产干酪就是利用此原理。酪蛋白在凝乳酶的作用下变为副酪蛋白，在钙离子存在下形成不溶性的凝块，这种凝块叫副酪蛋白酸钙，其凝固过程如下：

$$酪蛋白酸钙＋皱胃酶 \longrightarrow 副酪蛋白酸钙 \downarrow ＋乳清蛋白＋皱胃酶$$

③ 酪蛋白的盐凝固。乳中的酪蛋白酸钙-磷酸钙胶粒容易在氯化钠或硫酸铵等盐类溶液中形成沉淀，这种沉淀是由电荷的抵消与粒子脱水而产生的。酪蛋白酸钙-磷酸钙粒子对于其体系内二价阳离子含量的变化很敏感，钙离子或镁离子能与酪蛋白结合，而使粒子形成凝集作用，故钙离子与镁离子的浓度影响着胶粒的稳定性。由于乳汁中的钙和磷呈平衡状态存在，所以乳中的酪蛋白微粒具有一定的稳定性。当向乳中加入氯化钙时则能破坏平衡状态，因此在加热时使酪蛋白发生凝固现象。试验证明，90℃时加入 $0.12\% \sim 0.15\%$ 的 $CaCl_2$ 即可使乳凝固。

利用凝乳时，如乳加热至 95℃ 时，则乳中蛋白质总含量的 97% 可以被利用，蛋白质利用程度高，几乎比酸凝固法高 5%，比皱胃酶凝固法约高 10% 以上。另外，$CaCl_2$ 除了使酪蛋白凝固外，也可同时使乳清蛋白凝固。在这方面利用 $CaCl_2$ 沉淀乳蛋白质，要比其他沉淀法有较显著的优点。

此外，利用 $CaCl_2$ 沉淀所得到的蛋白质一般都含有大量的钙和磷。所以钙凝固法不论在蛋白质的综合利用方面，还是在有价值的矿物质（钙和磷）的利用方面，都比目前所采用的皱胃酶凝固法和酸凝固法优越得多。

2.2.3.2 乳清蛋白

乳清蛋白是指溶解分散在乳清中的蛋白质，占乳蛋白质的 $18\% \sim 20\%$，可分为对热不稳定的乳清蛋白和对热稳定的乳清蛋白两种。

（1）对热不稳定的乳清蛋白

对热不稳定的乳清蛋白是指乳清 pH＝$4.6 \sim 4.7$ 时，煮沸 20min，发生沉淀的一类蛋白质，约占乳清蛋白的 81%。对热不稳定的乳清蛋白包括乳白蛋白和乳球蛋白两类。

① 乳白蛋白。乳白蛋白是指中性乳清中加饱和 $(NH_4)_2SO_4$ 或饱和 $MgSO_4$ 盐析时，呈溶解状态而不析出的蛋白质。乳白蛋白约占乳清蛋白的 68%。乳白蛋白以 $1.5 \sim 5.0\mu m$ 直径的微粒分散在乳中，对酪蛋白起保护胶体的作用。这类蛋白质常温下不能用酸凝固，但在弱酸性时加温即能凝固，与酪蛋白的主要区别在于该类蛋白质不含磷，但含丰富的硫，且不能被皱胃酶凝固。

② 乳球蛋白。乳球蛋白是指中性乳清中加饱和 $(NH_4)_2SO_4$ 或饱和 $MgSO_4$ 盐析时，能析出的乳清蛋白，约占乳清蛋白的 13%。乳球蛋白又可分为真球蛋白和假球蛋白，这两种蛋白质与乳免疫性有关，即具有抗原作用，故又称为免疫球蛋白。初乳中的免疫球蛋白含量比常乳高。

（2）对热稳定的乳清蛋白

这类蛋白质包括蛋白胨和蛋白际，约占乳清蛋白的 19%。

2.2.3.3　脂肪球膜蛋白

除以上两种蛋白质外，还有少量的脂肪球膜蛋白（fat globule membrane protein）。这类蛋白质是吸附于脂肪球表面的蛋白质与酶的混合物，其中含有脂蛋白、碱性磷酸酶和黄嘌呤氧化酶等。这些蛋白质可以用洗涤和搅拌稀奶油的方法分离出来。由于脂肪球膜蛋白含有卵磷脂，因此也被称为磷脂蛋白。脂肪球膜蛋白中含有大量的硫，当稀奶油进行高温巴氏杀菌时，在风味方面起着很大的作用。同时，脂肪球膜蛋白由于受细菌性酶的作用而产生分解现象，是奶油在储藏时风味变劣的原因之一。在加工奶油时，大部分脂肪球膜物质集中于酪乳中，故酪乳不仅含有蛋白质，而且含有丰富的卵磷脂，因此酪乳最好制成酪乳粉而加以利用。

2.2.3.4　非蛋白态含氮物

液奶的含氮物中，除蛋白质外，还有非蛋白态含氮物（non-protein nitrogen，NPN），约占总氮的 5.0%。其中包括氨基酸、尿素、尿酸、肌酸及叶绿素等。这些含氮物是活体蛋白质代谢的产物，从乳腺细胞进入乳中。乳中约含游离态氨基酸 23mg/mL，其中包括酪氨酸、色氨酸和胱氨酸、尿素、肌酸及肌酐等蛋白质代谢产物。尿酸在核蛋白分解过程中形成。肌酸也可以在蛋白质代谢过程中由精氨酸形成。叶绿素从饲料进入乳中。

2.2.4　乳脂肪

乳脂肪是液奶中主要的脂质，占乳脂质的 97%～98%，是液奶的主要成分之一，乳中的含量一般为 3%～5%。乳脂肪的主要成分是由甘油和脂肪酸组成的甘油三酯。脂肪酸的组成复杂，可分为三类：第一类为水溶性挥发性脂肪酸，如丁酸、乙酸、辛酸和葵酸；第二类是非水溶性挥发性脂肪酸，如十二烷酸等；第三类是非水溶性不挥发性脂肪酸，如十四烷酸、二十烷酸、十八碳烯酸和十八碳二烯酸等。一般天然脂肪中含有的脂肪酸大多数为碳原子偶数的支链脂肪酸，而在牛乳脂肪中已证实含有 C_{20}～C_{23} 的奇数碳原子脂肪酸，也发现有带侧链的脂肪酸。

2.2.4.1　乳脂肪的存在状态

乳脂肪不溶于水，呈微细球状分散于乳浆中，形成乳浊液。乳脂肪球的大小依乳牛的品种、个体、健康状况、泌乳期、饲料及挤乳情况等因素而异，通常直径为 0.1～10μm，其中以 3μm 左右居多。每毫升的液奶中有 20 亿～40 亿个脂肪球。乳脂肪的相对密度为 0.93，比水轻，将液奶放在容器中静置一段时间后，乳脂肪球逐渐上浮，形成一个脂肪层，称为稀奶油层。脂肪球的上浮速度可近似地用斯托克斯公式表示：

$$v = \frac{2gr^2(\rho_b - \rho_a)}{9\eta}$$

式中　v——脂肪上浮速度；

　　　g——重力加速度，981cm/s^2；

　　　r——脂肪球的半径，cm；

　　　ρ_b——脱脂乳密度，g/cm^3；

　　　ρ_a——脂肪球密度，g/cm^3；

　　　η——脱脂乳黏度，Pa·s。

　　从上式可知，脂肪球的上浮速度与脂肪球半径的平方成正比。脂肪球的直径越大，上浮的速度就越快，故大脂肪球含量多的液奶容易分离出稀奶油；脂肪球越小，则越不容易被分离。当脂肪球的直径接近 $1\mu\text{m}$ 时，脂肪球基本不上浮，所以生产中可将液奶进行均质处理，击碎脂肪球从而得到长时间不分层的稳定产品。所以脂肪球的大小对乳制品加工的意义很大。

2.2.4.2　乳脂肪的结构

　　在电子显微镜下观察到的乳脂肪球为圆球形或椭圆球形，表面被一层 5～10nm 厚的膜所覆盖，称为脂肪球膜，如图 2-4 所示。脂肪球膜主要由蛋白质、磷脂、甘油三酯、胆固醇、维生素 A、金属及一些酶类构成，同时还有盐类和少量结合水。其中起主导作用的是卵磷脂——蛋白质的配合物，它们有层次地定向排列在脂肪球与乳浆的界面上，使脂肪球能稳定地存在于乳中。磷脂是极性分子，其疏水基朝向脂肪球的中心，与

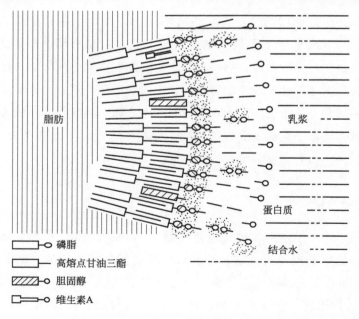

图 2-4　脂肪球膜的结构示意

甘油三酯结合形成膜的内层；磷脂的亲水基向外朝向乳浆，连着具有强大亲水基的蛋白质，构成了膜的外层。磷脂层间还有胆固醇和维生素 A。脂肪球膜具有保持乳浊液稳定的作用，即使脂肪球上浮分层仍能保持着脂肪球的分散形态。在机械搅拌或化学物质作用下，脂肪球膜遭到破坏后，乳脂肪球才会互相聚结在一起。因此，可以利用这一原理生产奶油和测定乳中的含脂率。

2.2.4.3　乳脂肪的化学组成

乳脂肪是由一个甘油分子和三个相同的或不同的脂肪酸分子组成的多种甘油三酯的混合物（图 2-5），同时还含有很少量的磷脂、微量的甾醇和游离脂肪酸。这些成分统称为乳脂质。磷脂中包含有卵磷脂、脑磷脂、神经磷脂，60% 的磷脂存在于脂肪球膜中。

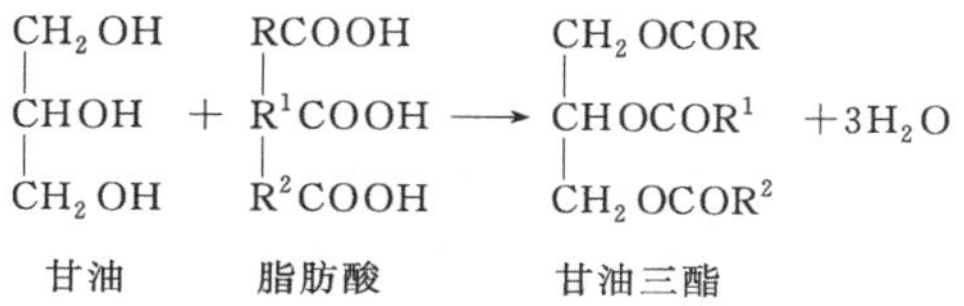

$$
\begin{array}{ccc}
CH_2OH & RCOOH & CH_2OCOR \\
| & & | \\
CHOH & + \ R^1COOH & \longrightarrow \ CHOCOR^1 \ + 3H_2O \\
| & & | \\
CH_2OH & R^2COOH & CH_2OCOR^2 \\
\text{甘油} & \text{脂肪酸} & \text{甘油三酯}
\end{array}
$$

图 2-5　甘油三酯的合成过程

液奶脂肪酸的组成见表 2-5。组成乳脂肪的脂肪酸受饲料、营养、环境、季节等因素的影响而变化，尤其是饲料会影响乳中脂肪酸的组成。如当乳牛饲料营养不充分时，则其为了产乳而降低自身脂肪量，结果会使液奶中挥发性脂肪酸含量降低，而不挥发性脂肪酸含量升高，并且增加了脂肪酸的不饱和度。一般情况下，夏季放牧期间不饱和脂肪酸含量升高，而冬季舍饲期则饱和脂肪酸含量增多，所以夏季加工的奶油的熔点比较低，质地较软。

表 2-5　液奶脂肪酸的组成

脂肪酸名称	质量分数/%	脂肪酸名称	质量分数/%
丁酸	4.06	豆酸	12.95
己酸	3.29	十二碳烯酸	0.12
辛酸	2.00	十四碳烯酸	3.65
葵酸	4.59	十六碳烯酸	5.12
月桂酸	5.42	油酸	18.57
软脂酸	23.07	亚油酸	1.9
硬脂酸	7.61	十八碳烯三酸	1.53
葵烯酸	0.62		

液奶脂肪具有反刍动物脂肪的特点，其脂肪酸组成与一般脂肪的脂肪酸组成有明显的差别，液奶脂肪的脂肪酸种类远比一般脂肪的脂肪酸种类多。已发现的液奶脂肪的脂肪酸多达 100 余种，从理论上讲能构成 216000 种甘油酯，但实际上很多脂肪酸的含量

均低于 0.1%，它们的总量仅相当于全脂肪量的 1%，实际检出的甘油酯的种类也是有限的。与一般脂肪相比，乳脂肪的脂肪酸组成中，水溶性挥发性脂肪酸含量特别高，这是乳脂肪风味良好及易于消化的重要原因。

2.2.4.4 乳脂肪的理化常数

乳脂肪的组成与结构决定了其理化性质，表 2-6 是乳脂肪的理化常数。

表 2-6 乳脂肪的理化常数

项目	指标	项目	指标
相对密度(15℃)	0.935～0.943	皂化值	218～235
熔点/℃	28～38	碘值	21～36
凝固点/℃	15～25	酸值	0.4～0.35
水溶性挥发性脂肪酸(赖克特-了斯尔值)	21～36	丁酸值	16～24
非水溶性脂肪酸(波伦斯克值)	1.3～3.5	不皂化值	0.31～0.42
折射率(n_D^{25})	1.459～1.462		

2.2.4.5 乳脂肪的特点

① 乳脂肪中短链低级挥发性脂肪酸含量达 14% 左右，其中水溶性挥发性脂肪酸含量高达 8%（如丁酸、己酸、辛酸等），而其他动植物油中只有 1%，因此乳脂肪具有特殊的香味和柔软的质地。

② 乳脂肪易受光、空气中的氧、热、铜、铁作用而氧化，从而发生脂肪氧化味。

③ 乳脂肪易在解脂酶及微生物作用下发生水解，水解结果使酸度升高。由于乳脂肪含低级脂肪酸较多，尤其是含有酪酸（丁酸），故即使轻度水解也能产生特别的刺激性气味，即所谓的脂肪分解味。

④ 乳脂肪易吸收周围环境中的其他气味，如饲料味、牛舍味、柴油味及香脂味等。

⑤ 乳脂肪在 5℃ 以下呈固态，11℃ 以上呈半固态，超过 28～38℃ 呈液态。

除了乳脂肪外，液奶中还有少量的磷脂（约占 0.03%）以及微量的固醇和游离脂肪酸。这三种成分总称为类脂质。磷脂由甘油、脂肪酸、磷酸和含氮物组成。乳中含有三种磷脂，即卵磷脂、脑磷脂和神经磷脂。乳中磷脂的 60% 都存在于脂肪球中。液奶经离心分离出稀奶油时，约有 70% 的磷脂被转移到稀奶油中去。稀奶油再经搅拌制造奶油时，大部分磷脂又转移到酪乳中去，所以酪乳是富含磷脂的产品，可作为再制乳、冰淇淋及婴儿乳粉的乳化剂和营养剂。

乳中固醇含量很低，主要结合在脂肪球膜上。乳脂肪中固醇的最主要部分是胆固醇。液奶中大多数胆固醇是以游离形式存在的，只有少量与脂肪酸形成胆固醇酯。固醇在生理上有重大意义，因为有些固醇经紫外线照射后具有维生素的特性。只是乳经照射后能引起脂肪氧化，所以没有广泛应用。

2.2.5 乳糖

乳糖（$C_{11}H_{22}O_{11} \cdot H_2O$）是哺乳动物乳汁中特有的糖类，在动植物的组织中几乎不存在乳糖。液奶乳糖含量为 4.5%～5.0%，平均 4.7%，占干物质的 38%～39%。液奶的甜味主要由乳糖引起。乳糖在乳中全部呈溶解状态，其甜度约为蔗糖甜度的 1/5。水解时生成 1 分子 α-葡萄糖和 1 分子 α-半乳糖，其反应式如下：

$$C_{12}H_{22}O_{11} + H_2O \longrightarrow C_6H_{12}O_6 + C_6H_{12}O_6$$
乳糖　　　水　　　　葡萄糖　　半乳糖

经水解反应生成的葡萄糖和半乳糖的甜度比原来的甜度提高约 4 倍，而且半乳糖能促进婴儿智力的发育，促进肠内乳酸菌的生长而产生乳酸，有利于婴儿对钙等无机盐类的吸收，故在婴儿食品中添加平衡乳糖具有特殊的意义。

2.2.5.1 乳糖的结构

乳糖为 D-葡萄糖与 D-半乳糖以 β-1,4-糖苷键结合的双糖，又称为 1,4-半乳糖苷葡萄糖。因其分子中有醛基，属还原糖。由于 D-葡萄糖分子中游离苷羟基的位置不同，乳糖有 α-乳糖和 β-乳糖两种异构体（图 2-6，图 2-7）。α-乳糖易与 1 分子结晶水结合，变为 α-乳糖水合物，所以乳糖实际上共有三种形态。当乳糖溶液温度低于 93.5℃时，所析出来的乳糖为 α-乳糖水合物，带有 1 分子水。在 93.5℃以上的温度下可以从 α-乳糖水合物的溶液中析出 β-乳糖。当 α-乳糖水合物以 120～130℃的温度加热时则失去结晶水而成为 α-乳糖无水物，或者减压加热到 65℃以上进行脱水也可得到 α-乳糖无水物。

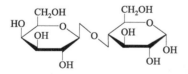

图 2-6　α-乳糖结构式　　　　　图 2-7　β-乳糖结构式

2.2.5.2 乳糖的性质

（1）溶解性

乳糖的溶解度较蔗糖、麦芽糖小。将乳糖加到水中之后，即有部分乳糖溶解于水，达到饱和时的溶解度就是 α-乳糖的溶解度，也称为最初溶解度。乳糖的最初溶解度较低，受水温的影响较小，将上面的饱和溶液振荡或搅拌，再加入乳糖仍可溶解，而最后达到饱和点，这就是乳糖的最终溶解度。所以，乳糖的最终溶解度是指 α-乳糖和 β-乳糖在某一温度下的平衡溶解度。乳糖的溶解度随温度的升高而增加，受温度影响较大。表 2-7 为乳糖在不同温度下的溶解度。

表 2-7　乳糖在不同温度下的溶解度

温度/℃	最初溶解度		最终溶解度
	α-乳糖	β-乳糖	
0	5.0	45.1	11.9
15.0	7.1	—	16.9
25.0	8.6	—	21.6
39.0	12.6	—	31.5
49.0	17.8	75.0	42.4
64.0	26.2	—	65.8
73.5	—	85.0	84.5
89.0	55.7	—	139.2
100.0		94.7	157.6

注：数据来源为《乳制品加工与检测技术》，李晓红主编，化学工业出版社。

（2）水解性

乳糖被酸水解的作用也较蔗糖及麦芽糖稳定，一般在乳糖中加入 2% 的硫酸溶液加热 7s，或每克乳糖加 10% 的硫酸溶液 100mL 加热 0.5～1.0h，或在室温下加浓盐酸，才能完全水解而生成 1 分子的葡萄糖和 1 分子的半乳糖。

乳糖在消化器官内经乳糖酶作用水解后才能被吸收。如果乳糖直接注射于血管或皮下时，则完全从尿中排出。可以说凡是双糖类都比单糖类难以被利用，而单糖类中半乳糖最难被利用。

2.2.5.3　乳糖对乳制品加工的意义

普通的酶不能使乳糖水解，只有乳糖酶才可以将乳糖水解。乳糖酶能使乳糖水解成单糖（在婴儿的肠液中及兔、羊、犊牛等的肠黏膜中含有乳糖酶），然后再经各种微生物等的作用转化成各种酸或其他成分，这种作用在乳品工业上有很大意义。例如，当乳糖水解成单糖后再由酵母作用生成酒精（如液奶酒、马乳酒加工）；也可以由细菌作用生成乳酸、醋酸、丙酸以及 CO_2 等。这种变化可以单独发生，也可以同时发生。通常乳酸发酵时，液奶中有 10%～30% 的乳糖不能分解，如果添加中和剂则可以全部发酵成乳酸，所以在生产乳酸时中和剂具有很大的意义。

分离奶油时，大部分乳糖存在于脱脂乳中，少部分包含在稀奶油中。稀奶油中的乳糖，在制造奶油时大部存留在酪乳中，含在奶油中的一部分乳糖则发酵成乳酸。干酪生产时乳糖大部存留在乳清中，包含在干酪中的一少部分乳糖，在干酪成熟的过程中发酵而生成乳酸。由于乳酸的形成抑制了杂菌的繁殖，使干酪产生优良的风味。甜炼乳中的乳糖大部分呈结晶状态，结晶的大小直接影响炼乳的口感，而结晶的大小可根据乳糖的溶解度与温度的关系加以控制。

2.2.5.4　乳糖的营养

乳糖水解后产生的半乳糖，是形成脑神经中重要成分（糖脂质）的主要来源，所以在婴儿发育旺盛期时乳糖有很重要的作用。由于乳糖水解比较困难，因此一部分被送至大肠中，在肠内由于乳酸菌的作用使乳糖形成乳酸而抑制其他有害细菌的繁殖，所以对于防止婴儿下痢也有很大的作用。

乳糖与钙的代谢有密切关系。科研人员曾通过白鼠试验得出如下结论：如在钙中加入乳糖，可使钙的吸收率增加。同时血清中钙的含量也显著提高，故乳糖与钙的吸收有密切关系。此外，乳糖对于防止肝脏脂肪的沉积也有重要的作用。

2.2.5.5　乳糖不适应症

乳糖对于初生婴儿是很适宜的糖类。但一部分人随着年龄增长，消化道内缺乏乳糖酶，不能分解和吸收乳糖，饮用液奶后会出现呕吐、腹胀、腹泻等不适应症，称其为乳糖不适症，也叫乳糖不耐症。在乳制品加工中，利用乳糖酶将乳中的乳糖分解为葡萄糖和半乳糖，或利用乳酸菌将乳糖转化成乳酸，不仅可预防乳糖不适应症，而且可提高乳糖的消化吸收率，改善制品口味。

乳中除了乳糖外，还含有少量其他碳水化合物。例如，在常乳中含有极少量的葡萄糖（100mL 中含 2.08～3.79mg），而在初乳中可达 15mg/100mL，分娩后经过 10d 左右恢复到常乳中的数值。这种葡萄糖并非由乳糖水解所生成，而是从血液中直接转移至乳腺内。除了葡萄糖以外，乳中还含有约 2mg/100mL 的半乳糖。另外，还含有微量的果糖、低聚糖、己糖胺。其他糖类的存在尚未被证实。

2.2.6　液奶中的酶类

酶是生物细胞所产生的一种特殊蛋白质的复杂化合物，是一种生物催化剂，可促进有机体内生物化学反应的速度，有极强的催化能力，而其本身在质和量方面不发生任何变化。有时 1 份酶可引起 100 万份物质的变化，但一种酶只能催化一种物质或分子结构相似的一类物质。

酶和细菌一样，在一定条件下（如温度和 pH 值）才表现最大的活动性，在低温时活动受到抑制。大多数酶在 70℃以上高温和紫外线、X 射线的放射能的影响下，则被破坏无疑。

液奶中酶类的来源有两个：一是来自乳腺；二是来自微生物的代谢产物。液奶中的酶种类很多，但与乳制品生产有密切关系的主要为水解酶类和氧化还原酶类两大类。

2.2.6.1 水解酶类

（1）脂酶

液奶中的脂酶至少有两种：一种是只附在脂肪球膜间的膜脂酶，它在常乳中不常见，而在末乳、乳房炎乳及其他一些生理异常乳中常出现；另一种是存在于脱脂乳中与酪蛋白相结合的乳浆脂酶，它通过均质、搅拌、加温等处理被激活，并吸附于脂肪球上，从而促使脂肪分解。

脂酶的分子量一般为 7000～8000，最适作用温度为 37℃，最适 pH 值为 9.0～9.2，钝化温度至少为 80～85℃，钝化温度与脂酶的来源有关。来源于微生物的脂酶耐热性高，已经钝化的酶尚有恢复活力的可能。乳脂肪在脂酶的作用下水解产生游离脂肪酸，从而使液奶带有脂肪分解的酸败气味，这是乳制品特别是奶油生产上常见的缺陷。

$$C_3H_5(OCOR)_3 + 3H_2O \xrightarrow{\text{脂酶}} C_3H_5(OH)_3 + 3RCOOH$$

为了抑制脂酶的活性，在奶油生产中，一般采用不低于 80～85℃ 的高温或超高温处理。另外，加工工艺也能使脂酶活性增加或增加其作用的机会。例如，均质处理，由于脂肪球膜被破坏，增加了脂酶与乳脂肪的接触面，使乳脂肪更易水解，故均质后应及时进行杀菌处理；其次，液奶多次通过乳泵或在液奶中通入空气剧烈搅拌，同样也会使脂酶的活性增加，导致液奶风味变劣。

（2）磷酸酶

液奶中的磷酸酶有两种：一种是酸性磷酸酶，存在于乳清中；另一种是碱性磷酸酶，吸附于脂肪球膜处。碱性磷酸酶在液奶中较重要，最适 pH 值为 7.6～7.8，经63℃、30min 或 71～75℃、15～30s 加热后可钝化，故可以利用这种性质来检验低温巴氏杀菌法处理的巴氏杀菌乳的杀菌程度是否完全。

近年发现，液奶经 80～180℃ 瞬间加热杀菌，可使碱性磷酸酶钝化，但若是在 5～40℃ 放置后，已钝化的碱性磷酸酶又能重新活化。这是由于液奶中含有可渗析的对热不稳定的抑制因子和不能渗析的对热稳定的活化因子。液奶经 63℃、30min 或 71～75℃、15～30s 加热后，抑制因子不会被破坏，所以能抑制残存磷酸酶的活性；在 80～180℃ 加热时，抑制因子遭到破坏，而对热稳定的活化因子则不受影响，从而使磷酸酶重新活化。故高温短时杀菌处理的消毒液奶装瓶后应立即在 4℃ 条件下冷藏。

（3）淀粉酶

液奶中存在的是 α-淀粉酶，这种酶在初乳和乳房炎乳中多见。α-淀粉酶的最适 pH值为 7.4，最适温度为 30～34℃，在 65～68℃ 经 30min 加热可钝化。淀粉酶可将淀粉分解为糊精。

（4）蛋白酶

液奶中的蛋白酶存在于酪蛋白中，最适 pH 值为 9.2，80℃、10min 可使其钝化，但灭菌乳在贮藏过程中蛋白酶有恢复活性的可能。蛋白酶能分解蛋白质生成氨基酸。细菌性的蛋白酶使蛋白质水解后形成蛋白胨、多肽及氨基酸，造成灭菌乳在保质期内出现凝固或变稠现象，是灭菌乳加工的大敌。在干酪成熟的过程中，其中的蛋白质主要靠微生物分泌的酶来进行分解。

蛋白酶在高于 75℃ 的温度中即被破坏；在 70℃ 以下时，可以稳定地忍耐长时间的加热；在 37～42℃ 时，这种酶在弱碱性环境中的作用最大，在中性及酸性环境中减弱。

（5）乳糖酶

乳糖酶能使液奶中乳糖分解成葡萄糖和半乳糖。利用乳糖酶的这种特性，可以生产低乳糖牛奶，如市场上销售的营养舒化奶、新养道牛奶等，使乳糖不耐症患者可以放心饮用液奶。

（6）溶菌酶

溶菌酶又称为细胞壁质酶，液奶中溶菌酶含量 13μg/100mL。它是一种非特异性免疫因子，也是一种碱性球蛋白质，化学性质稳定，在干燥条件下，可以长期在室温下存放。等电点 pH 值为 10.7～11.0，在酸性条件下能存在，在 pH 值为 3 时加热至 96℃、15min 仍能保存 87％ 左右的酶活性。

2.2.6.2　氧化还原酶类

（1）过氧化氢酶

液奶中的过氧化氢酶（hydrogen peroxidase）主要来自白细胞的细胞成分，特别在初乳和乳房炎乳中含量较多。所以，利用对过氧化氢酶的测定可判定液奶是否为异常乳或乳房炎乳。过氧化氢酶可促使过氧化氢分解为水和氧气，其作用最适 pH 值为 7.0，最适温度为 37℃。经 65℃、30min 加热，95％ 的过氧化氢酶会钝化；经 75℃、20min 加热，则 100％ 钝化。

（2）过氧化物酶

过氧化物酶（peroxidase）能促使过氧化氢分解产生活泼的新生态氧，从而使乳中的多元酚、芳香胺及某些化合物氧化。过氧化物酶主要来自白细胞的细胞成分，其数量与细菌无关，是乳中原有的酶，它在乳中的含量受乳牛的品种、饲料、季节、泌乳期等因素影响。过氧化物酶作用的最适温度为 25℃，最适 pH 值是 6.8。钝化温度和时间大约为 76℃、20min；77～78℃、5min；85℃、10s。通过测定过氧化物酶的活性可以判断液奶是否经过热处理或判断热处理的程度。但经过 85℃、10s 处理后的液奶，若在 20℃ 贮藏 24h 或 37℃ 贮藏 4h，会发现已钝化的过氧化物酶有重新活化的现象。此外，酸败的乳中过氧化物酶的活性会钝化，故对这种乳不能因过氧化物酶的活性低而判断该乳为新鲜合格的液奶。

（3）还原酶

还原酶（reductase）是微生物的代谢产物。最适宜的作用条件是 pH＝5.5～5.8，

40～50℃。69～70℃下加热 30min 或 75℃下加热 5min 使其完全破坏。

乳中的还原酶是细菌活动的产物，乳被细菌污染越严重，还原酶的数量越多。还原酶实验是用来判断生乳新鲜程度的一种色素还原试验。生乳加入美蓝后染为蓝色，如乳中污染有大量微生物，则产生还原酶使颜色逐渐变淡，直至无色。通过颜色变化速度，可以间接地判断出生乳中的细菌数。该法除可迅速地间接查明细菌数外，对白细胞及其他细胞的还原作用也敏感。因此，还可检验异常乳（乳房炎乳及初乳或末乳）。还原酶实验见表 2-8。

表 2-8　还原酶实验

美蓝褪色时间	微生物数量 /(CFU/mL)	生乳质量	美蓝褪色时间	微生物数量 /(CFU/mL)	生乳质量
>5.5h	≤50 万	良	20min～2h	400 万～2000 万	劣
2～5h	50 万～400 万	中	< 20min	≥2000 万	差

2.2.7　液奶中的维生素

液奶中含有人体营养必需的各种维生素，这些维生素是乳牛消化饲料后转化而来的。乳中维生素按其溶解性分为：脂溶性维生素和水溶性维生素两大类。脂溶性的维生素有维生素 A、维生素 D、维生素 E、维生素 K 等，水溶性的维生素有维生素 B_1、维生素 B_2、维生素 B_6、维生素 B_{12}、维生素 C 等。

2.2.7.1　脂溶性维生素

（1）维生素 A

纯粹的维生素 A 是一种黄色三棱形结晶，熔点为 62～64℃，不溶于水而溶于酒精、乙醚及油脂中，氧化后即失去作用。易受紫外线的破坏，对热的稳定性很高。

维生素 A 是胡萝卜素在动物的肝脏及肠壁中，在胡萝卜素酶的作用下，由 1 分子胡萝卜素分解产生 2 分子的维生素 A，其含量取决于饲料中胡萝卜素的含量。液奶中维生素 A 的含量为 20～290IU/100g，平均为 100IU/100g。

（2）维生素 D

液奶中维生素 D 的含量与饲料、品种、管理（日光照射）及泌乳期等直接有关。液奶中维生素 D 的含量为 0.33～5.92IU/100mL，平均为 2～3.3IU/100mL。初乳比常乳含有较多的维生素 D。夏季乳中维生素 D 含量比冬季高 2～7 倍。维生素 D 对热的抵抗力很稳定，在通常杀菌处理的情况下不致被破坏。脱脂乳制品不含维生素 D。

（3）维生素 E

维生素 E 化学上称生育酚。在食物中含有 4 种类似的化合物，依次称 α-生育酚、β-生育酚、γ-生育酚及 δ-生育酚。因其对脂肪有抗氧化作用，故常作抗氧化剂。乳中维生素 E 常以 α-生育酚状态存在，其数量为 0.6mg/L。常采食青绿多汁饲料的乳牛，其乳中维生素 E 的含量相对较高。

维生素 E 是维生素中比较稳定的一种，加热、干燥、贮藏等都不被破坏，但在碱性和光线照射下不稳定。维生素 E 活性的损失与脂肪的变苦有关。在稀奶油及奶油中常出现这种情况，由于乳脂肪变苦会形成有机的过氧化物，此过氧化物能破坏维生素 E。

2.2.7.2　水溶性维生素

（1）维生素 B_1（硫胺素）

维生素 B_1 在活体内易被磷酸化合，乳中的维生素 B_1 则以游离状态和与磷酸化合状态同时存在。乳中维生素 B_1 主要来源于饲料，其次由瘤胃中的细菌合成。液奶中维生素 B_1 的含量为 0.4～0.5mg/L，主要是细菌合成的。维生素 B_1 在 pH 值为 3.5～5.0 时，对热比较稳定，此时即使加热至 100℃ 也无变化，但高于 120℃ 会分解。若 pH 为中性或碱性时，对热不稳定，100℃ 时很快被破坏，同时紫外线照射后效力也消失。

（2）维生素 B_2（核黄素、乳黄素）

乳清呈黄绿色，这就是因为其中含有水溶性的核黄素。维生素 B_2 在大多数食品中以结合状态存在，也有一部分以游离的水溶液状态存在。乳中 20% 的核黄素以黄素核苷酸或黄素腺嘌呤二核苷酸形式结合到蛋白质上。维生素 B_2 在酸性条件下稳定，能被碱性条件破坏。在阳光照射下易被分解。乳中维生素 B_2 的含量为 1～2mg/L，泌乳第一天液奶中维生素 B_2 含量为 6000～8000mg/L，是泌乳前 7 天的 4～5 倍。初乳中含量为 3.5～7.8mg/L，泌乳末期为 0.8～1.8mg/L，也略受季节性影响，其中以 5 月含量最低（1.133mg/L）。

（3）维生素 B_6（吡哆素）

液奶中的维生素 B_6 主要由 80% 的吡多醛、20% 的吡多胺和痕量的磷酸吡多醛组成。维生素 B_6 见光易发生降解。液奶中维生素 B_6 含量较高，约为人乳的 5 倍，因此，液奶是良好维生素 B_6 的来源。

（4）维生素 PP

维生素 PP 包含尼克酸（亦称烟酸）和尼克酰胺（亦称烟酰胺），能溶于水及酒精中。乳牛能在体内合成，冬季乳中的含量经常高于春夏季的含量。因此饲料对维生素 PP 并无影响。乳中的含量为 0.5～4mg/L。维生素 PP 耐高温，不被酸、碱和光所破坏，不被空气中氧所氧化。通常在制造干酪过程中维生素 PP 的含量比原料乳中减少 4/5，这是由于在干酪成熟过程中尼克酸被微生物所利用。在制造加糖炼乳时，维生素 PP 损失为 10%～15%。

（5）维生素 B_{12}（钴胺素）

维生素 B_{12} 是一种粉红色针状结晶，在强酸、强碱作用下极易分解而失效，在 pH

值为 4.5～5.0 的水溶液中稳定。乳及乳清中含维生素 B_{12} 0.002～0.01mg/L。

（6）维生素 C（抗坏血酸）

维生素 C 是所有维生素中最不稳定的一种，加热、光照、有氧的条件等都能使维生素 C 分解而被破坏。乳中 75％ 的维生素 C 呈抗坏血酸形式，其余为脱氢抗坏血酸形式，它也具有维生素 C 的活性。乳牛体内能合成维生素 C，液奶中含维生素 C 5～28mg/L，平均为 20mg/L。青饲料较多时，乳中维生素 C 的含量可提高数倍。

液奶经 62～65℃、30min 杀菌后，维生素 C 被破坏 30％～60％。液奶放在冷暗处保存 6～8h 后，维生素 C 减少了 50％。如果把液奶在日光下照射 15min，则维生素 C 全部被破坏。一般到达消费者手中的乳及乳制品中几乎不含维生素 C。因此，用乳及乳制品哺育婴儿时必须补充含维生素 C 多的食物。

（7）叶酸

叶酸曾称为维生素 M、干酪杆菌因子，在液奶中以游离型和蛋白结合型存在。除了可治疗贫血外，还对乳酸菌的繁殖有很大的促进效果。液奶中叶酸的含量为 0.004mg/L，初乳中含量为常乳的数倍。在酸性溶液中，叶酸对热不稳定，加热或光照时被分解破坏。

2.2.8 液奶中的无机盐

液奶中含 0.7％～0.8％无机盐，无机盐也称矿物质、灰分，是指除碳、氢、氧、氮以外的各种元素，主要有磷、钙、镁、氯、钠、钾、硫等，此外还有一些微量元素。液奶中的灰分是指液奶在 550℃以下燃烧灰化时所得的无机物。灰分多于矿物质和无机盐、少于盐类含量，由于灰分是将液奶蒸发干燥，在 550℃内灰化成白灰样，然后冷却称量至恒重，其含量可由以下列几个方面决定：a. 灰分的磷酸盐会由于蛋白质和磷脂中有机磷生成的 P_2O_5 而使结果增高；b. 灰分的硫酸盐由蛋白质产生；c. 灰分的碳酸盐的一部分是从有机物分解生成的 CO_2 而来；d. 有机酸根之一的柠檬酸在燃烧灰化时完全被破坏；e. 燃烧灰化的温度过高时，碱性的氯化物和碘等会挥发而损失；f. 燃烧灰化过程中有时会形成金属氧化物。

液奶中的矿物质元素含量如表 2-9 所列。

表 2-9　液奶中矿物质元素含量　　　　　　　单位：mg/100g

元素	K	Ca	Na	Mg	P	Cl	S
含量	138	125	58	14	96	104	30

液奶中的矿物质大部分以无机盐或有机盐的形式存在。钾、钠大部分是以氯化物、磷酸盐及柠檬酸盐的可溶状态存在。钙、镁则与酪蛋白、磷酸及柠檬酸结合，一部分呈胶体状态，另一部分呈溶解状态。磷是乳中磷蛋白、磷脂及有机酸酯的

成分。

液奶中无机盐成分含量很少，但对液奶加工特别是对液奶的热稳定性等方面有着重要意义。液奶中的盐类平衡，特别是钙离子、镁离子和磷酸、柠檬酸之间保持适当的平衡，是保持液奶对热稳定的必要条件。当可溶性钙、镁过剩时，液奶在比较低的温度下就会产生凝固。乳中微量元素也具有重要的意义，尤其对于幼小机体的发育更为重要。液奶中铁的含量为 $10\sim90\mu g/100mL$，比人乳中铁的含量少，故用液奶哺育幼儿时应补充铁。

2.2.9　液奶中的其他成分

除上述成分外，乳中还有少量的有机酸、气体、色素、免疫体、细胞成分、风味成分及激素等。

2.2.9.1　有机酸

乳中的有机酸主要是柠檬酸（$C_6H_8O_7$），此外还有微量的乳酸（$C_3H_6O_3$）、丙酮酸（$C_3H_4O_3$）及马尿酸（$C_6H_5CONHCH_2COOH$）等。在酸败乳及发酵乳中，在乳酸菌的作用下，马尿酸可转化为苯甲酸。乳中柠檬酸的含量为 $0.07\%\sim0.40\%$，平均为 0.18%，以盐类状态存在。除了酪蛋白胶粒成分中的柠檬酸盐外，还存在有分子状态、离子状态的柠檬酸盐，主要为柠檬酸钙。柠檬酸对乳的盐类平衡及乳在加热、冷冻过程中的稳定性均起重要作用。同时，柠檬酸还是乳制品的芳香成分丁二酮的前体。

2.2.9.2　气体

液奶中的气体主要为二氧化碳（CO_2）、氧气（O_2）和氮气（N_2）等，细菌繁殖后，其他气体如氢气、甲烷等也都在乳中产生。

液奶中的气体在乳房中已含有，其中 CO_2 最多，N_2 次之，O_2 最少。在挤乳及贮存过程中，CO_2 由于逸出而减少，而 O_2、N_2 则因与大气接触而增多。液奶中氧的存在会导致维生素的氧化和脂肪的变质，所以液奶在输送、贮存处理过程中应尽量在密闭的容器内进行。一般乳中气体的总量为乳体积的 $5.7\%\sim8.6\%$。

液奶在冷却处理时多用表面冷却器，经过表面冷却器后不仅可以除去液奶中闻起来令人不愉快的气体（多从牛体及牛舍空气中吸收），而使液奶的风味变好，同时使液奶中氮及氧的含量增多，CO_2 的量减少，从而使乳中可溶性的碳酸减弱，使液奶的酸度降低（加热处理也有同样效果），乳经加热后其酸度通常可降低 $1°T$。

2.2.9.3 细胞成分

乳中所含的细胞成分主要是白细胞和一些乳房分泌组织的上皮细胞，也有少量红细胞。液奶中的细胞含量多少是衡量乳房健康状况及液奶卫生质量的标志之一。一般正常乳中细胞数不超过 50 万个/mL，平均为 26 万个/mL。

2.3 液奶的物理性质

液奶的物理性质包括色泽、气味、相对密度、黏度、冰点、沸点、比热容、表面张力、折射率、导电率等。这些性质不仅在辨别液奶的质量及掺杂方面是重要的依据，同时对于选择正确的加工工艺条件也有着与成分性质同样重要的意义。

2.3.1 液奶的色泽

正常的液奶呈不透明的乳白色或略带淡黄色。乳白色是液奶的基本色调，这是由于液奶中的酪蛋白酸钙-磷酸钙复合体胶粒及脂肪球等微粒对光不规则反射的结果。液奶中的脂溶性胡萝卜素和叶黄素使乳略带淡黄色。而水溶性的核黄素使乳清呈荧光性黄绿色。

2.3.2 液奶的滋味与气味

液奶中的挥发性脂肪酸及其他挥发性物质是构成液奶滋气味的主要成分。这种液奶特有的香味随温度的高低而有所差异，即液奶经加热后香味强烈，冷却后即减弱。液奶除了原有的香味之外，很容易吸收外界的各种气味。因此，液奶的风味可分正常风味和异常风味。

2.3.2.1 正常风味

正常乳牛分泌的乳具有奶香味，且有特殊的风味，这些都属正常味道。正常风味的乳中含有适量的甲硫醚、丙酮、醛类、酪酸以及其他的微量游离脂肪酸。

新鲜纯净的乳稍带甜味，这是因为乳中含有乳糖的缘故。乳中除甜味之外，因其含有氯离子而稍带咸味。常乳中的咸味因受乳糖、脂肪、蛋白质等影响，故不易被感觉，而异常乳如乳房炎乳，因氯的含量较高，故有浓厚的咸味。乳中的苦味来自 Mg^{2+}、Ca^{2+}，而酸味由柠檬酸及磷酸产生[8]。

2.3.2.2 异常风味

液奶的异常风味，受个体、饲料以及各种外界因素所影响，大致有以下几种。

（1）生理异常风味

①过度乳牛味。由于脂肪没有完全代谢，使液奶中的酮体类物质过分增加而引起。

②饲料味。主要因冬、春季节牧草减少而进行人工饲养时产生。产生饲料味的饲料主要为各种青贮料、芜菁、卷心菜和甜菜等。

③杂草味。主要由大蒜、韭菜、苦艾、猪杂草、毛茛、甘菊等产生。

（2）脂肪分解味

主要是由于乳脂肪被脂酶水解，脂肪中含有较多的低级挥发性脂肪酸而产生。其中主要成分为丁酸。此外，癸酸、月桂酸等碳原子数为偶数的脂肪酸也与脂肪分解味有关。

（3）氧化味

由乳脂肪氧化而产生的不良风味。产生氧化味的主要因素有：重金属、抗坏血酸、光线、氧、贮藏温度以及饲料、液奶处理方法和季节等，其中尤以重金属铜的影响最大。

（4）日光味

液奶在阳光下照射 10min 后，可检出日光味，这是由乳清蛋白受阳光照射而产生。

（5）蒸煮味

蒸煮味的产生主要是乳清蛋白中的 β-乳球蛋白因加热而产生巯基（—SH）所致。例如，液奶在 76～78℃瞬间加热，可使液奶产生蒸煮味。

（6）苦味

液奶冷藏时间长时往往产生苦味。原因是低温菌或某种酵母使液奶产生肽化合物，或者是解脂酶使液奶产生游离脂肪酸所形成。

（7）酸败味

主要由乳发酵过度或受非纯正的产酸菌污染所致。这会造成液奶、稀奶油、奶油、冰淇淋以及发酵乳等产生较浓烈的酸败味。

液奶的异常风味，除上述这些之外，由于杂菌的污染，有时会产生麦芽味、不洁味和水果味等；或由于对机械设备清洗不严格，往往产生石蜡味、肥皂味和消毒剂味等；或因与水产品放在一起而带有鱼腥味；或消毒温度过高会使乳糖焦化而呈焦糖味等。

2.3.3　液奶的密度及相对密度

2.3.3.1　影响因素及变化

乳的密度是指一定温度下单位体积的质量，而乳的相对密度主要有两种表示方法：一种是以 15℃为标准，指在 15℃时一定容积液奶的质量与同容积、同温度水的质量之比 d_{15}^{15}，正常乳的比值平均为 $d_{15}^{15}=1.032$；另一种是指乳在 20℃时的质量与同容积水在 4℃时的质量之比 d_4^{20}，正常乳的比值平均为 $d_4^{20}=1.030$。两种比值在同温度下，其绝对值相差甚微，后者较前者小 0.002。乳制品生产中常以 0.002 的差数进行换算。

乳的相对密度在挤乳后 1h 内最低，其后逐渐上升，最后可大约升高 0.001，这是由于气体的逸散、蛋白质的水合作用及脂肪的凝固使容积发生变化。故不宜在挤乳后立即测试乳的相对密度。

乳中主要成分的相对密度见表 2-10，常见乳制品的密度见表 2-11。

表 2-10　乳中主要成分的相对密度（20℃时）

牛乳成分	相对密度		牛乳成分	相对密度	
	范围	平均值		范围	平均值
乳脂肪	0.918～0.927	0.925	无脂干物质	1.5980～1.6330	1.6150
乳糖	1.5925～1.6628	1.6103	柠檬酸	1.5330～1.6680	1.6105
乳蛋白质	1.335～1.448	1.3908	干物质	1.2960～1.4500	1.3730
盐类	2.6170～3.0980	2.8570			

表 2-11　常见乳制品的密度

乳与乳制品	密度/(g/mL)	乳与乳制品	密度/(g/mL)
生鲜乳	1.026～1.034	炼乳(脂肪7.5%)	1.055～1.065
脱脂乳	1.032～1.038	奶油	0.855～0.960
纯饮用乳	1.027～1.033	鲜干酪	1.056～1.060
酪乳	1.025～1.029	乳粉	1.270～1.460
乳清	1.020～1.026	脱脂乳粉	1.440～1.460
稀奶油(脂肪70%)	0.985～0.995	全脂乳粉	1.270～1.320
稀奶油(脂肪50%)	0.975～0.985		

2.3.3.2　测定方法

通常用液奶密度计（或称乳稠计）来测定乳的密度或相对密度。乳的 d_{15}^{15} 测定范围为 1.015～1.045。在乳稠计上刻有 15～45 的刻度，以°来表示。例如，其刻度为 15，相当于 d_{15}^{15} 为 1.015；刻度为 30，则相当于 d_{15}^{15} 为 1.030。乳稠计有 15℃/15℃乳稠计及 20℃/4℃乳稠计两种规格，后者较前者测得的度数低 2°，即 $d_{15}^{15}=d_4^{20}+0.002$。

测定时，乳样的温度并非必须是标准温度值，在 10～25℃ 范围内均可测定，另外，温度对密度测定值影响较大，每升高 1℃ 则乳稠计的刻度值降低 0.2 个刻度，每下降 1℃ 则乳稠计的刻度值升高 0.2 个刻度，其原因是热胀冷缩，因此测定液奶密度时，必须考虑测定时的温度，通过温度折算后再计算出相对密度。

2.3.4　液奶的酸度

2.3.4.1　来源

刚挤出的新鲜乳是偏酸性的，这是因为乳蛋白分子中含有较多的酸性氨基酸和自由的羧基，而且受磷酸盐等酸性物质的影响。这种酸度称为固有酸度或自然酸度。若以乳酸百分率计，液奶自然酸度为 0.15%～0.18%。

挤出后的乳在微生物的作用下发生乳酸发酵，导致乳的酸度逐渐升高。由于发酵产酸而升高的这部分酸度称为发酵酸度或发生酸度。固有酸度和发酵酸度之和称为总酸度。一般情况下，乳品工业所测定的酸度就是总酸度。在正常范围内，乳的酸度越高，乳对热的稳定性就越低；乳的酸度越低，其热稳定性就越好。乳的酸度与乳的凝固温度的关系如表 2-12 所列。所以，为了防止酸度升高，必须迅速冷却，并在低温下保存，以保证鲜乳和成品的质量。

表 2-12　乳的酸度与乳的凝固温度的关系

乳的酸度/°T	凝固条件	乳的酸度/°T	凝固条件
18	煮沸时不凝固	40	加热至 63℃时凝固
20	煮沸时不凝固	50	加热至 40℃时凝固
26	煮沸时能凝固	60	22℃时自行凝固
28	煮沸时凝固	65	16℃时自行凝固
30	加热至 77℃时凝固		

2.3.4.2　测定方法

乳品工业中所称的酸度，是指以标准碱溶液用滴定法测定的滴定酸度。滴定酸度亦有多种测定方法及其表示形式。我国滴定酸度用吉尔涅尔度（°T）或乳酸百分率（乳酸%）来表示。

（1）吉尔涅尔度（°T）

采用国标方法 GB 5009.239—2016，即以酚酞为指示剂，中和 100mL 液奶所消耗的 0.1mol/L 氢氧化钠溶液的体积数（mL）。生产中为了节省原料，通常取 10mL 液奶，用 20mL 蒸馏水稀释，加入酚酞指示剂，以 0.1mol/L 氢氧化钠溶液滴定，到达滴定终点时将所消耗的 NaOH 体积（mL）乘以 10，即为此液奶的吉尔涅尔度。

正常液奶的酸度为 16～18°T，这种酸度主要由乳中的蛋白质、柠檬酸盐、磷酸盐及 CO_2 等酸性物质所构成。其中 3～4°T 来源于蛋白质，约 2°T 来源于 CO_2，10～12°T 来源于磷酸盐和柠檬酸盐。

（2）乳酸百分率（乳酸%）

用乳酸量表示酸度时，按上述方法测定后用下列公式计算：乳酸（%）=0.1mol/L NaOH 标准溶液体积（mL）×0.009/供试乳质量[乳样体积（mL）×相对密度]×100。

（3）乳的 pH 值

若从酸的含义出发，酸度可用氢离子浓度指数（pH）表示。pH 值为离子酸度或活性酸度。正常新鲜液奶的 pH 值为 6.4～6.8，一般酸败乳或初乳的 pH 值在 6.4 以下，乳房炎乳或低酸度乳的 pH 值在 6.8 以上。

　　活性酸度（pH）反映了乳中处于电离状态的所谓的活性氢离子的浓度。但测定滴定酸度时，氢氧根离子不仅和活性氢离子相作用，而且也和潜在的，也就是在滴定过程中电离出来的氢离子相作用。乳挤出后，在存放过程中由于微生物的作用，使乳糖水解为乳酸。乳酸是一种电离度小的弱酸，而且乳是一个缓冲体系，蛋白质、磷酸盐、柠檬酸盐等物质具有缓冲作用，可使乳酸保持相对稳定的活性氢离子浓度，所以在一定范围内，虽然产生了乳酸，但乳的 pH 值并不相应地发生明显的变动。测定滴定酸度时，则按质量作用定律，随着碱液的滴加，乳酸继续电离，由乳酸带来的活性氢离子和潜在氢离子均陆续与氢氧根离子发生中和反应，所以滴定酸度可以及时地反映出乳酸产生的程度，而 pH 值则不呈现规律性的关系。例如，在 100mL 的蒸馏水中加入 10mL 0.1mol/L 的盐酸，则 pH 值可以降至 2；但在鲜乳中 pH 值则只能降至 6.1。这种情况和加 NaOH 基本相同，这就说明液奶具有相当强的缓冲作用。人乳中由于这些成分含量较少，故缓冲作用比较弱。因此生产中广泛地采用测定滴定酸度来间接掌握乳的新鲜度。

2.3.5　液奶的热学特性

2.3.5.1　比热容

　　液奶的比热容是指将液奶温度升高 1℃ 所吸收的热量，与同质量的水温度升高 1℃ 所吸收的热量之比，单位为 kJ/(kg·℃) 或 kcal/(kg·℃)，两者之间的关系为 1kcal＝4.18kJ。液奶的比热容为其所含各成分的比热容的总和。液奶中主要成分的比热容为：乳蛋白 2.09kJ/(kg·℃)，乳脂肪 2.09kJ/(kg·℃)，乳糖 1.25kJ/(kg·℃)，盐类 2.93kJ/(kg·℃)，由此计算得出液奶的比热容大约为 8.36kJ/(kg·℃)。

　　液奶的比热容随其所含的脂肪含量及温度的变化而异。在 14～16℃ 的范围内，乳脂肪的一部分或全部还处于固态，加热的热能一部分要消耗在脂肪融化的潜热上，故在此温度范围内，其脂肪含量越多，使温度上升 1℃ 所需的热量就越大，比热容也相应增大。在其他温度范围内，因为脂肪本身的比热容小，故脂肪含量越高，乳的比热容越小。表 2-13 中列出了乳和乳制品在各个温度范围内的比热容。

表 2-13　乳和乳制品在各个温度范围内的比热容

种类	脂肪质量分数/%	比热容/[kcal/(kg·℃)]		
		15～18℃	32～35℃	35～40℃
脱脂乳	—	0.946	0.035	0.928
全脂乳	305	0.941	0.926	0.917
稀奶油	18	1.032	0.905	0.862
稀奶油	25	1.108	0.894	0.822
稀奶油	33	1.136	0.851	0.773
稀奶油	40	1.147	0814	0.720

乳和乳制品的比热容在乳品生产过程上有很重要的意义，常用于加热量和制冷量的计算。

2.3.5.2　冰点

液奶的冰点一般为 $-0.565 \sim -0.525 ℃$，平均为 $-0.540 ℃$。液奶中的乳糖和盐类是导致冰点下降的主要因素。正常液奶的乳糖及盐类的含量变化很小，所以冰点很稳定。如果在液奶中掺加 10% 的水，其冰点约上升 $0.054 ℃$。可根据冰点变动用下列公式来推算掺水量：

$$w = \frac{t - t_1}{t}(100 - w_s)$$

式中　w——以质量计的掺水量，%；

$\quad\quad\; t$——正常乳的冰点，℃；

$\quad\quad\; t_1$——被检乳的冰点，℃；

$\quad\quad\; w_s$——被检乳的乳固体含量，%。

以上计算对新鲜液奶有效，但酸败的液奶冰点会降低。另外，贮存与杀菌对冰点也有影响，所以测定冰点必须是液奶的酸度在 20°T 以内。

2.3.5.3　沸点

液奶的沸点在 101.33kPa（1 个标准大气压）下为 100.55℃，乳的沸点受其固形物含量影响。浓缩过程中沸点上升，浓缩到原体积 1/2 时，沸点上升到 101.05℃。

2.3.6　液奶的其他物理性质

2.3.6.1　黏度

乳中蛋白质和脂肪含量是影响液奶黏度的主要因素。液奶的非脂乳固体含量一定时，随着含脂率的增高黏度也增高，但随脂肪球的大小和聚集程度而变。当含脂率一定时，随着非脂乳固体含量的增加液奶的黏度也增高。初乳、末乳、病液奶的黏度均增高。同时液奶的黏度也受温度影响，温度越高，液奶的黏度越低。

黏度在乳品加工方面有重要的意义。例如，在浓缩乳制品方面，黏度过高或过低都是不正常的情况。以甜炼乳而论，黏度低时可能发生糖沉淀或脂肪分离，黏度过高时可能产生浓厚化；贮藏中的淡炼乳，如黏度过高时可能产生矿物质的沉淀或形成冰胶体（即形成网状结构）。此外，在生产乳粉时，液奶的黏度对喷雾干燥有很大的影响，如黏度过高，可能妨碍喷雾，产生雾化不完全及水分蒸发不良等现象。

2.3.6.2　表面张力

液体的表面张力就是使表面分子维持聚集的力量。液奶的表面张力在 20℃ 时为

0.046～0.0475N/m，比水的（0.0728N/m）低。当液奶进行均质处理时，脂肪球表面积增大，因此增加了表面张力。

2.3.6.3 电导率

液奶并不是电的良导体。但因液奶中溶有盐类，因此也具有导电性。乳中与电导率关系最密切的离子为 Na^+、K^+、Cl^- 等。正常液奶的电导率 25℃为 0.004～0.005S/cm。一般电导率超过 0.006S/cm，即可认为是病液奶，故可利用电导率来检验乳房炎乳。

2.3.6.4 氧化还原电势

乳中含有很多具有氧化还原作用的物质，如维生素 B_2、维生素 C、维生素 E、酶类、溶解态氧、微生物代谢产物等。氧化还原势可反映乳中进行的氧化还原反应的趋势。一般液奶的氧化还原电势（Eh）为 +0.23～+0.25V。乳经过加热则产生还原性的产物而使 Eh 降低，Cu^{2+} 存在可使 Eh 增高。

2.3.6.5 折射率

液奶的折射率比水大，这是因为乳中含有多种固体物质，其中主要受无脂干物质的影响。通常乳的折射率为 1.3470～1.3515。初乳的折射率约为 1.3720，此后则随泌乳期的延续逐渐降低。乳清的折射率为 1.3430～1.3442。

参考文献

[1] 唐慧，王巍，甘佳，等. 影响母牛产奶量的重要因素分析 [J]. 四川畜牧兽医，2015，42(12)：34-36.

[2] 李扬. 提高奶牛产奶量的途径与方法 [J]. 当代畜牧，2013(9Z)：56-58.

[3] 张慧林，刘小林，朱建华，等. 产犊月份对荷斯坦牛产奶量的影响 [J]. 西北农业学报，2012，21(3)：17-21.

[4] 魏秋玉，高献周. 影响奶牛产奶量的关键因素分析 [J]. 安徽农业科学，2005，33(9)：1670-1671.

[5] 周光宏. 畜产品加工学 [M]. 北京：中国农业出版社，2002.

[6] 贤集网. 乳制品生产工艺之液奶的组成和性质 [EB/OL]. https://www.xianjichina.com/special/detail_414602.html

[7] 马兆瑞，秦立虎. 现代乳与乳制品加工技术 [M]. 北京：中国轻工业出版社，2010.

[8] 乔为仓，陈历俊. 乳中风味缺陷的种类和控制方法 [J]. 中国乳业，2009(4)：30-33.

第 3 章

液奶生产工艺及流程

液态奶产品是最重要的乳制品之一，在乳制品市场中占有非常大的比例。液态奶产品种类繁多，分类方式也各有不同，这里介绍两种主要的分类方法。

3.1 液奶产品的分类

3.1.1 根据热处理方式分类

按照热处理强度最为常见的液态奶主要分为两大类：消毒乳和灭菌乳。

消毒主要是指以通过热处理来降低乳中和乳有关的、由致病微生物引起的可能危害人体健康的细菌为目的的生产工艺过程。消毒产品中可能会残留部分乳酸菌、酵母菌和霉菌等非致病菌，它以产品的最小物理、化学和感官变化为原则。消毒的最大目的是杀死液奶中的致病菌，保证食用安全。适当的杀菌条件组合除了达到上述目的外，还可以减少液奶中革兰氏阳性嗜冷菌——液奶热处理后导致腐败的最常见菌。

巴氏杀菌不足以杀死液奶中的耐热芽孢，只是部分降低了微生物的数量，使乳具有较好的保存质量。而灭菌则是指通过足够的热处理，使产品中几乎所有的微生物和耐热酶类失去活性。这种热处理方式通常需经过 $100℃$ 以上的温度处理，产品包装在密闭容器中。液奶通过上述处理，称为"商业无菌"，也就是说，产品不一定完全不存在微生物，但经热处理的残存微生物不可能在贮存期间内繁殖，造成产品腐败。耐热芽孢是灭菌乳杀菌的主要对象，乳中最耐热的细菌为耐高温芽孢杆菌。对乳制品而言，多数灭菌工艺的目的是使该芽孢数下降两个指数单位。

消毒是乳品厂广泛采用的加工办法，不同的国家和地区对加工条件会有不同的规定，但总的来讲还是相当一致的。在英国和美国，热处理的最低规定条件为：$62.8℃$、$30min$ 或者 $71.7℃$、$15s$。由于考虑到李斯特氏菌等微生物在上述条件下还可能存活，大多数生产者所采用的热处理方式都高于法定的最低温度。

在我国，关于消毒的条件规定如下。

（1）低温长时间杀菌或保持式杀菌（LTLT）

液奶经 62～65℃ 保持 30min 的杀菌方法，因其处理时间长，而且不是连续进行的，故效率较低，现在只有部分小型厂使用。

（2）高温短时杀菌和巴氏高温杀菌（HTST）

液奶经 72～75℃ 保持 15～16s 杀菌或者 80～85℃ 保持 10～15s 加热杀菌，这种方法可以在短时间内处理大量的液奶，目前广为使用。

巴氏杀菌是一种相对温和的热处理形式，对乳的影响不很显著，所以绝大多数消费者很难从口味上区分生乳和消毒乳。消毒乳没有活性的巯基的生成，没有明显的蒸煮味；其乳清蛋白变性程度低，在 5%～15% 之间，有极小的热敏性营养素损失。杀菌乳的微生物指标一般规定平板计数少于 3 万个，大肠杆菌计数每毫升少于 1 个。

液奶中的嗜冷耐热芽孢菌有可能在热处理后残存，随后生长，产生胞外酶，进而引起液奶变质，它们是冷藏乳制品质量变化的主因。

灭菌乳包括两种不同的加工方式：一种是指先灌装再杀菌的长保质期液奶，一般采用玻璃瓶装或者聚酯塑料瓶灌装，通常采用产品和包装（罐）一起被加热到约 116℃ 保持 20min，室温贮存；另外一种为超高温灭菌（UHT）乳，它是指在连续流动的情况下，液奶经至少 130℃、1s 或者更长时间热处理之后在无菌条件下包装的液奶，包装可以保护产品不接触光线和空气中的氧，在室温下贮存。在一些国家灭菌乳和 UHT 乳是被区分开的，而有些国家则统称为无菌乳。传统的灭菌乳是将液奶过滤、均质、瓶装封口后间接或者连续式杀菌。近年来越来越多地采用较高温度、较短时间的灭菌方法，即温度达到 135～142℃ 时，保持时间可以短到准许实现连续的加工操作（2～5s），这种加工工艺称为 UHT 工艺。两种杀菌方式不仅是工艺上有区别，产品的内容物的破坏情况也不同。事实上，瓶装灭菌乳和 UHT 乳之间的区别可通过破坏芽孢、钝化酶及其他化学反应的动力学数据在同一图上作图来很好地阐明，图 3-1 是与二者的理化、微生物性质密切相关的一些反应动力学数据。

Kessler（1989）对维生素损失、变色，羟甲基糠醛、乳清蛋白变性和赖氨酸损失等反应动力学参数的研究表明，两种灭菌方式都可以达到商业无菌，但 UHT 工艺优势更大，这源于化学反应速率较芽孢热钝化对温度变化不敏感，因而需要较短的加热时间就可以达到商业无菌，进而导致较少的化学反应发生。与灭菌乳相比，UHT 乳的颜色更白、有较少的焦化味道、较少蛋白质变性和较低的热敏性维生素损失，故两种产品在整体质量上有区别，特别是感官、化学成分和营养成分方面。UHT 产品的质量可能受到耐热芽孢蛋白分解酶或者嗜冷菌胞外蛋白酶的影响。前者在较高浓度时不能被完全钝化，在贮存过程中会引起变质；UHT 乳易发生胶凝化，而灭菌乳则较少发生。后者一般在 4～6℃ 贮存时由嗜冷菌产生，这种酶在 40～70℃ 之间容易失活，但当处理温度超

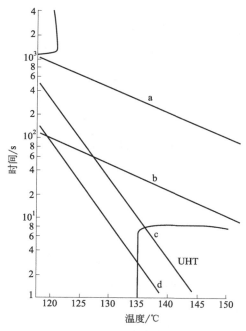

图 3-1 乳中微生物、酶和杀菌温度、时间的关系

a—假单胞菌 90% 的蛋白酶失活；b—3% 的硫胺破坏；c—适温孢子失活；d—杀菌液奶区域

过 70℃ 以后，部分热处理发生构象改变而失活的酶分子在冷却时可以通过构象重新折叠而保持活性，从而很大程度上影响产品的风味和质地，引起产品酸臭、苦味或者凝胶。表 3-1 是对不同加工方式的化学变化的比较。

表 3-1 热处理乳的化学变化

种 类	乳清蛋白氮含量/(mg/100g)	浊 度	赖氨酸损失量/%	乳果糖含量/(mg/mL)
牛乳	95.5	—	—	—
巴氏杀菌乳	80.8	771	0.7～2.0	0.1
直接 UHT 乳	38.3	181	0～4.3	0.3
间接 UHT 乳	27.6	14.2	1.7～6.5	—
灭菌乳（玻璃瓶）	21.9	0.8	3.3～13	2.9

消毒乳与灭菌乳相比，消毒乳的成本较低，但保质期短；灭菌乳虽然保质期长，但生产成本高，库存周转慢，风味和营养物质受到一定的损失。新近出现的较长保质期液奶（ESL）在一定程度上解决了这个矛盾。ESL 乳介于巴氏杀菌乳和 UHT 处理乳之间，产品保质期适当延长但产品风味、口感得到更好保持，因而越来越多地受到生产厂家和零售商的欢迎。不像巴氏杀菌乳或者 UHT 乳，ESL 乳尚没有国家明文规定或者国家标准，它是一种较新的杀菌技术。典型的 ESL 乳采用高温巴氏杀菌技术，设备上采用板式热交换器，采用不同的温度和时间组合，一般温度为 115～130℃，如温度为 120℃，产品只需要 1s 或者更短的时间。一些 ESL 乳不仅从热处理条件考虑，而且采

用重力或者离心分离、超滤微滤等工艺进一步达到更好的处理效果。

热杀菌工艺相对简单，经济上可行，是最常用的杀菌方式。但随着新技术、新材料的不断出现，新的杀菌方式、杀菌工艺也不断被研发出来。这些杀菌方式基本上可以分为三大类：非热或者"冷"工艺、可以替代的热工艺、"化学"工艺，具体如下。

（1）"冷"工艺

"冷"工艺包括微滤、脉冲高压电场、高压、脉冲高强度光、辐射、离心除菌、脉冲高强度磁场、超声波、高压二氧化碳、高压均质等。

（2）可以替代的热工艺

阻抗、低频率（欧姆）和高频率（电加热）、电介质、微波和射频、感应、红外线等均属可替代的热工艺。

（3）"化学"工艺

过氧化氢、抗生素、抗菌酶、抗菌蛋白和肽、阳离子聚合物（如脱乙酰壳多糖）、活性包装，包括气调包装等均属"化学"工艺。

以上提到的杀菌方式有一些已经在生产中得到了应用，另外这些杀菌方式与传统的热处理工艺结合可达到更好的杀菌效果。

3.1.2 根据乳脂肪含量分类

国际食品法典委员会（CAC）中的定义为：乳是指只限于从一种或者几种产乳动物中得到的正常乳腺分泌物，它不含其他任何添加物，或从中提取了某种成分。经过处理而未改变成分的乳类，或者乳脂肪含量符合国家法规的乳类均可称作"乳"。而乳制品必须是以乳为原料而制成的产品。必要时，可向乳中添加其他物质，但添加物不能全部或部分替代乳。不同国家的液态奶标准不尽相同，但大体相似。

在英国，规定标准化的全脂乳脂肪含量不得低于3.83%，半脱脂乳脂肪含量为1.5%～1.8%，脱脂乳脂肪含量不得高于0.3%。对于从其他欧盟国家进口的液态奶，则采用一个标准。

在澳大利亚，标准乳的定义是从一种或多种的产乳动物获得的正常的乳腺分泌物，但不包括初乳；脱脂乳则是指从乳中除去脂肪得到的产品。全脂乳的脂肪和蛋白质标准分别为≥32g/kg和≥30g/kg；脱脂乳的标准分别为脂肪≤1.5g/kg，蛋白质≥30g/kg。标准中同时规定在乳中添加或者除去一些成分时，不得改变乳清蛋白和酪蛋白之间的比例。

3.1.3 根据营养成分分类

众所周知，液奶是营养非常丰富的一类"完全食品"，通过加工工艺或者添加不同营养强化成分可以改变液奶中营养配比，得到不同营养组成的产品。

3.1.3.1 普通液奶

以合格的生液奶为原料,不加任何添加剂而均质杀菌加工成的液奶,各项指标符合国家标准关于巴氏消毒液奶或灭菌乳的规定。

根据脂肪的含量不同,普通液奶又可以分为全脂、中脂、低脂和脱脂液奶。各个国家对全脂、中脂、低脂和脱脂液奶的规定不尽相同。在我国,国家标准中规定全脂液奶脂肪含量≥3.1%,蛋白质≥2.9%,非脂乳固体≥8.1%;低脂液奶的脂肪含量在1.0%~2.0%之间;脱脂液奶脂肪含量要求≤0.5%。

3.1.3.2 高脂和/或高蛋白液奶

高脂和/或高蛋白液奶是通过浓缩或添加稀奶油、浓缩乳蛋白等提高产品中脂肪和/或蛋白质的含量,使得产品营养物质更丰富,口感更香浓的产品。

3.1.3.3 强化营养素液奶

强化营养素液奶是在新鲜液奶中添加各种维生素、微量元素和/或其他营养配料,以增加液奶的营养成分为目的的产品。这类产品从风味和外观上与普通杀菌液奶没有大的区别。

3.1.3.4 花色液奶/乳饮料

花色液奶/乳饮料是在新鲜液奶中添加咖啡、可可或各种果汁及食用香精等原料,风味和外观上和普通液奶都有较大差别。随着消费水平和消费观念的变化,液奶不再仅仅是营养食品,人们更希望在得到营养的同时,能够享受到美味。因而花色液奶/含乳饮料也越来越多地受到消费者的青睐。

3.1.3.5 复原乳/再制乳

这类乳是指以全脂乳粉、浓缩乳、脱脂乳粉和无水奶油等为原料,经混合溶解后,制成与液奶成分相同的饮用乳。它可分为下列两类:

① 复原乳,以全脂乳粉或全脂浓缩乳为原料,加水复原而成的制品;

② 再制乳,以脱脂乳粉和无水奶油等为原料加水而成的乳制品,再制乳的成分与液奶几乎没有差别,只是风味会受到影响,另外可能有加热味和乳粉味。

3.2 液奶加工技术

3.2.1 超高压技术

液奶生产中的超高压 (ultra high pressure,UHP) 技术是指在 100~800MPa

（1MPa＝145.038psi）的压力下加工处理液奶及乳制品。

3.2.1.1 生物分子的超高压失活

（1）生物分子超高压失活的理论基础

高福成等讨论了生物分子超高压失活的理论依据。按照化学反应的基本原理，加压有利于促进反应朝向减小体积的方向进行，不利于增大体积的化学反应。由于许多生物化学反应都会产生体积上的改变，所以加压将对生物学过程产生影响。按照速率过程绝对理论（absolute theory of rate process），反应的进行要经过某种活化的状态，这种状态区别在于初态和终态的活化能 F^*。对于一个定温定压的过程，如下的热力学关系适用：

$$F^* = H^* - TS^* + pV^*$$

式中　H^*——焓；

　　　　T——温度；

　　　S^*——熵；

　　　　p——压力；

　　　V^*——容积。

显然，活化自由能 F^* 的表达式中含有容积一项，表明活化状态将涉及容积的膨胀或收缩。由此可见，加压将影响反应速率。

加压阻碍放热反应的进行，而放热反应又会使细胞的活力降低。压力对反应物系产生影响主要通过两方面，即减小有效分子空间和加速链间反应。凡是受压力强烈影响的反应往往是反应物和反应产物的可电离基团数目有差异的反应。电荷数不改变时，反应大体与压力无关。反应物系为水溶液时，容积减小往往是由于解离反应产生离子化基团数目增多。这种情况通常是水在离子周围的伸缩作用引起的。加压的结果将隔离静电的交互作用，从而有更多的离子与水相接触。例如，25℃纯水的 pH 值从常压下的 7.00 变到 100MPa 下的 6.27。这引起了容积的变小。

Da Ledward 等从热动力学、相变化、动力学等方面讨论了超高压产生的效应。

① 热动力学方面：压力主要影响体系的体积、温度，同时影响体积和能量的变化。水和正乙烷分别代表了极性和非极性的两种液体。水的可压缩性比一般的有机溶剂小，根据 Isaaca 的发现，在 3kbar（1bar＝10^5Pa，下同）下水的体积减少 10%，6kbar 下减少 15%；而正乙烷在 3kbar 下体积减少 20%，6kbar 下减少 25%。在接近 6kbar 的压力下，纯水的黏度所受影响较小；而正乙烷的黏度增加 10 倍。

② 相变化：压力在熔点时对组分的影响如 Clapeyron-Clausius 公式所示：

$$\frac{\mathrm{d}T_m}{\mathrm{d}p} = T_m \frac{\Delta V}{\Delta H}$$

因为体积（ΔV）和焓（ΔH）在熔化时同比变化，可以预测压力增加熔点可上升。对于许多有机组分而言，$\mathrm{d}T_m/\mathrm{d}p$ 的值是 15K/kbar。每增加 1kbar 的压力则相应温度降低15℃。但是这个公式在热动力学上是正确的，而在分子水平上是不正确的。水是一个例外，随着压力增加，冰的熔点降低。这为在低温下保存生物产品而不致产生冰晶开辟了一个新方向，同时也表明了用短暂的压力处理使食品快速解冻的可能性。在室温下，10kbar的压力可以产生冰相，它与正常的冰不同，有较高的密度（所谓的暖冰）。因此水分含量将明显影响生物过程，如蛋白质的变性。

③ 动力学方面：以下公式可以表述压力对反应速率的影响。

$$\Delta V^* = -RT \frac{\delta \ln k}{\delta p}$$

ΔV^*为活化体积，如反应前后的体积变化：

$$A \to X^* \to B$$

$$\Delta V^* = V^* - V_A$$

这一平衡与温度影响的平衡相同。关于压力对反应速率的影响，很重要的一点是反应依赖于其机制，也许超高压既不能促进也不能延缓反应的发生。一般情况下升高温度大多加快反应速率，如，一方面美拉德反应可以被超高压抑制；但另一方面，超高压促进不饱和脂肪的氧化。在 van Eldik、Asano 和 le Noble 的综述中可以查到大量有机反应的活化体积。

反应体系中的体积变化可以用下式表示：

$$\Delta V(\text{观察到的}) = \Delta V(\text{内在的}) + \Delta V(\text{溶剂})$$

考虑到反应体系在超高压下由于分子顺序的增加而体积减少，或因形成或打断共价键而导致体积的变化。作为一个通常的规则，每形成一个共价键则体积减少10mL；而打断一个共价键，体积向反方向变化。

在非共价反应中，溶剂的作用变得明显，如静电反应、氢键和疏水反应等。这是由于离子在溶剂偶极的静电场，在溶液中形成一个离子的同时伴随着溶剂的电致伸缩。理论和实践都表明这种效应在非极性的溶剂中比水中更明显。电致伸缩解释了水的自电离。

$$2H_2O \Longrightarrow H_3O^+ + OH^-$$

$$\Delta V = -22mL$$

电致伸缩是解释压力对水溶液的pH值影响的基础。从表3-2中可以看出，在醋酸和磷酸存在的条件下，1kbar压力引起的pH值漂移还是相当显著的（Da Ledward et al.，1995）。例如果汁通常是酸性的，5kbar的压力处理可能导致pH值向酸性方向漂移1个单位。但这种效应是不显著的，在超高压下，离子化的体积变化更小。

表3-2 压力对酸碱pH值的影响

反　应	ΔV	ΔH	$\Delta pH/kbar$
$NH_4^+ \Longrightarrow NH_3 + H^+$	$+1mL$	13kcal	0
$CH_3COOH \Longrightarrow CH_3COO^- + H^+$	$-12mL$	0kcal	-0.2
$H_2PO_4^- \Longrightarrow HPO_4^{2-} + H^+$	$-25mL$	0kcal	-0.4

（2）蛋白质的超高压变性

蛋白质在超高压下的结构变化：通常超高压稳定氢键，这对蛋白质的二级结构如α螺旋和β折叠有很重要的影响。超高压对氢键的稳定作用也是以超高压下核酸的特殊的稳定性为基础的。在稳定蛋白质的三级结构和蛋白质之间的相互反应中起重要作用的疏水相互作用因超高压而变得不稳定。这也许可以解释为何蛋白质在超高压下变性。如果压力导致蛋白质变性的解释是天然状态蛋白质结构的伸展（与热变性相似），那么其结果必然是容积增大。但 Suzuki 提出蛋白质分子的伸展也不一定涉及容积的增大，因为反应系统的总体积还有可能因电致伸缩而减小。电致伸缩是在压力致使蛋白质分子内部离子键断裂，暴露更多离子化基团时发生的。有测定表明，蛋白质在水中的伸展实际上只能使蛋白质的容积减少 2%。肽键的伸展使大量的非极性残基与水接近。随着残基接触偶极分子水，分子间距离变短，从而容积变小。另外，在缠结的蛋白质分子中，氨基酸残基不是紧密靠拢的，因为受到由键角和键长不变的严格制约。水合蛋白质伸展时，水分子不受限制地填入氨基酸残基，因而容积便减小。

凡是对保持生物聚合物天然状态有利的化学键都会受压力的影响。氢键的形成伴随着容积的减小，所以加压必然有利于氢键的形成。长期以来人们知道施加超高压蛋白质会变性，可是在低压和中等压力（<100MPa）下，蛋白质变性速率由于氢键的增加而减慢，因为氢键增强对多肽螺旋结构的保持是直接相关的。

压力还会影响疏水交互作用。压力低于 100MPa 时，疏水交互作用导致容积增大，以致反应中断；但是超过 100MPa 后，疏水交互作用将伴随容积减小，而且压力将驱使反应稳定。由此可见，蛋白质的疏水或亲水程度将决定在任何给定压力下的蛋白质变性程度。

蛋白质有四级结构，通常一级结构是多肽链中氨基酸的排列顺序，目前还没有关于压力对共价键的影响的报道。二级结构是肽链中和肽链间的氢键，通常认为压力对此有稳定作用。三级结构是二级结构通过特殊折叠形成的，这个结构是由非共价作用稳定的，压力对这些作用有影响。一些紧邻的结构会聚集形成四级结构，此结构也是由非共价键稳定的。因此亚基间的作用对压力很敏感。

液奶经超高压处理后，酪蛋白胶束会发生 3 种变化。在 20℃下，100～200MPa 保压 30min 对酪蛋白胶束无明显影响。当处理压力为 250MPa、处理时间大于 15min 时，由于蛋白分子发生聚集，酪蛋白胶束体积变大；当处理压力大于 400MPa 时，即便处理时间较短，酪蛋白胶束的平均体积会减小约 50%，酪蛋白颗粒体积变小原因包括疏水性键的断裂、磷酸钙微粒的溶解和酪蛋白胶束中部分酪蛋白分子的释放。经大于 400MPa 的高压处理后，脱脂液奶变成几乎透明的，在冷藏条件下放置几天后仍呈半透明状态。

经不低于 400MPa 的超高压处理后，酪蛋白从酪蛋白胶束中溶解释放出来的先后顺序如下：β-酪蛋白、κ-酪蛋白、α_{s1}-酪蛋白、α_{s2}-酪蛋白。释放的先后顺序是由蛋白质中丝氨酸磷酸酯的含量决定的，但也可能与其疏水性有关。β-酪蛋白疏水性最强，最先从胶束中溶解释放；而 α_{s2}-酪蛋白、丝氨酸磷酸酯的含量高，最后从胶束中溶解释放。高压处理后不同种类酪蛋白的溶解性不同，可利用这一特性进行酪蛋白单体的分离和浓缩。

Gaucheron 等研究发现，超高压处理对脱脂乳的理化特性会产生一些有趣的影响。经 40℃、250MPa 的超高压处理，酪蛋白胶束被分成平均粒径为 50nm 和 250nm 的两大类；而处理温度为 4℃ 或 20℃ 时，其平均粒径为 50nm（未经超高压处理的酪蛋白胶束平均粒径为 100nm）。Knudsen 等研究发现类似现象，经 150～300MPa 压力处理后，脱脂乳中出现体积较小和体积较大的酪蛋白胶束共存的现象。用冷冻透射电子显微镜观察发现，超高压处理后与未经超高压处理的脱脂乳中胶束有着类似的亚结构。

乳清蛋白在适当的高压作用下，部分原有的分子结构会展开，这类变化是完全可逆的。β-乳球蛋白在压力约 150MPa 时开始变性，且随着压力和温度的升高，变性会加剧。在压力保持阶段 β-乳清蛋白会发生明显的聚合。在 30℃ 下经 750MPa 保压 30min 或在 60℃ 下经 450MPa 保压 15min 后，β-乳球蛋白几乎完全变性。α-乳清蛋白（α-La）和牛血清白蛋白（BSA）比 β-乳球蛋白更能耐受高压。由于含有大量的分子内二硫键而缺少游离巯基，α-La 的耐压性最强。不同乳清蛋白对压力敏感程度的顺序如下：乳铁蛋白＞β-Lg＞免疫球蛋白＞BSA＞α-La。β-Lg 和 α-La 耐压性的差异可以用于 α-La 与变性 β-Lg 的分离。

对于具有生物活性的免疫球蛋白（IgG），超高压处理对它产生的影响比热处理更小，特别是在低 pH 值条件下。在 pH＝7.0 条件下，IgG 在 200MPa 下不发生任何变性，在 500MPa 下发生部分变性，在 700MPa 下完全变性。IgG 在酸性条件下的耐高压能力比在中性条件下强。此外，某些食物成分，如蔗糖，在超高压处理时可以起到保护 IgG 的作用。当蔗糖含量为 50％ 时，在 500MPa 或 700MPa 下，IgG 不发生任何变性。新西兰乳品制造商已为即饮牛初乳饮料的 UHP 生产工艺申请了专利。液奶中的乳铁蛋白具有很好的抗菌活性和其他有益的生物活性。采用 600MPa 的压力处理乳铁蛋白（5％水溶液）5min，并不影响其抗菌活性。

美国的物理学家、诺贝尔奖获得者 Bridgman 发现，以 7kbar 压力处理鸡蛋白 30min 后得到的产品与热处理所得的产品完全不同。同时他还发现在较低的温度下仅需要较小的压力就可以获得同样的产品。进一步的研究发现这样的结果可以通过蛋白质变性的相图来解释。如图 3-2 所示，高温下，压力有利于保护蛋白质，防止热变性；室温下，温度有利于保护蛋白质，防止压力变性。在多糖中也有同样的现象发生，如淀粉糊化、一些磷脂和抗生素 T4 的相应变化。

人们推测盐或糖的存在将影响压力使蛋白质变性的效果。但这方面的研究远少于热变性方面的研究。1990 年 Kornblatt 和 Hui Bon Hoa 报道在某些情况下，有机溶剂有一定的稳定作用。

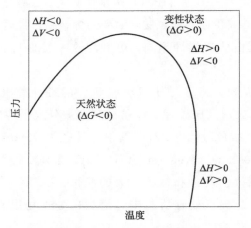

图 3-2　温度和压力对蛋白质变性的影响的示意

　　目前对压力导致蛋白质变性的研究常采用 Fourier 红外转换和 Raman 光谱学研究。Da Ledward 等比较了这两种方法。Raman 光谱学研究的优点在于可以直接检测水相样品，无须进行额外的样品制备。但缺点在于许多生物样品具有荧光性，其强度超过 Raman 效应。相反，红外技术是一种吸收技术，荧光不会产生干扰，但水在蛋白质变性区域内的强吸收使该技术必须用重水来替换水。选择胰凝乳蛋白酶原和脂肪氧化酶来表明红外技术在研究蛋白质变性方面的优点。对于胰凝乳蛋白酶原，变性开始于6kbar，结束于7kbar，而脂肪氧化酶表现出较强的稳定性。因此推断稳定性和二级结构之间可能存在某种联系。图 3-3 给出了脂肪氧化酶的图谱，图中有实验的和展开的图谱，其各自的频率与二级结构有关。其中在较高和较低的频率的波段是主要波段，这也许与分子间的反应有关，压力有助于形成一种与热变性相似的凝胶结构。凝胶形成过程是蛋白质分子或其他分子如多糖在分子水平上的变性的肉眼可见的现象。天然状态（对酶而言就是活性状态）因变性而改变。根据物理和化学的条件决定这种变性是成为凝胶

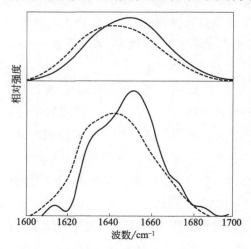

图 3-3　脂肪氧化酶在极端压力下（实线）和 6kbar 压力下（虚线）的远红外图谱

还是沉淀。而在许多情况下，该过程是极其复杂的，两种类型的蛋白质凝胶都存在。第一种形式的凝胶通常从球状蛋白开始，如牛血清白蛋白和 β-乳球蛋白。变性有可能在聚集之前发生，也可能在聚集之后发生。对于 β-乳球蛋白，在中性 pH 的温度诱导凝胶形成主要是遵循第二种机制。

（3）酶的超高压失活

与热处理相比，超高压处理对液奶中酶类的影响通常很小。但是不同种类的酶受影响的程度不同。

碱性磷酸酶（ALP）被用于指示液奶的热杀菌效果，但由于它对 UHP 的耐受性很强，因此并不适合作为评判液奶 UHP 杀菌效果的指示酶类。20℃下，ALP 在 400MPa 下开始发生变性，800MPa、8min 的超高压处理可使 ALP 完全灭活。Ludikhuyze 等发现，当压力增加（<450MPa）时，ALP 在 64℃下的 D 值（在一定的处理环境中和在一定的热力致死温度条件下，某细菌数群中每杀死 90% 原有残存活菌数时所需要的时间）也随之增大，当压力达到 450MPa 后，D 值随压力的继续增加而下降。采用 500MPa、10min 处理山羊奶，ALP 活性未受任何影响。液奶中的酸性磷酸酶的耐压性比 ALP 差，在 200MPa 下几乎完全灭活。

许多研究对乳过氧化物酶（LPO）的耐压性进行了测试。Rademacher 研究发现在 25~60℃、采用 800MPa、4min 处理液奶，LPO 活性保留 50% 以上。另有研究发现在室温下经 600MPa 处理 5min 后 LPO 活性保留约 90%。Ludikhuyze 发现在 20~65℃下 700MPa 的压力处理对 LPO 活性无显著影响；在 73℃下，如果是常压环境，LPO 会快速失活；而当在 700MPa 的压力环境中，高压对 LPO 会起到保护作用。这些现象表明，UHP 处理可用于乳品配料或含 LPO 食物的加工，以保留 LPO 的抗菌活性。LPO 最高可以耐受 300MPa 和 60℃的超高压处理，有底物存在时，在高压下的酶活性低于正常气压下的酶活性。

与脂蛋白脂肪酶相似，短时间的超高压处理可增强 γ-谷氨酰转移酶的活性，但延长超高压的处理时间，其活性会丧失。在 600MPa 下保压 8min，可使酶活性丧失 90%。

超高压能破坏细胞膜的三磷酸腺苷（ATP）酶活性（该酶与细胞膜的流动性有关），而且这种破坏作用在一定压力范围（不同来源 ATP 酶的压力范围不一样）是可逆的，但超过该范围就是不可逆的。

400MPa 的超高压抑制干酪乳杆菌的氨基肽酶或二肽酶活性，这两个酶耐高压的最适温度是 20~40℃，微生物耐高压的最适温度也是 20~40℃。对于超高压导致酶失活的研究是仅次于超高压导致微生物失活而进行的第二大类研究。酶催化反应的动力学可能因超高压对结合步骤或催化步骤产生影响而改变，因此导致活力升高或降低。如果酶暴露在非常高的温度下，它们可能因蛋白质变性而彻底失活。尽管酶失活了，但这种失活并不是完全不可逆的，在常压下酶至少可以恢复它的部分活力。Defaye 等的实验研究表明，即使发生了不可逆的变性，如聚集和沉淀，一些小分子球蛋白如变肌血球素蛋白也会缓慢重新恢复到天然的分子状态。这个领域的研究工作还需要继续进行。压力对微生物的抑制作用还可能是由于压力引起主要酶系的失活。一般来说，100～300MPa压力引起的蛋白质变性是可逆的，超过 300MPa 引起的变性则是不可逆的。高福成等指出，酶的压致失活的根本机制是：压力改变分子内部结构，活性部位上构象发生变化；这些压致效应又受 pH 值、底物浓度、酶亚单元结构以及温度的影响。由于压力对同一细胞内部的不同酶促反应所产生的影响不同，因此有关机制问题不能一概而论。例如，大肠杆菌的天冬酶活性由于加压而提高，直至达到 68MPa 的压力，而在 100MPa 下，活性将消失。但是，大肠杆菌的琥珀酸脱氢酶活性在 20MPa 时会减慢。大肠杆菌的甲酸脱氢酶、琥珀酸脱氢酶、苹果酸脱氢酶的活性在相应的压力下并不相同。在 120MPa和 60MPa 时，甲酸脱氢酶和苹果酸脱氢酶的活性相差不明显，而琥珀酸脱氢酶的活性在常压和 20MPa 压力之间明显呈线性下降。在 100MPa 时，这三种酶基本上都失去活性。另外，脱氢酶的这些耐压性差别也随菌种、菌株而变。

同样，从米曲霉得到的淀粉酶（TAA）在 940MPa 下处理 10min 失去活性，而当压力释放后，活性将有相当程度的恢复。高峰淀粉酶长时间处于超高压而失去的活性，有可能通过相当低压力下的再压缩而得到恢复。活性恢复程度取决于高峰淀粉酶的初始浓度，而且在 80～100MPa 下恢复情况最佳，超过 120MPa，活性恢复将随压缩时间延长而逐渐下降。显然，变性使摩尔体积增大，而恢复天然性质使摩尔体积减小。中等压缩可以使得因加压而伸展开来的蛋白质重新恢复原状。伸展的高峰淀粉酶在超过120MPa 时，可能发生不利于复原的不可逆构象变化。由此可见，活性的恢复取决于分子初始受扭曲变形的程度。

可以用以下式子来简单表达各种影响：

$$酶＋底物 \rightleftharpoons [酶－底物] \rightleftharpoons 酶＋产物$$

压力在酶-底物反应中的影响：如果底物是大分子，则影响表现在大分子的构象变化上，改变酶与底物结合的难易程度。压力可能还诱导了酶的构象变化而影响了酶的活性。如果酶有四级结构，可以预想通过压力诱导的亚基解离而影响了酶的活性。

Da Ledward 等认为压力对底物和酶的活性部位结合的影响主要受非共价力所控制。表现出压力诱导的构象变化的酶是胰凝乳蛋白酶。它的最适 pH 是中性，当 pH值为 10 时活性消失。这是由控制酶活性的临近的活性部位间的盐桥破裂而导致的。通过 Raman 光谱学研究发现，压力使酶失活也是由于压力对盐桥的不稳定作用。4kbar 下构象的改变是完全可逆的。胰岛素也有同样的变化，而压力对胰凝乳蛋白酶原和 DFP-胰凝乳蛋白酶却没有效果，因为此时酶被一种共价抑制剂和弹性蛋白酶所填充，这样似乎降低了结构的变动，从而增加了蛋白质抵抗压力变性的能力，但对其他酶却不能观察到这种可逆的转变。而在 5kbar 压力以上酶就发生了不可逆的变性。

前文已经提到，蛋白质之间的反应对压力十分敏感。这也是亚基间疏水相互作用造成的。对于有四级结构的酶而言，压力可以认为是一种物理抑制剂。在许多情况下压力导致的解离是可逆的，但已解离的亚基会变得不稳定，因此观察到的现象是不可逆的。

(4) 磷脂和生物膜在超高压下的变化

温度对磷脂的主要影响可以通过磷脂相转化温度来考察，转化温度受磷脂烃链的长度影响，压力使结晶更易发生。从表 3-3 中可以看出，在超高压条件下，一些磷脂的主要转化温度高低与链长无关，与磷脂分子存在形式有关；胆固醇不受压力的影响；磷脂烃链的不饱和程度越高（即烃链越短），其 dT/dp 值越低。

表 3-3　压力对一些磷脂的主要转化温度的影响

磷脂	T_m/℃	dT_m/dp/(K/bar)
二月桂酸卵磷脂(C_{12})	0.5	17.0
双十四酰卵磷脂(C_{14})	24.0	20.5
二棕榈酸卵磷脂(C_{16})	41.5	21.8
二月桂酸磷脂酰乙醇胺(C_{12})	31.0	21.5
二月桂酸磷脂酸(C_{12})	28.0	20.0
双十四酰磷脂酰甘油(C_{14})	23.0	21.0
二棕榈酸磷脂酰甘油(C_{16})	43.0	22.0
双十四酰卵磷脂(C_{14})＋胆固醇	23.0	20.0

对生物膜而言则情况更为复杂。已经发现包裹在蛋白膜外的磷脂对被膜酶的活性有很重要的意义。此外，活着的生物，如细菌，它们的膜的完整性对压力很敏感，这解释了膜的稳定效应。还观察到，低压使酶和膜表面的连接松散。我们已经知道被膜的酶的活性随温度和压力呈非线性变化。这在 Na^+-K^+-ATP 和 Ca^{2+}-ATP 中可以很清楚地观察到，这充分证明了在脂类物理变化过程中导致的破裂控制了酶的反应活性，也就是说，膜对离子的被动转移被抑制了，这也是超高压杀菌的基础。

(5) 脂肪在超高压下的变化

液奶在 20℃ 下经 100～600MPa、60min 的超高压处理后，脂肪球的大小无明显改变，但其乳化特性有所变化。当处理压力低于 250MPa 时，液奶的乳化性会增加；当处理压力高于 400MPa 时，液奶的乳化性会下降。同样，绵羊奶在 25℃ 或 50℃ 下经 500MPa 的压力处理，乳化性会增加；而在 4℃ 下经 UHP 处理，其乳化性会下降。Gervilla 等观察到在 25℃ 或 50℃ 下绵羊奶经 500MPa 处理后，直径在 1～2μm 范围内的脂肪球数目增多。此外，乳化性下降还可能与凝集素失活、脂肪球和乳蛋白之间的相互作用有关。在 4℃ 下经高压处理后乳化性增加的液奶可以用来加工黄油。

(6) 压力和温度影响效果的比较

压力主要影响体系的体积、温度，同时影响体积和能量的变化。比较热变性和压力变性的蛋白质是很有趣的。表 3-4 给出了一个大致的比较结果。这个变性过程可能是可逆也可能是不可逆的。除了硫醇基团的氧化外，分子间的共价键没有变化。这对压力形成的凝胶的色泽和气味有很重要的影响。

表 3-4　蛋白质的不可逆热变性或压力变性导致的化学结构改变

温　度	压　力	温　度	压　力
多肽键断裂	无影响	—SH 氧化	—SH 氧化
脱氨基	无影响	凝胶或沉淀	凝胶或沉淀
二硫键断裂	无影响		

日本学者的研究发现，食品蛋白质的超高压凝胶不如热凝胶牢固，但其更有弹性和扩张性；色泽和起始风味保护得比热凝胶更好。

3.2.1.2　超高压技术对液奶的影响

对任何牛奶样品的压力处理都有一个负面影响——产品外观发生了变化。牛奶反射光线的能力变弱，因此更为不透明。采用电子显微观察可以发现，一些酪蛋白胶束破裂；添加 Ca^{2+} 则可以恢复牛奶的本来外观状态。在 Da Ledward 等（1995）的实验中，脱脂牛奶的表现更为明显（表 3-5，样品散射光的能力称为光值 L^*）；将样品与全奶均匀混合时，压力处理对光值的影响几乎观察不到；而形成脂肪层后，层与层之间的差别明显，下面一层具有和压力处理过的脱脂牛奶相同的透明程度。对于均质过的牛奶，压力处理没有造成光学差异，因为微细的脂肪球粒对光的散射掩盖了蛋白质的散射。Shibauchi 等（1992）报道，加压处理过的牛奶再加热到 30℃，其外观可以恢复。

表 3-5　牛奶样品的光值 L^*（发光物 D_{65}）

项　目	未　加　压	压力处理(600MPa,1h)
全奶	89.2	86.2
均质全奶	92.8	92.4
脱脂牛奶	85.2	66.4

液态奶超高压处理后还发生了许多看不到的变化。Johnston 等（1992）将牛奶在近 600MPa 的超高压下处理 2h。超高压处理后活性离子 Ca^{2+} 基本不变，但总血清钙和磷的含量都增加，增加比例相同。这些增加的非离子钙和磷是由压力导致的胶束破裂而释放的。充分理解胶束的各种变化还需要在模型中分别研究单一组分。有些学者研究压力对酪蛋白的影响，结果发现 100MPa 时酪蛋白胶束发生解离，但若压力继续升高，则分子开始缔合，体系变得更浑浊。

对于压力破坏胶束的效果，还可以通过 $70000g$ 离心后测定非酪蛋白氮和血清氮的方法，以表明超高压处理过程中发生的蛋白质间的反应。Johnston 等（1992）发现随着压力增加，非酪蛋白氮和血清氮都降低了。这表明超高压处理改变了乳清蛋白，因此它变得离心可沉积、pH=4.6 可沉淀。但还不清楚这是否是因为乳清蛋白间或它们与酪蛋白间的反应而引起的。

蛋白质疏水基团的暴露可以通过引入荧光探针 1-苯氨基-8-磺基萘（ANS）来测定。这建立了暴露的疏水基团和蛋白质的功能性质的联系，如溶解性、乳化性、起泡性和成胶性等。Johnston 等（1992）发现牛奶体系中疏水基团的暴露数量随压力和处理时间的增加而增加。200MPa 随着处理时间增加到 2h，疏水基团的暴露也稳步增加，直到最长处理时间。在较高的压力下，大多数疏水基团的增加都在 15min 的处理内完成，进一步延长时间只获得极小的再增加。疏水基团暴露的增加不仅来自胶束破坏后产生的新的表面，也来自单个蛋白质链的展开。并且在 5℃下贮存可以保持疏水基团暴露近 8d 时间。

牛奶中存在的各种天然的酶可以作为热处理的标志物，如碱性磷酸酶和乳过氧化物酶。超高压处理后也存在碱性磷酸酶的失活（图 3-4），但还不知道变性的机制，也不知道是否任何一种天然酶都可以作为生物体被破坏的标志物。

超高压处理还对干酪、酸奶及其他发酵产品、黄油等产品的生产有一定的影响。

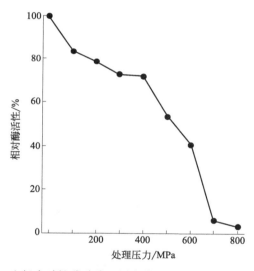

图 3-4　生奶中碱性磷酸酶经压力处理 20min 后的相对酶活性

3.2.1.3　超高压加工设备

在食品加工中采用超高压处理技术，关键是要有安全、卫生、操作方便的超高压装置。超高压装置的性能及生产制造的可靠性很大程度上决定了该技术的推广应用前景。为此，科学工作者进行了不懈的努力，不断研究、设计、翻造具有良好性能的超高压处理设备。目前，适用于工业生产规模的超高压设备已经问世。

（1）超高压处理装置及分类

超高压处理装置主要由高压容器、加压装置及其辅助装置构成。按加压方式分，超高压处理装置有直接加压式和间接加压式两类。图 3-5 为两种加压方式的装置构成示意。图 3-5(a) 为直接加压式的超高压处理装置，在这种方式中，超高压容器与加压装置分离，用增压机产生高压水，然后通过高压配管将高压水送至高压容器，使物料受到超高压处理。图 3-5(b) 为间接加压方式的超高压处理装置。在这种加压方式中，超高压容器与加压气缸呈上下配置，在加压气缸向上的冲程运动中，活塞将容器内的压力介质压缩产生高压，使物料受到超高压处理。两种加压方式的特点比较见表 3-6。

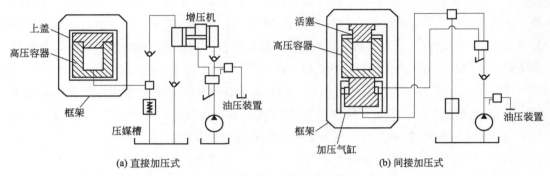

(a) 直接加压式   (b) 间接加压式

图 3-5　直接加压方式和间接加压方式示意

表 3-6　两种加压方式的比较

加压方式	直接加压式	间接加压式
构造	框架内仅有一个压力容器,主体结构紧凑	加压气缸和高压容器均在框架内,主体结构庞大
容器容积	始终为定值	随着压力的升高容积减小
密封的耐久性	因密封部位固定,故几乎无密封的损耗	密封部位滑动,故有密封件的损耗
适用范围	大容量(生产型)	高压小容量(研究开发用)
高压配管	需要高压配管	不需高压配管
维护	经常需要维护	保养性能好
容器内的温度变化	减压时温度变化大	升压或减压时温度变化不大
压力的保持	当压力介质的泄漏量小于压缩机的循环量时可保持压力	若压力介质有泄漏,则当活塞推到气缸顶墙时才能加压并保持压力

　　按高压容器的放置位置分立式和卧式两种。生产上的立式超高压处理设备如图 3-6 所示，相对卧式，立式的占地面积小，但物料的装卸需专门装置。与此相反，使用卧式高压处理设备（图 3-7），物料的进出较为方便，但占地面积较大。

　　（2）超高压装置简介

　　食品的超高压处理要求数百兆帕的压力，故压力容器的制造是关键，它要求特殊的技术。通常压力容器为圆筒形，材料为高强度不锈钢。为了达到必需的耐压强度，容器的器壁很厚，这使得设备相当笨重，相应的投资和成本也较高，这限制了超高压技术在食品业中的应用。控制加工成本的关键因素是加工室的灌装因子，即加工的产品和整个加工室的体积比，为达到最佳成本，必须达到最大化。对于批量生产的包装产品，其灌装因子通常只有 50%（图 3-8）。改进型超高压容器如图 3-9 所示，在容器外部加装线圈强化结构。与

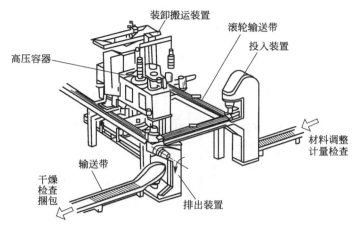

图 3-6　立式超高压处理设备示意

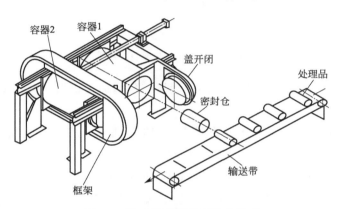

图 3-7　卧式超高压处理设备示意

单层容器相比，线圈强化结构不但安全可靠，而且使装置轻量化得以实现。

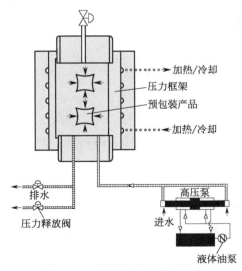

图 3-8　包装产品批量处理示意

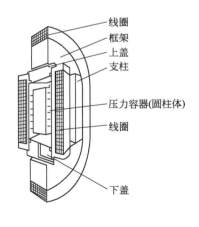

图 3-9　线圈强化压力容器结构示意

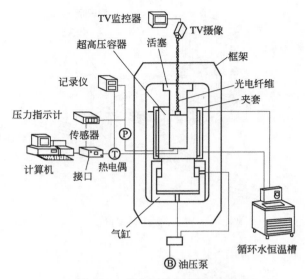

图 3-10　超高压处理装置示意

超高压处理装置系统中还有许多其他装置，包括测量仪器，如图 3-10 所示。辅助装置主要包括以下几种。

① 高压泵：不论是直接加压方式还是间接加压方式，均需采用油压装置产生所需高压。前者还需高压配管，后者则还需加压气缸。

② 恒温装置：为了提高加压杀菌的作用，可采用温度与压力共同作用的方式。为了保持一定温度，在高压容器外做了一夹套结构，并通以一定温度的循环水。另外，压力介质也需保持一定温度，因为超高压处理时，压力介质的温度也会因升压或减压而变化，该温度的控制对食品品质是必要的。

③ 测量仪器：包括热电偶测温计，压力传感器及记录仪、压力和温度等数据可输入计算机进行自动控制。还可设置电视摄像系统，以便直接观察加工过程中物料的组织状态及颜色变化情况。

④ 物料的输入输出装置：由输送带、提升机、机械手等构成。

（3）超高压处理生产操作简介

按操作方式分，超高压处理有间歇式、连续式和半连续式三种。由于超高压处理的特殊性，连续操作较难实现，目前工业上采用的是间歇式和半连续式两种操作方式。在间歇式生产中，食品加压处理周期如图 3-11 所示，由图可知，只有在升压时主驱动装置才工作，这样主驱动装置的开机率很低，浪费了设备投资。因此，生产上将多个高压容器组合使用，这样主驱动装置的运转率可提高，同时提高了生产效率，降低了成本。采用多个高压容器组合后的装置系统，实现了半连续化的生产方式，即在同一时间不同容器内完成从原料→充填→加压处理→卸料的加工全过程，从而提高了设备利用率，缩短了生产周期。生产型的设备布置如图 3-12 所示。

GEC ALSTHOM，ACB 公司开发了一种半自动化的纯液体超高压处理设备。通过

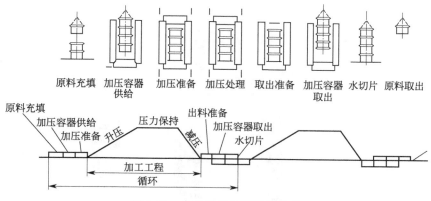

图 3-11 食品加压处理周期示意

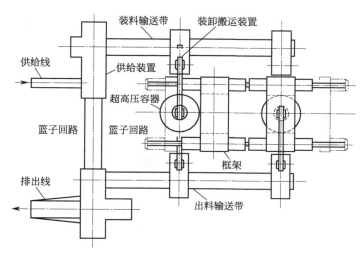

图 3-12 固体食品加压处理装置车间平面布置示意

超高压处理，可以进行杀菌、酶和酵母的抑制，而不会产生热或化学添加剂对口感和风味的不良影响。

在半自动的液体处理过程中，液体处理过程部分在加工室中进行，这也是工业化生产的要求。整个加工过程包括以下几步：灌装、升压、高压下保持一段时间、减压、运出。连续运作的多单元的结合是由一个中央高压压缩机供给高压的，因此可看做是生产连续化。更多的工作室可以如图 3-13 一样组合。

Da Ledward 等介绍了几种商业化的超高压液体加工设备的主要性质，下面以 ACB 高压液体加工设备为例。工作室的特性如下：内部体积 4L；最大压力 4000bar（400MPa）；压缩液体水；压力升高速率，可编程的，最大 4000bar/1.5min；减压斜率，可控、可编程；加工室的温度控制从 −20℃到 80℃。整个设备置于一个不锈钢的橱中，质量 1400kg，体积 1.35m×2m×1m；安装能源 5kW，装有加热和冷却发生器。图 3-14 是系统的流程示意。

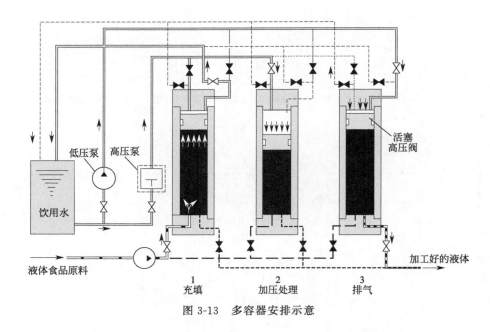

图 3-13　多容器安排示意

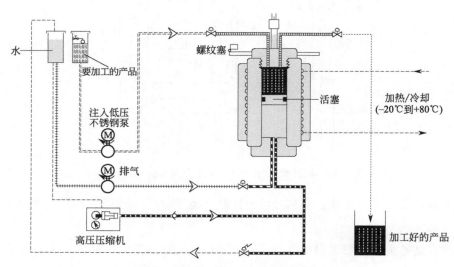

图 3-14　ACBLP 系统的流程示意

　　超高压原理：高压通过外加的水压增强剂获得，其中主要是油。通过这个过程，高压通过活塞两边的压力平衡直接加到被处理的液体产品上。密封的活塞维持了最小的压力差，因为液体体积在 4000bar（400MPa）时的体积变化是有限的（小于 15％），因此活塞的动作是很小很缓慢的。

　　高压室：高压室由两个同心的高效不锈钢圆筒连接在一起构成。圆筒表面有预加工好的冷却和加热电路槽，高压室的上下两端用螺纹塞封闭。室内有一个浮动活塞将上下部分开，上部是被加工的液体，下部是加压的水。上部的塞子可以打开从而可以进行批量生产。如果需要，活塞也可以卸下，使体积增加到 5L。

水压循环：主要的水压单元包括一个高压压缩机；一个低压不锈钢泵，以此使液体材料压入高压室；一个低压不锈钢水泵，在减压过程中快速用水填满下室。

控制系统：包括一个可编程的压力控制器来调节升压和减压速率，一个可编程的逻辑控制器来指导不同的自动过程。它可以通过一个轻便的操作台进行操作。

控制程序：包括全自动液体循环，即灌装的不同阶段、加压和解压过程自动控制；液体的半自动循环，即每一阶段可以预设置，但结束后不自动进行下一操作，这一操作主要用于清洁操作；半自动化生产批量包装食品。

液体加工过程包括以下步骤：在程序的开始阶段，活塞用水压保持在较高的位置。被加工的液体用泵打入，将活塞压下。按照预设定的条件高压增强剂开始加压，达到需要的压力后停止。达到设定的时间后，排放流程开始，作为压力介质的水通过调节阀被抽出。根据设定的条件调节系统控制压力降低。用泵将活塞重新推起，处理好的产品从容器中排出进入最后的产品罐。加工好的液体必须在无菌灌装线上从罐中灌装。总加工循环时间在很大程度上取决于在高压下保留的时间，同时也取决于达到需要的压力所需的压力增强时间和辅助泵的能力。

Da Ledward 比较了两种不同的加工方法（批量加工和半自动加工）的生产成本。计算时做以下假设：a. 设备每年工作 4000h；包装时，容器的灌装因子为 60%；投资回收以10% 的利率分摊到 5 年；选择不同的加工时间，如 4000bar（400MPa）1min、2min、3min；高压发生器有较快的升压速率（大约 2min）；电力和劳动力成本参考法国的情况。对于ACBLP 设备，假设操作人员靠近设备操作（如灌装点）；批量生产由一个操作者负责。

对于如表 3-7 所列的设备，图 3-15～图 3-17 中是各种数据曲线。

表 3-7　批量型设备容量和 ACBLP 半自动型设备容量的经济评价比较

项目		高压下保持时间/min	4000bar(400MPa)		5000bar(500MPa)	
			年产量/(m³/a)	年生产成本/(法郎/L)	年产量/(m³/a)	年生产成本/(法郎/L)
批量型设备容量	50L	1	1005	1.20	765	1.81
		2	882	1.36	691	2.00
		3	785	1.53	631	2.19
	100L	1	2371	0.61	1867	0.95
		2	2036	0.71	1652	1.07
		3	1784	0.81	1482	1.19
	200L	1	4743	0.40	3733	0.56
		2	4072	0.43	3305	0.64
		3	3568	0.46	2965	0.71
ACBLP 半自动型设备容量	50L	1	1895	0.58	1398	0.89
		2	1636	0.67	1252	0.99
		3	1440	0.76	1134	1.10
	100L	1	3789	0.35	2796	0.56
		2	3277	0.40	2504	0.62
		3	2880	0.45	2268	0.68

续表

项目		高压下保持时间/min	4000bar(400MPa)		5000bar(500MPa)	
			年产量/(m³/a)	年生产成本/(法郎/L)	年产量/(m³/a)	年生产成本/(法郎/L)
ACBLP半自动型设备容量	200L	1	3952	0.34	3111	0.51
		2	3393	0.40	2754	0.57
		3	2973	0.45	2471	0.63
	3×50L	1	8565	0.21	7166	0.29
		2	6919	0.25	5976	0.34
		3	5804	0.27	5125	0.40

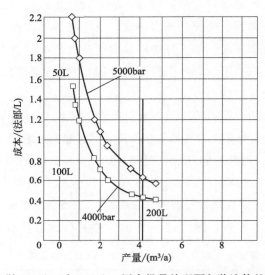

图 3-15 以 4000bar 和 5000bar 压力批量处理预包装液体的生产成本

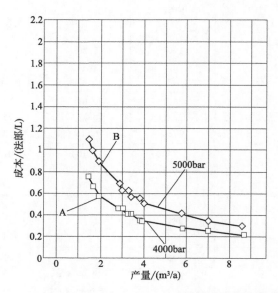

图 3-16 4000bar 和 5000bar 的 ACBLP 半自动处理系统的生产成本

通过 Da Ledward 的研究数据可以得出一些结论。

① 对于给定的压力，所有的结果都接近单曲线，这表明生产成本更多取决于生产数量而不是详细的加工条件。

② 一旦设计一个适度的高生产能力，则超高压处理成本下降很快。在法国，1 法郎/L 的生产成本是一个分界点，在此以下商业利率是非常可观的。这表明对于每年 2000m³ 的生产能力（500L/h，生产 4000h），生产成本下降到 1 法郎/L。这可能是超高压技术未来应用前景的最令人鼓舞的方面。

③ 加工压力对加工成本有显著的影响，因为投资成本显著增加；增加压力会减少保留时间，但升压和减压过程循环时间将增加。对于一个生产能力为 500L/h 的工厂，图 3-16 表明 5000bar 和 4000bar 时相对生产成本分别为 0.86 法郎/L 和 0.56 法郎/L。因此 5000bar 的加工成本大约比 4000bar 时多出 30％。表 3-8 是批量生产和半自动生产时两个生产能力的比较，半连续生产大约有 25％ 的经济优势。

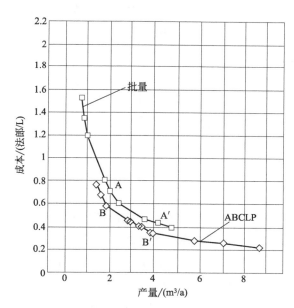

图 3-17　4000bar 时批量处理和 ACBLP 系统生产成本的比较

表 3-8　批量生产和半自动生产的比较

能力/(L/h)	A：批量/(法郎/L)	B：ACBLP/(法郎/L)	(A-B)/B
500	0.74	0.58	27.5％
1000	0.43	0.35	22.8％

④ 这种差别在商业上是很有意义的，但必须考虑到半自动生产后，加工过的产品必须在无菌条件下灌装而带入的成本。但对于批量生产包装好的产品的过程，只能考虑使用塑料瓶。半连续过程中所有最终包装形式都必须是无菌灌装的（包括金属瓶、玻璃和盒中袋等），从而提供了额外的市场机会。

⑤ 装一个 50L 的罐和 100L 的罐，两者的投资显著不同。必须考虑详细的评价和维护费用，这将影响成本。

⑥ 升压过程、灌装过程和排出过程的时间可以减少成本，但这些改进对成本的影响远比上述因素的影响小，不在同一数量级内。

3.2.2　超高压均质技术

3.2.2.1　超高压均质的概述

均质是乳品加工中稳定乳脂肪的重要工艺。常规均质采用 18MPa 左右的均质压力，通过均质阀时产生的压差、与碰撞环高速冲击所产生的剪切、湍流、空穴效应的综合作用，可将液奶中脂肪球的平均直径从原来的 3μm 左右降至 1μm 左右。

超高压均质（high pressure homogenization，HPH），也称为 ultrahigh pressure homogenization，UHPH 或动态 HHP，其均质压力比常规均质高 20 倍左右。20 世纪 80 年代，研究发现 HPH 能够改善均质和乳化效果，杀死细菌和病毒，钝化酶活性，改变酪蛋白胶束和乳清蛋白的结构等。由此可见，HPH 在乳制品和乳原料加工领域具有很好的发展前景。

超高压均质（HPH）和超高压处理（UHP）有着明显的差异。HPH 使用的压力较低，液态产品通过连续地流过均质阀，经受动态的高压处理，高压处理时间比 UHP 短得多，仅用不到 1s 的时间。

3.2.2.2　超高压均质的原理

目前，超高压均质机主要有两种类型：常规的高压阀均质机和微射流均质机，它们的工作原理完全不同。高压阀均质机基于传统的均质机，采用相同的设计原则，但均质压力更高（最高可达 400MPa，但常用压力为 100～300MPa）。它的重要组成部分包括一个由转子和定子组成的一级阀，通常情况下还会有一个类似的二级阀，只是其运行压力低得多，通常只有一级阀压力的 10% 左右。微射流均质机的工作原理则是将液体物料分成两股流体，在反应腔内，以 180°的角度正面高速（最高可达 50m/s）对撞。微射流均质机可达到的最大压力取决于运行的模式，其压力通常为 100～200MPa，最高可达 500MPa。

液体物料在高压阀均质机中经受高压处理的时间很短（4～10s），但它会同时受到高速剪切、空穴现象、湍流的共同作用，从而引发物料中大分子物理结构的变化。微射流均质机主要通过在反应腔内的空穴现象来产生作用，巨大的冲击力的产生来源于液体物料的高流速。通过大量的实际应用证明了这两项技术有一个共同的重要特征，即物料在超高压均质后会急速升温，且升温的程度与压力的大小呈线性关系，压力每升高 100MPa，物料温度将升高 17～23℃。然而，确切的升温幅度还取决于物料的组成，例如，Hayes 等发现增加物料的脂肪含量可提高升温速率。

3.2.2.3 超高压均质对蛋白质的影响

（1）超高压均质对酪蛋白的影响

Hayes 等研究报道，经 200MPa 的 HPH 处理后，液奶中酪蛋白胶束的平均大小发生轻微下降，而 Roach 等发现酪蛋白胶束大小的改变因均质压力不同而异。当均质压力升至 200MPa，酪蛋白胶束的平均大小减小约 30%，平均直径为 171nm；当压力继续升至 350MPa，平均直径则增至 200nm。Roach 等也发现，对微滤得到的酪蛋白胶束悬浊液，进行不同压力的 HPH 处理，当压力≤250MPa 时，胶束大小能够保持稳定；当压力升至 300MPa 和 350MPa 时，胶束的平均直径可达约 363nm。当添加 $CaCl_2$ 后，同样也能观察到 HPH 对酪蛋白胶束产生的类似影响。例如，当添加的 $CaCl_2$ 浓度为 10mmol/L 时，经 350MPa 的 HPH 处理后，酪蛋白胶束平均直径增至 162nm；而当压力为 250MPa 时，其平均直径为 244nm。

（2）超高压均质对乳清蛋白的影响

某些研究报道 HPH 处理不会导致乳清蛋白变性，而另一些研究发现乳清蛋白会部分变性。不同研究结果之间存在明显差异，其原因主要是它们采用了不同的均质压力和进料温度。Hayes 等[1] 对 WPI（whey protein isolate，分离乳清蛋白）进行 300MPa 的 HPH 处理，观察到乳清蛋白颗粒大小明显变小。在 HPH 处理之前，只有 9%（体积分数）的乳清蛋白颗粒的直径小于 $1\mu m$，而经 200MPa 的 HPH 处理后，90% 的乳清蛋白颗粒的直径小于 $1\mu m$。Dissanayake 等[2] 发现经 140MPa 的微射流高压均质 5 次后，出现了类似的乳清蛋白颗粒减小的现象。这些粒子尺寸的测量数据是通过马尔文激光粒径分析仪获得的。Dissanayake 等发现微射流高压均质处理可增加乳清蛋白的溶解度，然而 Hayes 等则发现超高压均质处理对乳清蛋白的溶解度无明显影响。尽管如此，这两项研究均发现 HPH 对乳清蛋白的起泡性具有改善作用，经 HPH 处理后起泡量和泡沫稳定都大幅增加，这主要归因于乳清蛋白之前被包裹的疏水基团暴露出来了。

（3）超高压均质对酶的影响

HPH 对酶的影响因酶的种类而异。Picart 等研究了压力不高于 300MPa、进料温度为 24℃ 的 HPH 处理对碱性磷酸酶的影响，发现当压力为 100～150MPa 时，酶活性略有上升；当压力为 175～200MPa 时，酶活性略有下降；当压力为 250MPa 和 300MPa 时，酶活性会明显下降，分别下降 80% 和 94%。酶失活最主要的原因是机械作用，包括高速剪切、空穴现象等，与加热无关[3]。与之相比，Datta 等对液奶进行 200MPa 的 HPH 处理，进料温度为 10～50℃，观察到类似的碱性磷酸酶失活曲线，但认为酶失活原因包括 HPH 作用和绝热升温现象[4]。Hayes 等[1] 采用 40～50℃ 的进料温度也得到了相似的结果。然而，在低温下 HPH 对碱性磷酸酶的灭活作用不明显。

有研究发现 HPH 可以灭活纤溶酶，灭活程度取决于进料温度和均质压力。Hayes 等研究发现，当进料温度为 40～50℃ 时，200MPa 和 250MPa 的 HPH 处理，可将纤溶酶活性分别降低 85% 和 95%。然而，Hayes 等发现，当进料温度为 6～9℃ 时，经

HPH 处理后,酶活性最多降低 65％。Iucci 等驳斥了这些研究结果,指出均质过程中纤溶酶会与乳脂肪球膜相结合,在分析测定时通过离心操作与乳脂肪一同被除去,这才是之前研究发现纤溶酶活性下降的主要原因,同时表明 HPH 处理不会影响纤溶酶的活性。Datta 等研究报道,采用 HPH 处理生鲜乳,乳中的脂蛋白脂肪酶可被激活高达240％,此时出口温度为 58℃。当出口温度继续升高时,酶活性开始下降。出口温度高于 71℃、200MPa 的 HPH 处理可导致脂蛋白脂肪酶完全失活。

当出口温度低于热灭活最低温度(约 70℃)时,HPH 只能将乳过氧化物酶部分灭活,最多灭活 20％左右。当超过热灭活最低温度时,酶的失活大部分是由于热量的作用;无论是进行 HPH 处理还是经受相应的热处理,乳过氧化物酶在 80℃时均完全失活。然而,在处理温度不会造成酶灭活的前提下,HPH 可增强乳过氧化物酶的抗菌活性。

3.2.2.4 超高压均质对脂肪的影响

与均质压力为 18MPa 的两段式常规均质相比,超高压均质会将液奶中的脂肪球变得更小。Hayes 等研究报道,18MPa 的常规均质可将脂肪球平均大小从 $3.2\mu m$ 左右降低到 $0.70\mu m$ 左右,而 200MPa 的两段式超高压均质可将平均直径降至 $0.47\mu m$ 左右。然而,两者的升温程度是不同的。当常规均质的进料温度是 50℃,而 HPH 的进料温度是 9.5℃时,均质后物料温度均为 53.9℃。随着 HPH 压力的增加或进料温度的升高,脂肪球会变得更小。

然而,有研究报道,随着均质压力的不断增加,脂肪球大小会不断下降,当降至最低限值后则随压力的继续增大而呈上升趋势。研究结论是,采用 HPH 处理全脂液奶,当均质压力超过 80MPa 时,脂肪球会发生聚集。因此,当压力高于 100MPa 时,HPH 的均质效率是值得质疑的。Serra 和 Thiebaud 同样也观察到脂肪球聚集现象。Serra 观察到经 100～200MPa 的 HPH 处理后,脂肪球大小降至 $0.12～0.16\mu m$。但当压力升至300MPa 时,脂肪球大小不会进一步减少。事实上,当均质压力为 230～330MPa 时,脂肪球尺寸分布变得分散,会出现一些体积较大的脂肪球。其原因可能是缺乏足够的酪蛋白来包裹新形成的小脂肪球,这部分脂肪球会重新聚集。然而,这还可能与乳清蛋白有关,在超高压处理后它们也会发生变性[5]。Thiebaud 等[6] 发现经 300MPa 均质后出现的脂肪大颗粒比经 200MPa 均质后要多,并认为经 300MPa 均质后观察到较大的颗粒属于脂肪球群簇。

Paquin 等[7] 研究发现,经 HPH(特别是微射流均质)处理后的乳状液颗粒更微细,且尺寸分布更窄。与常规均质相比,经 HPH 处理后液奶存在的大脂肪球颗粒更少。这一点非常重要,因为这些大脂肪球颗粒严重影响着乳脂肪的稳定性。Auldist 等[8] 研究证实了这一点,他研究发现经微射流高压均质的 UHT 乳在贮藏过程中比常规均质的 UHT 乳更为稳定。

Thompson 等利用 HPH（微射流高压均质）从液奶脂肪球膜上获得的磷脂和鞘脂制备脂质体。随着均质压力的上升和均质次数的增多，脂质体的体积会变小，在 103MPa 压力下均质 10 次，能够达到最小平均直径（流体动力学直径）95nm。这种脂质体可以作为食物成分，也可用做生物活性成分的载体[9]。

对生鲜乳进行 HPH 处理，会破坏液奶脂肪球膜，使得脂肪能够与脂肪酶接触，从而引起大量甘油三酯发生水解。这一现象在常规均质中也会发生。然而，生液奶经 HPH 处理过程中，只要处理温度升至足够高以使脂肪酶完全灭活，脂肪水解是可以避免的。Serra 通过一项研究证明了这一结论，采用了如下的均质压力和进料温度：200MPa/40℃和 300MPa/30℃，出口温度分别为 79.6℃和 95.3℃。当均质压力为 200MPa、进料温度为 30℃、出口温度为 73.6℃时，由于该温度下停留的时间小于 0.7s，还不足以使脂肪酶灭活，因此大量脂肪发生水解。

3.2.3　脉冲电场技术

脉冲电场（pulsed electric fields，PEF）技术是以非常短（毫秒）的脉冲在极高的电场强度下处理食品。一般而言，在环境温度处理时，食物的天然属性是主要的考虑因素，想得到特异性的作用时可使用较高的温度，升至 60℃。本技术对液奶的研究主要集中于杀灭微生物的影响、延长货架期方面，但是其对其他的液奶成分，如蛋白质（包括酶）的影响也已得到关注。

影响脉冲电场处理结果有几个因素，包括脉冲电场条件，例如电场强度、脉冲宽度、脉冲频率、脉冲数目、脉冲形状、流速和流量条件（层流或紊流），以及食品因素，包括电导率、温度、黏度、pH 值和成分。当目的为杀灭微生物时，微生物的类型和生长的阶段同样是重要参数。由于很多参数会影响脉冲电场的处理效果，不同的研究人员得到的结论很难进行对比，所有的参数都不是特异性的。Alvarez 等建议，为了比较不同实验室的处理方式，总的能量输入（以 kJ/kg 或 kJ/L 计）、电场强度以及处理的时间应该成为报告中必不可少的参数[10]。但是在过去很少这样做，并且脉冲电场的结果具有温度依赖性，在处理过程中在不同的阶段温度也应该公开。

准备进行处理的液体，其本身的电导率是一个重要因素。在一般情况下，PEF 对低导电性的液体更有效。牛奶和果汁的电导率为 4～6mS/cm，适宜使用 PEF 处理来提高效率。

3.2.3.1　原理

PEF 的典型处理条件是高电场强度（10～15kV/cm），多个短脉冲（1～5μs），频率为 200～400Hz。总处理时间由脉冲宽度和脉冲次数来决定，一般远小于 1s，通常是 10～50μs。电场强度是由电源产生的电压以及处理室的电极距离所决定的。距离为 0.25cm，10kV 的电压产生的电场强度为 40kV/cm。

除了电场强度和处理时间，整体的能量输入以 kJ/kg 或 kJ/L 计，会有利于处理方法的对比。但是，脉冲波的形状也会影响处理结果。常见的形状是指数式衰减和矩形波，两者可以是单极或双极的形式。与矩形波相比，指数式衰减瞬间可达到较高的电场强度，其中指数衰减脉冲的中等的电场强度会持续更长时间。

值得注意的是，在非热处理中，PEF 对温度的上升必须加以考虑。作为对这种效果的说明，Craven 等在电场强度为 28kV/cm 时加工牛奶，能量输入为 111.6kJ/L，达到最终的温度为 15℃、40℃、50℃ 或 55℃，入口温度为 10.5℃、30.5℃、40.5℃ 以及 45.5℃[11]。

3.2.3.2 装备

在 PEF 加工中使用到的设备包括：高压电源（最高 50kV）、贮能电容器、脉冲发生器和交换系统、处理室（包括在液体食品之间的两个电极）、温度测量和控制系统、控制和检测系统、产品处理和包装体系。

来自高压电源的能量贮存在电容器，以极快的速度（$1\sim5\mu s$）放电。放电的时间从毫秒到几秒钟。处理室包含电极，这是此设计的心脏。很重要的一点是其中没有"盲点"，为了解决这个问题，要用两个或更多的处理室串联。已设计实验规模的或中试规模的，可以是静态或是连续的。静态处理室常见的配置是平行板和线圈，常规连续处理室的是平行板，同轴的处理室。处理室可保持轻微的正压力来抑制气泡的形成，以免产生电弧。

3.2.3.3 对液奶成分的影响

（1）脂肪

液奶经 PEF 处理不会改变脂肪球的大小，但小脂肪球会凝聚在一起形成较大的脂肪颗粒，相比之下，在 35% 乳脂中 PEF 也可离解乳中 $60\sim70\mu m$ 的脂肪球。样品在流通过程中的剪切诱导也可能产生一定作用。

与超高压处理（HPP）不同，PEF 不会破坏液奶脂肪的脂肪球膜。处理液奶（35.5kV/cm，$1000\mu s$ 或 $3000\mu s$，温度<40℃）不会引起脂解，在贮藏期间也不会使游离脂肪酸的含量升高。缺乏脂解作用可能是由于类似的 PEF 条件导致脂肪酶的失活，更短的时间处理（$20\mu s$）已观察到有 40% 的酶失活了[12]。

Zulueta 等[13] 研究了 PEF 对液奶脂质的作用，强化了 ω-3 脂肪酸和油酸的橙汁饮料，在 PEF 处理之后（35kV/cm 和 40kV/cm，时间为 $40\sim180\mu s$），脂肪酸或过氧化物没有显著变化。Zulueta 等认为对于这种功能性食品，PEF 具有替代防腐技术的潜力。

（2）蛋白质

与 HPP、HP 均质和超声波不同，PEF 对液奶中的蛋白质影响很小。酪蛋白胶束略微减小（15～55kV/cm，＜50℃）或不受影响（38kV/cm，30℃；35kV/cm，60℃）。de Luis 等对脱脂乳和乳清分别处理后，α-乳清蛋白、β-乳球蛋白、乳过氧化物酶、IgG 和乳铁蛋白都没有变化。其反应条件为：将脱脂乳或乳清稀释 1/3，以调整电导率至 2mS/cm，温度为 20℃，脉冲电流为 37.6kV/cm，相对应的电能输入为 920kJ/kg。Barsotti 等认为在 30kV/cm、260μs、处理过程中的温度低于 35℃的条件下，β-乳球蛋白没有明显的聚合或展开现象。Li 等认为 IgG 经过 PEF 处理后二级结构及免疫活性没有明显的变化，处理条件为 41.1kV/cm、54μs，表明 PEF 对包含活性蛋白质的食品有潜在价值。Odriozola-Serrano 等研究得到血清白蛋白、β-乳球蛋白和 α-乳白蛋白的变性程度分别是 24.5％、20.1％和 40％，反应条件为 35kV/cm、1000μs。Floury 发现液奶经 PEF 处理，条件为 45～55kV/cm，能量输入升高至 100kJ/kg，对液奶蛋白有一定的作用，黏度降低，凝结性增强。不同的结论可能是由于 PEF 条件不同，包括波形式，如 Odriozola-Serrano 等利用双极脉冲，Barsotti 等利用指数衰减脉冲；或是由于分析方法不同，例如电泳、UV 光谱以及放射免疫扩散，可用于确定蛋白质的变化。

PEF 对乳铁蛋白的影响很小。但是 Lu 等对乳铁蛋白结合铁方面的效用做了总结。一般而言，电场强度、处理时间、脉冲宽度增加时，乳铁蛋白结合铁的能力下降。但是增加了 3.8 倍或 1.2 倍，脉冲数量增加到 256 或处理温度增加到 55℃时，Sui 等发现随着处理介质（模拟液奶超滤液，SMUF）浓度增加，乳铁蛋白的铁离子结合能力下降。在 1/5 强度的 SMUF 中，经 PEF 作用没有铁释放出来，但是在双倍的 SMUF 中，只有 1/2 的铁保留。铁耗尽的乳铁蛋白（apo-LF）与一般天然的或铁饱和的乳铁蛋白（holo-LF）相比，对于微生物更有效用。Sui 等提出 PEF 可作为制备 apo-LF 或 holo-LF 适合的物理方法。这些结果表明，PEF 对于活性蛋白质而言，可能有益也可能有害，这取决于反应参数。

Sui 等处理 SMUF 中的 WPI，参数为 30～35kV/cm，19～211μs，温度为 30℃或 75℃。在相同时间、温度参照下，与对照组相比。样品的蛋白质聚合，表面疏水性、巯基、热稳定性都没有受到 PEF 的影响。但是 PEF 处理导致热诱导的凝胶强度降低，凝胶化时间增加。

（3）酶

PEF 对酶的作用目前有灭活、无作用，甚至被激活的报道。一般而言，酶的灭活需要类似灭活细菌一样，甚至更严格的 PEF 条件。

液奶中的碱性磷酸酶可作为热巴氏杀菌有效性的指标。但是不适于作为 PEF 杀菌有效性的指标，尽管 PEF 条件越严格，会有越多的碱性磷酸酶失活。从微量失活到 42％失活率均有报道。Van Loey 等得到了一个较高的失活率为 74％，但这其中包括一些热失活。尤其是 Shamsi 等的报告指出，碱性磷酸酶的失活与巴氏杀菌的效果相关，假单胞菌减少量为 5.9 个对数单位，约为 67％，同一研究中 HTST 巴氏杀菌相关的数字为 98％。毫无疑问 PEF 处理导致碱性磷酸酶的完全灭活可表明杀菌的有效性，但是产品可能会造成不必要的过加工。

相对热加工，蛋白酶似乎对 PEF 更敏感，失活的程度与条件的严格性相关，较高电场强度、较长的处理时间以及高处理温度会加强失活程度。枯草芽孢杆菌蛋白酶的活性经由 PEF 处理后减少 80%，处理条件为 35.5kV/cm、866μs。荧光假单胞蛋白酶活性减少了 80%，条件为 18kV/cm，脉冲数量为 20。但是这种处理接枝的组分可能影响失活的程度，因为没有荧光假单胞蛋白酶失活，在酪蛋白-磷酸缓冲液中。液奶纤溶酶在 30kV/cm 和 45kV/cm 减少 90%，处理温度为 15℃，50μs。但是，Shamsi 认为以条件为 29kV/cm、55℃处理后，纤溶酶的灭活比例为 42%，能量输入为 163kJ/L。PEF对假单胞菌蛋白酶和纤维蛋白溶酶的灭活作用具有实际意义，是因为其高热稳定性及其在克服严重缺陷方面的作用，例如苦味和乳产品的凝胶化，特别是长保质期的产品，如UHT 液奶（Datta and Deeth）。

在脉冲电场条件为 7.6kV/cm、920kJ/kg，或是在 19kV/cm、500kJ/kg，或是在21kV/cm、400kJ/kg，乳过氧化物酶的活性并没有受到影响。这是一个有影响力的发现，分离出来的乳过氧化物酶可作为一种成分使用，因此包含这种过氧化物酶的液体产品可用 PEF 处理，并且不会引起失活。

乳脂肪酶和黄嘌呤氧化酶一定程度上可被 PEF 灭活。在 35kV/cm、35℃，电能输入为 163kJ/L 时，Shamsi 得到结论为这两种酶的灭活率分别为 33% 和 23%。处理温度升高会导致高程度的灭活，虽然热灭活的效果越来越显著。例如，在 55℃，相应的PEF 的灭活率分别为 56% 和 42%，但是热灭活的程度分别为 22% 和 18%。

当 PEF 条件为 27.4kV/cm，80 个脉冲时间处理时，SMUF 中的荧光假单胞菌（P. fluorescens）脂肪酶损失可达到 62.1%，但是在连续模式下，37.4kV/cm，80 个脉冲时间处理，只有 13% 损失。

（4）维生素

PEF 处理条件为 27.1kV/cm、400s，室温或中等温度下，水溶性的维生素以及脂溶性维生素（维生素 D_3 和生育酚）没有变化，但是抗坏血酸有些损失。经过 400μs、22.6kV/cm 的 PEF 处理，抗坏血酸的损失率只有 6.6%，但是巴氏杀菌对抗坏血酸的损失率达到 50%。PEF 引起的抗坏血酸的损耗遵循一级动力学反应。脱脂乳成分，主要是蛋白质，保护抗坏血酸免受脉冲电场的破坏。

3.2.4　超声波技术

超声波在食品工业，包括乳品行业的应用已经引起了相当大的关注。这主要归结于商业设备的发展使之可以扩大规模作为工业应用，同样也由于对这种应用认知的提升。相对于其他非热技术，这种技术的重点在于通过一系列的物理作用提高加工效率或者提高产品质量。

3.2.4.1　原理

超声波涉及高频率声波（18kHz～20MHz）的使用，此频率已经超出了人体听觉范围。公认的两种超声波为高频率低能量和低频率高能量；前者的范围为<1W/cm²，0.1～20MHz，后者为10～1000W/cm²，18～100kHz。低能量适用于成像和诊断，大部分食物体系不变；而高能量具有物理破坏性，在食品行业中有广泛应用。本部分的重点是高能量形式，同时也会对相关研究及频率高于100MHz的条件进行讨论。

超声波应用于一种食物时，声波会引起一系列快速的纵向压缩和折射，引起机械振动，液体中，在超声波发生器周围有强涡旋，这种效应被称为超微束或声流，会导致大量的局部力量有效摩擦表面，造成物理伤害。此外，声波产生极小的水泡，在几个周期之后变大，并且最终激烈地破裂，这种现象被称为空穴作用。向内破裂的水泡造成的高剪切力和涡流导致剧烈的物理作用，也会产生高局部温度（高达5000K）及压力（高达100MPa）。在高能量低频率的超声波中观察到，空泡形成被认为是造成这些影响的主要机制，包括杀菌作用。三种物理现象，机械振动、超微束和空穴作用是低频超声波（例如低于100kHz）的主要效用。但是由于自由基的生成，化学现象在较高频率范围更显著，即100kHz～1MHz。当氧气存在时，这些自由基会引起食物发生化学变化（例如氧化或羟基化），这种变化可能是有害的也可能是有益的。

3.2.4.2　装备

超声波的物理装备由三个主要部分组成：频率发生器和电源、传感器、喇叭或超声波发生器。传感器可将频率发生器中的能量转移到超声波发生器。超声波发生器将振动传递给接触的物料（食物或是空气），从而在物料中产生声波。最常见的是超声波处理应用于流通细胞中的液体，在成批处理以及空气和固体材料中也有应用。

大量的超声能量会转化为热能，从而引起被处理原料的温度升高。所产生的热量依赖于超声发生器的功率和处理时间。功率（W）和波振幅由电源控制，而功率强度（W/cm²）由设备的输出功率以及超声波发生器的面积所决定。

超声处理的结果很大程度上取决于个体产品的总能量输入（kW·h/L）以及功率强度（W/cm²），且这两个参数相互独立。

3.2.4.3　超声波技术对液奶成分的影响

（1）脂肪

超声波对脂肪的主要作用在于乳浊液的形成以及增强结晶的同质化。几位研究人员已经表明，超声波可降低脂肪球的尺寸至小于1μm，并且形成稳定的乳化液。超声之后脂肪球膜的尺寸和尺寸范围都小于常规的均质处理。Villamiel和de Jong声称室温下超声的温度影响分布尺寸，55℃和61℃显示双峰分布的最大值分别为2～3μm和0.6μm，温度为70℃和75.5℃时显示单峰分布，最大值为0.6～0.7μm。

超声可以催化晶体形成，通过在微细气泡周围形成晶核，导致结晶作用提高，可得到更小更均匀的晶体。这表明在冰淇淋加工中超声波处理可能是有益的，但是在这种脂肪含量高的产品中存在产生异味的风险。

（2）乳糖

超声波也可用于促进乳糖结晶。Bund 和 Pandit 证实超声会使得晶体增长更快，晶体总量更高。Dhumal 等通过调节多种因素控制乳糖结晶的尺寸和形状，包括温度和频率、强度和持续的时间。

超声波的另一个作用是增强乳糖的水解和发酵。Toba 等用超声波处理（20kHz，60W，20min，0℃，5mL 样品）德氏乳杆菌或 L. helveticus 发酵的液奶，在发酵 4h 之后，进一步发酵 12h 之前。乳糖分解的比例为 71%～74%，而在未经超声处理发酵乳中，乳糖分解率为 39%～51%，这是由于 β-半乳糖苷酶通过超声作用在起始细菌中释放。Wu 等认为当接种的酸奶使用超声处理之后（20kHz，450W，8min，15℃，150mL 样品），产酸加速，酸奶发酵时间降低（约 0.5h）。Sener 等探讨了通过加入商业酶 β-半乳糖苷酶后超声波对乳糖水解的影响，这种处理方法使乳糖水解程度更高，但是超声波引起酶活性降低 25%。

（3）蛋白质

超声波对液奶中的蛋白质有显著影响。超声波处理使乳清蛋白变性，并且这种效用与热处理有协同作用。酪蛋白的四级或三级结构被改变，并且酪蛋白胶束部分被破坏，释放出游离的酪蛋白。然而 Villamiel 等发现液奶超声波处理后，酪蛋白的电泳模式没有改变，表明这些蛋白质的初级结构只有很小的变化或是没有变化。

关于超声波对于乳清蛋白物理性能的影响已经进行了大量的研究。Kresic 等采用 20kHz、43～48W/cm^2（由热量决定，单位输出的额定功率为 600W），处理 15min，发现 WPI 和 WPC60（whey protein concentrate，浓缩乳清蛋白，有效物质含量 60%）的溶解度增加，并且这些产品溶液黏性增加 10%。增加的溶解度与蛋白质的展开相关，亲水性基团暴露，增加了与水的相互作用。这种超声波处理也提高了乳清溶剂的发泡和乳化特性。Ashokkumar 等得到结论，是将 WPC80（whey protein concentrate，浓缩乳清蛋白，有效物质含量 80%）溶液预加热之后进行超声波处理时黏度降低。这与 Kresic 等得到的结论不一致，未加热的 WPC60 和 WPI 溶液进行超声处理之后增加了黏度。Ashokkumar 等也同样认为重构（预热）WPC80 的超声处理显著增加了其水溶性，大部分通过聚合物的瓦解改变分布的粒子大小，并且增加了乳清蛋白的热稳定性。从超声波处理的 WPC（whey protein concentrate，浓缩乳清蛋白）溶液中得到的热定型的凝胶与非超声波处理的凝胶相比硬度更强，脱水性更小。当超声频率>200kHz 时，上述作用不会被观察到，这表明这种变化是由于物理而非化学作用。

超声波对酪蛋白酸钠和 WPC 制成的膜的功能性也有影响，Banerjee 等对其进行了研究。超声波的频率分别为 168kHz、522kHz、86kHz，处理时间为 0.5～1h。酪蛋白酸盐溶液对酪蛋白酸盐膜的张力有显著作用，增加了 441%（平均为 224%）。一般情况下，较长的处理时间和较低的超声频率增加了膜的抗张强度。相比之下，WPC 溶液的超声处理并没有增加用其制成的乳清蛋白膜的强度。

（4）酶

超声波处理酶会产生一系列作用，通常在升高温度和压力的情况下。酶的敏感度通常与耐热性、分子结构和尺寸相关，同样也与处理介质的性质相关。Villamiel 和 De Jong 用单独的超声波处理碱性磷酸酶（AP）、γ-谷氨酰（GGTP），以及乳过氧化物酶（LP），结果表明对三者的作用很小甚至没有作用，但是超声波和热加工会产生协同作用，在达到不同温度时导致上述酶的失活，失活温度为 AP 61℃，GGTP 70℃，LP 75.5℃。Ertugay 等认为 AP 和 LP 的失活程度随着处理的幅度、温度和时间的增加而增加。

乳制品成分中最让人感兴趣的部分，是超声波对耐热性的蛋白酶和脂肪酶的作用。已知蛋白酶和脂肪酶可分别降低液奶中的蛋白质和脂肪，导致稳定性和风味缺陷。学者 Mauer 和 Hayes 称这种内源酶为液奶纤溶酶，这种热稳定的内源酶，在磷酸缓冲液中（pH 7.6，0.1mol/L NaCl）超声波处理 20kHz，振幅为 305μm，15s 后失活率为 55%，低频率下灭活减少。在同一研究人员的报道中，内源性液奶纤溶酶原激活剂可将天然纤维蛋白酶原转化为纤溶酶，超声波处理可达到 51% 灭活作用。由碱性嗜冷菌荧光假单胞菌产生的耐热性蛋白酶，也可能导致乳制品产生缺陷，30℃ 的超声处理可耐受。但是对 76～109℃ 的 MTS（metallothioneins，金属硫蛋白）敏感，在 20kHz，117μm，以及 350kHz，110℃，pH 6.6 乳清中的蛋白酶，以及在 pH 值为 6.6 的缓冲液中的脂肪酶，D 值（十进制还原时间）减少大约 3 倍，但是，不同的酶的 D 值减少与 pH 值和温度均相关。

另一种减少产品中胞外脂肪酶和荧光假单胞菌的蛋白酶活性的方法，是避免其在原料乳中的生长。Jaspe 和 San Jose 认为如果原料乳在假单胞菌的生长之前通过超声波均质，这种想法是可以实现的。脂肪酶的产量被完全抑制，蛋白酶生产减少了 88%，但是这种超声波的抑制机制还未探明。

3.2.4.4　应用

（1）乳制品加工应用

超声波在乳品工业中有许多潜在的和已经实现的应用。Patist 和 Bates 列出了食品工业中 9 种已经实现的应用以及 3 种潜在的应用。其中大部分都适用于乳品工业，包括乳化作用、均质作用、结晶作用、滤除作用、筛选作用、分离、黏度变化、消泡、酶及微生物失活、发酵以及热传递。Versteeg 和 Sanguansri 的报道表明，许多不同的超声波系统已经被商业化，但是超声波系统的商业化不是特异性针对食品（特别是乳制品）应用的优化。消泡和降低蛋白质的黏度已经在乳品工业中商业化。另一个应用"超声脱气"也已经商业化，"增强水化过程"的奶粉也在实施的最后阶段。基于目前的研究和专利，超声波强化过程的商业化预计会继续下去，超声波将成为食品和乳制品行业一个比较普遍的技术。应用范围可能包括纳米乳剂的形成、改进的技术包括热稳定性，新鲜和再造乳制品，几种乳制品黏度降低，加强膜的流量和净化。

液奶加热过程中沉淀的污垢在超声波的作用下减少。超声波可通过脂质自身传递，也可通过受热的固体表面传递。液体中形成的空泡和声流以及热交换器的振动防止在热交换器表面积累沉淀，并移除任何附着的沉淀物，还可以减少污垢层，从而防止热交换器的换热系数的下降。超声波也可增强受热的固体表面以及被加热的液体之间的热交换，提高加工效率。

超声波也可增强含有乳制品成分的挤压过程。在此应用中，超声波能量由垂直的金属挤压筒提供，由此产生的机械振动可以减少产物与金属之间的摩擦，从而提高流动特性和加工效率。

（2）消除泡沫

超声波消泡应用包括在消泡机和发酵容器去泡沫。超声波消泡通过空气投射，而非通过液体或固体。通过超声消去泡沫，可提高效率，减少浪费，因此投资回收期非常短。Patist 和 Bates 预计投资回收期可缩短至 6 周，相比其他应用回收期时间相对较短。

（3）减少污染

已经证明超声波可有效地降低膜过滤中的膜污垢，可用于热交换机和压缩机的金属表面。Muthukumaran 等发现在配备了超声波（50kHz）的均向流超滤系统加工乳清时，渗透流量增强，并且膜清洗周期是有效的。这种作用是因为：系统中的机械振动可保持颗粒悬浮，使液体有更多的途径通过膜；空化气泡摩擦滤膜表面，移除沉淀，声流会引起滤膜附近的湍流。超声所需的能量以实验室规模而言，低至 2W/L，这个数值可能仅对滤膜造成很小的损伤。也表明此加工业可能具有商业经济价值。超声波作用的效用基于使用的超声波类型。例如乳清加工中，在减少污染和保持清洁方面，连续的高能量低频率（50kHz）比间歇性的低能量高频率（1MHz）超声更有效用。

（4）烘干

超声波另一个可以提高效率的应用是促进干燥。Fuente-Blanco 等开发的系统可以利用超声波能量，连同热空气，在低温下促进半固体食品的干燥。另外，一个低成本的采用超声波的喷雾干燥器已经被研制，可生成较小的液滴，比传统的干燥产生更小的干燥微粒。例如，使用这种喷雾干燥产生的糊精微粒直径为 $0.2 \sim 2.6 \mu m$，平均为 $1.7 \mu m$，传统的喷雾干燥生产的奶粉的颗粒直径则为 $10 \sim 250 \mu m$。

3.3 液奶常用的加工设备

3.3.1 液奶的挤乳、收集、贮存设备

挤乳设备按功能分为小型挤乳机（如拖车式、提桶式）和大型挤乳机（如管道式）；按安装形式分为平地式、坑道式；按分布的形式分为并列式、鱼骨式、转盘式；按奶牛所占的位置分为对尾式、对头式；按挤乳杯组的工作情况分为强制式、自动脱落式。挤

乳设备由棚架系统、真空系统、脉动系统、挤乳系统、液奶接收系统、清洗系统、电脑信号接收控制系统等构成。

3.3.1.1 机械挤乳设备

小型以上的农场挤乳通常使用类似图3-18所示的挤乳机。挤乳机利用真空原理把乳从乳头中吸出。该设备由真空泵、收集乳的真空容器、与真空容器连接的吸乳杯和交替地对吸杯施以真空和常压的脉冲器组成。

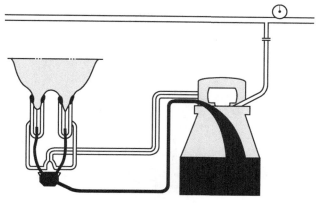

图 3-18　机械挤乳设备

吸乳杯由吸杯套筒的橡皮内管和不锈钢外管组成。在吸奶过程中，吸乳杯的吸杯套筒内维持0.5bar（50％真空）的压力。脉冲室（在套管和外管之间）通过脉冲器的作用交替地接受真空和大气压，由此在吸奶阶段，乳从乳头中吸出，进入真空容器；然后压力转为常压，进入按摩阶段，原奶线被挤压停止吸奶，乳从腺胞流入乳池，随后进行另一吸奶阶段，如此反复，如图3-19所示。

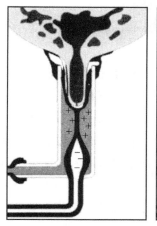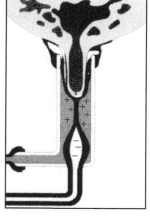

图 3-19　一个吸杯的机械挤乳过程

在按摩阶段使乳头放松是必要的，这样可避免乳头充血和充液。充血和充液引起的疼痛，可导致奶牛停止排奶，挤乳和按摩间的脉冲变化每分钟为 40～60 次。与爪形集流器连接的 4 个吸奶杯套在乳头上。在挤乳时，吸奶动作交替出现于左、右乳头，或者有时为前侧乳头和远侧乳头。乳从乳头吸到真空容器或到一个真空输送管道。在挤乳中如果一个吸奶杯脱落，系统会自动关闭阀门以防止污物被吸入系统中。挤乳完毕后，将奶桶（真空容器）送到贮奶室，倒入贮奶罐内或特殊贮奶罐中冷却。为了减轻繁重的送奶劳动，可以安装一个管道系统，用真空直接把奶从吸奶杯送到贮奶室，如图 3-20 所示。在大中型农场普遍采用这种系统。采用这一系统，液奶挤出后沿着一个封闭的系统将直接从乳牛身上收集到贮奶室的奶罐中。从微生物角度看，这是一大优点。然而，管道系统的设计要避免因空气泄漏而导致对液奶有损害的搅动。

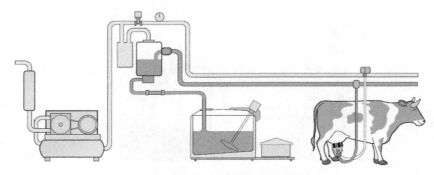

图 3-20　管道式挤乳系统的一般流程

3.3.1.2　机器人挤乳系统

机器人挤乳系统实行 24h 的昼夜挤乳作业，在采食区和休息区之间的通道上设置机器人挤乳设备，自动识别并按设定时间定时对过往的乳牛进行挤乳。这种挤乳方式更符合乳牛的自然习性，有益于乳牛健康状况的改善，但对于设备的可靠性要求极高，同时对于牛群乳房形态的一致性要求较高。本系统适于资金充足的小规模乳牛场。

机器人挤乳装置主要由牛栏、乳头定位装置、乳头清洗装置、机械臂、控制装置和挤乳装置等构成。

乳头定位装置一般采用乳头位置数据库及动态定位控制器联合实现方式，其中动态定位包括超声波定位、激光定位和计算机视觉定位三种方法。

挤乳机器人配置有大量的检测传感器，它们的任务包括：乳牛识别，挤乳杯套戴，真空度、乳流量、产乳量、采食量、体重等的测定，并通过它们实现对挤乳过程的自动控制。另外，还可通过检测液奶的温度、电导率等检测乳房的健康状况。所有监测数据均存储到计算机内，用于乳牛饲养的全面管理。每个挤乳杯单独控制，且不使用传统意义上的集乳器，可使乳头室内的操作真空度尽可能低，因此，减少了对乳房的伤害。

自愿挤乳系统（VMS，见图 3-21，图 3-22）主要由六个部分组成：真空系统、脉动系统、挤乳系统、液奶输送及收集系统、清洗系统和台架。与传统挤乳设备相比，该系统增加了挤乳前乳头清洗与按摩装置、套杯机械臂、挤鲜乳装置、乳头药浴装置和非正常乳的隔离装置。

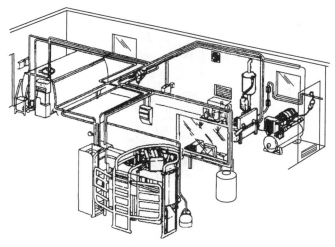

图 3-21　自愿挤乳系统及其附属设施

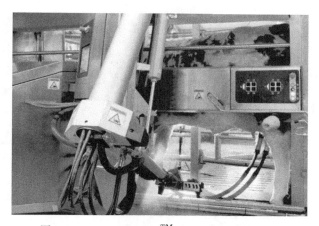

图 3-22　DeLaval VMS^{TM} V300 自愿挤乳系统

　　自愿挤乳方案真正使乳牛享受自己的生活，挤乳、采食、休息和运动一切由它自己决定。

　　自愿挤乳系统的主要操作过程如下。

　　（1）挤乳前乳房的准备工作

　　如图 3-23 所示，在挤乳前，对每一个乳头进行清洗、按摩与干燥。

　　（2）套杯

　　具体套杯方法：根据每头牛的乳头大小和形状采用不同的套杯策略。具有双激光定位成像系统，准确发现乳头的位置，见图 3-24。对非正常脱杯情况可进行多次重套，可以正确识别乳头的顺序。挤乳过程中 4 套光电扫描乳量计对每个乳区进行单独计量和控制，先挤完的乳区先脱杯，见图 3-25，彻底消除了过度挤乳的现象。

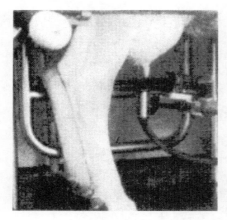

图 3-23 清洗

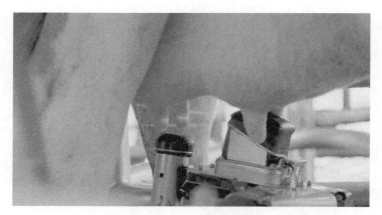

图 3-24 采用激光寻找乳头

图 3-25 分乳区计量系统

（3）精料补饲

自愿挤乳系统中的精料补饲使乳牛在挤乳过程中获得与其液奶产量相应的精料补

饲。根据液奶中的体细胞数或预置参数对液奶进行分类处理，例如优质液奶、牛初乳、乳房炎液奶等。并在处理异常液奶后，清洗液奶接触表面，例如乳杯内套、输乳管路、乳量计、接收罐等。

（4）挤乳后的处理

挤乳后及时消毒，最大限度减少乳房炎的发生。每挤完一头牛都会对地面进行清洗，确保了每头乳牛的生活环境。在挤乳后乳牛不愿离去时，自动赶牛装置会启动。

牛群管理软件可定期或不定期提示发生异常情况的乳牛；自动管理机器人的挤乳时间和清洗时间，保障液奶的质量；自动进行故障诊断，如果无法自行恢复，将会拨打设定的电话或手机通知故障代码。

自愿挤乳系统还可以执行多种日常管理功能，如人员管理、仓储管理、牛群管理和自愿挤乳系统运行性能管理。

3.3.1.3　生鲜液奶的收集设备

原料奶用奶桶或保温奶罐车（图 3-26）运送至乳品厂，运送鲜奶的奶罐车罐体组成（图 3-27）整体来讲分三层：罐体内胆，材质为 304/2B 食品级不锈钢，板厚度在 3~4mm；中间部分为聚氨酯发泡保温，厚度为 80~120mm 不等，半挂人孔部分的聚氨酯发泡为 60mm 厚，保温效果在 24h±2~3℃；罐体最外部为 2mm 厚 304 不锈钢板。内胆部分要求光洁、无锐角，有清洗装置，清洗杆（或清洗球）；清洗管（Φ38mm），四个或多个旋转清洗喷头，外接水管，稍加压力即可自动清洗罐体内胆。运距大于 500km 可以考虑加小型制冷机。

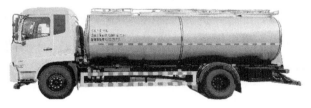

图 3-26　奶罐车

保温奶罐车仅与在农场中的大型冷却奶罐配套使用。无论哪种运送方法要求都是一样的，液奶必须保持良好的冷却状态并且没有空气进入。运输过程的震动越轻越好，例如：奶桶和奶罐车要完全装满以防止液奶在容器中晃动。

病牛的乳不能和健康牛的乳混合一起送给乳品厂。用抗生素治疗过的奶牛产的乳必须与其他乳分开，这样的液奶不能用来生产以细菌发酵剂为基础的产品，例如发酵乳制品、干酪和酸性或发酵奶油等，因为抗生素会杀死发酵剂中的细菌。微量的含有抗生素的液奶如与大量合格乳混合，将导致所有乳都不能使用。

用奶罐车收集液奶，奶罐车必须一直开到贮奶间。奶罐车上的输奶软管与农场的液奶冷却罐的出口阀相连。通常奶罐车上装有一个流量计和一台泵，以便自动记录收奶的

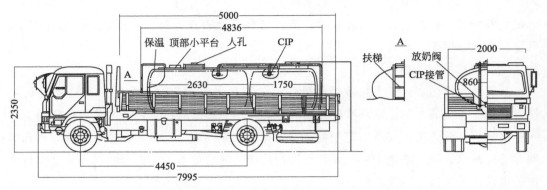

图 3-27　奶罐车结构图（单位：mm）

数量。另外，收奶的数量可根据所记录的不同液位来计算。一定容积的奶罐，一定的液位代表一定体积的乳。多数情况下奶罐车上装有空气分离器。

　　冷藏贮罐一旦抽空，奶泵应立即停止工作，这样避免将空气混入液奶中，奶罐车的奶罐分成若干个间隔，以防液奶在运输期间晃动，每个间隔依次充满，当奶罐车按收奶路线收完奶之后，立即将液奶送往乳品厂。

　　在运输途中，不可避免地奶温会略高于 40℃。因此，液奶在贮存等待加工前，通常经过板式热交换器冷却到 4℃ 以下。乳应在封闭系统中被良好处理以减少被污染的危险，乳挤出后就应立即冷却到 4℃，并保持在此温度直到加工。所有与乳接触的设备需彻底清洗与消毒，两次收奶的间隔时间太长，乳会出现质量问题，一些微生物（如嗜冷菌）在 7℃ 下能够生长和繁殖。这些微生物主要存在于土壤和水中，因此保证清洗用水的高卫生质量是很重要的。嗜冷菌可以在 4℃ 贮存的乳中生长，经过 48～72h 的迟滞期，生长进入对数生长期，可导致脂肪和蛋白质分解，使乳制品产生异味并危害产品质量。在定期收奶的情况下必须考虑这一现象，如果收奶间隔长是不可避免的，则建议应将乳冷却到 2～3℃。

3.3.1.4　生鲜液奶的贮存设备

　　未经处理的原乳贮存在大型立式贮奶罐（奶仓），容积为 25000～150000L。通常的容积范围在 50000～100000L。较小的贮奶罐通常安装于室内，较大的则安装在室外以减少厂房建筑费用。露天大罐是双层结构的，在内壁与外壁之间带有保温层，罐内壁由抛光的不锈钢制成，外壁由钢板焊接而成。大型奶仓必须带有某种形式的搅拌设施，以防止脂肪由于重力作用从液奶中分离出来。搅拌必须十分平稳，过于剧烈的搅拌将导致液奶中混入空气和脂肪球的破裂，从而使游离的脂肪在液奶解脂酶的作用下分解。因此，轻度的搅拌是液奶处理的一条基本原则（图 3-28 所示为室外奶仓）。

　　露天贮奶罐在罐上带有一块附属控制盘，罐内的温度显示在罐的控制盘上，一般使用温度计，但电子传感器的使用越来越多，传感器将信号送至中央控制台，从而显示出温度。

图 3-28 室外奶仓

液位指示：有各种方法来测量罐内液奶液位，气动液位指示器通过测量静压来显示罐内液奶的高度，压力越大，罐内的液位越高，指示器把读数传递给表盘显示出来。低液位保证所有液奶的搅拌必须是轻度的，因此，搅拌器必须被液奶覆盖以后再启动。为此，常在开始搅拌所需液位的罐壁安装一个电极。罐中的液位低于该电极时，搅拌停止，该电极就是通常所说的低液位指示器（LL）。

溢流保护：为防止溢流，在罐的上部安装一高液位电极（HL）。当罐装满时，电极关闭进口阀，然后液奶由管道改流到另一个大罐中。

空罐指示：在排乳操作中，重要的是知道罐何时完全排空。否则当出口阀门关闭以后，在后续的清洗过程中，罐内残留的液奶就会被冲掉而造成损失。另一个危害是，当罐排空后继续开泵，空气就会被吸入管线，这将影响后续加工。因此，在排乳线路中常安装一个电极（LLL），以显示该罐中的液奶已完全排完。该电极发出的信号可用来启动另一大罐的排乳，或停止该罐排空。

室外奶仓的主要技术参数见表 3-9。

表 3-9　室外奶仓主要技术参数

容积/L	搅拌器		保温层厚 50mm			保温层厚 100mm		
	转速/(r/min)	台数	外径(DY)/mm	中心高(H_1)/mm	外沿高(H_2)/mm	外径(DY)/mm	中心高(H_1)/mm	外沿高(H_2)/mm
32000	960	1	3440	4740	4040	3540	4800	4100
41000	960	1	3440	5740	5040	3540	5800	5100
54000	960	1	3440	7240	6540	3540	7300	6600
63000	960	1	3440	8240	7540	3560	8320	7620
76000	960	1	3460	9820	9120	3540	9800	9100

| 容积/L | 搅拌器 | | 保温层厚 50mm | | | 保温层厚 100mm | | |
	转速/(r/min)	台数	外径(DY)/mm	中心高(H_1)/mm	外沿高(H_2)/mm	外径(DY)/mm	中心高(H_1)/mm	外沿高(H_2)/mm
93000	960	1	3920	9340	8540	4020	9400	8600
105000	960	2	3920	10340	9540	4020	10400	9600
116000	960	2	3920	11340	10540	4020	11400	10600
133000	960	2	3920	12840	12040	4020	12900	12100
145000	960	2	3920	13840	13040	4020	13900	13100
156000	960	2	3920	14840	14040	4020	14900	14100
179000	960	2	3920	16840	16040	4020	16900	16100
202000	960	2	3920	18840	18040	4020	18900	18100

3.3.2 液奶的脱气、净化、分离、标准化和浓缩设备

3.3.2.1 液奶的脱气设备

液奶刚被挤出时含 5.5%~7% 的气体；经过贮存、运输和收购后，一般其气体含量在 10% 以上，而且绝大多数为非结合和分散气体。这些气体对液奶加工的破坏作用主要有：a. 影响液奶计量的准确度；b. 使巴氏杀菌机中结垢增加；c. 影响分离和分离

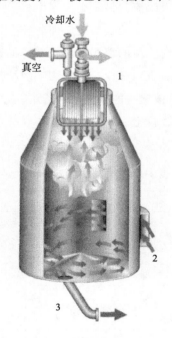

图 3-29 真空脱气罐

1—安装在缸里的冷凝器；2—切线方向的液奶进口；3—带水平控制系统的液奶出口

效率；d. 影响液奶标准化的准确度；e. 影响奶油的产量；f. 促使脂肪球聚合；g. 促使游离脂肪吸附于奶油包装的内层；h. 促使发酵乳中的乳清析出。所以，在液奶处理的不同阶段进行脱气是非常必要的。首先，要在奶罐车上安装脱气设备，以避免泵送液奶时影响流量计的准确度。其次，在乳品厂收奶间流量计之前要安装脱气设备。但是上述两种方法对乳中细小的分散气泡是不起作用的。因此在进一步处理液奶的过程中，还应使用真空脱气罐（图 3-29），以除去细小的分散气泡和溶解氧。带有真空脱气灌的液奶处理工艺工作时，将液奶预热至 68℃后，泵入真空脱气灌，则液奶温度立刻降到 60℃，这时液奶中空气和部分液奶蒸发到灌顶部，遇到灌冷凝器后，蒸发的液奶冷凝到灌底部，而空气及一些非冷凝气体（异味）由真空泵除去。一般脱气的液奶约在 60℃条件下进行分离、标准化和均质，然后进入杀菌机杀菌。

3.3.2.2 液奶的净化设备

图 3-30 为液奶净化机旋转体部分结构示意。净化机旋转钵体由固定钵、活动钵、分离盘、活动钵环等组成。转钵安装于主轴，钵下装有工作液进入套管（分内外两个通道），转钵内装有固定柱、碟片。液奶进入转钵，依靠高速旋转的离心力，使乳渣等杂物积存于转钵边缘，净化的液奶自上部排出。固定钵与活动钵之间放有聚四氟乙烯密封环，由密封环与活动钵突出部分的接触以达到密封，工作液套管是工作液（采用自来水）进入的管道。净化机工作时，水从外套管进入分离室上、下通道继续上升到活动环上部，在排渣期间，活动环被弹簧顶上，活动环的一边镶有工作液阀片，当进入的工作

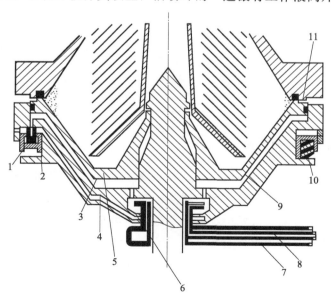

图 3-30　液奶净化机转体部分结构示意

1—工作液阀；2—活动钵环；3—上通道；4—下通道；5、9-活动钵；

6—分离盘；7—外套管；8—内套管；10—弹簧；11—排渣口

液迫使活动环克服弹簧压力下降时，工作液阀打开，活动钵下部的工作液压力由于工作液排出而减弱，使活动钵下降，排渣开始。

REDA（瑞达）公司的净乳机如图 3-31 所示，RE 系列净乳机的主要技术参数见表 3-10。

图 3-31　REDA（瑞达）公司的净乳机

表 3-10　RE 系列净乳机的主要技术参数

型号	RE 50P	RE 70P	RE 100P	RE 150P
额定流量/（L/h）	5000	7000	10000	15000
额定转速/（r/min）	7000	7000	7000	7000
外形尺寸/mm×mm×mm	1000×720×960	1000×720×960	1100×720×1100	1150×720×1200
管道连接尺寸	进口 DIN 32	进口 DIN 32	进口 DIN 40	进口 DIN 50
管道连接尺寸	进口 DIN 40	进口 DIN 40	进口 DIN 40	进口 DIN 50
电动机功率/kW	5.5	7.5	11	15

3.3.2.3　液奶的离心除菌设备

离心力除菌是一种物理除菌法。在这种除菌过程中，通常用特殊设计的离心机处理液奶，以去除乳中的细菌。离心除菌对耐热性的芽孢菌特别有效，细菌比液奶的密度高很多，所以离心除菌是除去液奶中细菌、芽孢菌相当有效的办法。去掉较高比例的芽孢（98%），分离除菌机在碟片组外有一个污泥贮存空间，细菌和芽孢可以收集在该空间一段时间并定时间歇地排放出来，以下为两种类型的现代化离心除菌机。

（1）两相离心除菌机

在顶部有两个出口：一个是通过特殊的顶钵片上部连续排出细菌浓缩液（含菌液），另一个是用于排出细菌已减少的相。见图 3-32。

（2）单相离心除菌机

在钵的顶部只有一个出口，用于排出细菌已减少的液奶。除掉的菌被收集在钵体污泥空间的污泥中，并按预定的间隔定时排出。见图 3-33。

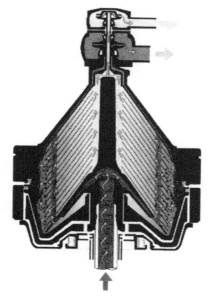

图 3-32　两相离心除菌机的钵体

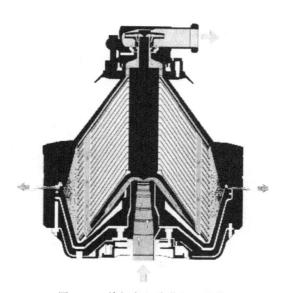

图 3-33　单相离心除菌机的钵体

离心除菌的温度越高，乳黏度就越低，将较重的微生物从乳中分离出来越容易，最佳除菌温度在 55～60℃之间。

3.3.2.4　液奶的分离设备

离心分离机是一种在离心力场内进行固-液、液-液或液-液-固相分离的机械。料浆送入离心机转鼓内并随之旋转，在离心力的作用下实现分离。离心机可用于离心过滤、离心沉降和离心分离三种类型的操作。

离心分离因数是离心机分离性能的主要指标，其定义为物料所受的离心力与重力之比值，等于离心加速度与重力加速度之比值，即：

$$F_c = \frac{R\omega^2}{g}$$

式中 F_c——分离因数；

ω——转鼓回转角速度；

R——转鼓半径；

g——重力加速度。

离心分离因数越大，分离效率越高。

（1）碟片式离心机

如图 3-34 所示，碟片式离心分离机主要由驱动电机、离合器、制动器、传动齿轮、空心主轴、分离钵、出口泵等组成，其中分离钵为核心操作部件。

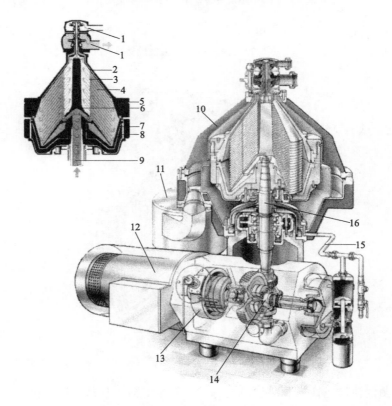

图 3-34　密闭式碟片式离心分离机

1—出口泵；2—钵罩；3—分配孔；4—碟片组；5—锁紧环；6—分配器；

7—滑动钵底部；8—钵体；9—空心钵轴；10—机盖；11—沉渣器；12—电机；

13—制动；14—齿轮；15—操作水系统；16—空心钵轴

分离钵内装有许多互相保持一定间距的锥形碟片，随着分离钵的高速转动，液体在碟片间呈薄层流动而分离,减少了液体扰动和沉降距离,增加了沉降面积,从而大幅度提高了分离效率和生产能力。离心分离机分离钵的碟片组带有一个垂直的分配孔。液奶进入距碟片边缘一定距离的垂直排列的分配孔中,在离心力的作用下,液奶中的颗粒和脂肪球根据它们相对于连续介质(即脱脂肪乳)的密度而开始在分离通道中沿径向朝里或朝外运动。稀奶油(即脂肪球)比脱脂乳的密度小,因此在通道内朝着转轴运动。脱脂乳向外流动到碟片组的空间,进而通过最上部的碟片与分离钵的锥罩之间的通道排出。在分离乳浊液时,往往也伴随有少量的净化作用。

在稀奶油和脱脂乳的出口处安装节流阀,可以调节两种液流相应的体积,以便获得符合脂肪含量要求的稀奶油。

(2)卧式螺旋分离机

卧式螺旋分离机(图 3-35)借助长转鼓,连续地沉淀液体中的悬浮固体,在乳品工业中用于从固体含量较高的供入料液中分离沉淀的酪蛋白及结晶的乳糖。

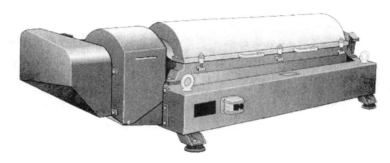

图 3-35 卧式螺旋分离机

如图 3-36 所示,卧式螺旋分离机的主要组成部分有转鼓、输送器、差速器(与旋转轴组成一体)和带罩的框架、收集容器、驱动电机和带传动装置。

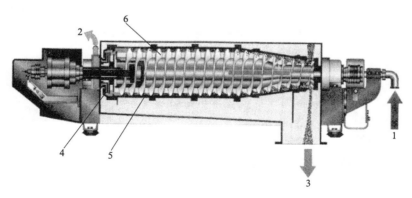

图 3-36 带有压力盘的卧式螺旋分离机

1—供入悬浮液;2—液相出口;3—固相出口(靠重力);

4—压力腔和盘;5—钵体;6—螺旋输送器

转鼓通常由一段锥体和一段或几段柱体共同组成。柱体部分的功能为液槽,锥体部分为残渣的脱水区。转鼓内设有一轴向的螺旋输送器，可连续不断地从转鼓中排出分离出的固相。输送器与转鼓的转动方向相同，但通过差速器的传动可实现微小的速度差，从而实现转鼓内固相与液相间的逆流输送。

供入的悬浮液由进口管进入转鼓内部的中段而高速旋转，固体杂质因其密度远大于液体而在强烈的离心力作用下在转鼓内表面迅速沉降，同时产生一个清液的内液环。密实的固相由螺杆沿轴向输送至旋转轴的小端，然后进入脱水区，较干的固体颗粒最后从转鼓排出。

由于离心力的作用，液相形成一个中空的柱面，沿螺旋面向转鼓的大端流动。流过溢流堰的液体进入压力腔，在此液体又形成一个中空的柱面。静止的压力盘通道浸入在旋转的液体中，导致压力的差别。液体穿过通道，将旋转的能量转换成压头，足够泵送液体离开机器进入下一工序。

3.3.2.5　液奶的标准化

标准化的原理如图 3-37 所示，将液奶加热至 55～65℃，然后按预先设定好的脂肪含量分离出脱脂乳和稀奶油，并且根据最终产品的脂肪含量，由设备自动控制回流到脱脂乳中的稀奶油的流量，多余的稀奶油会流向稀奶油巴氏杀菌机。为了达到工艺中要求的精确度，必须控制进乳含脂率的波动、流量的波动和预热温度的波动。如图 3-37 所示，直接标准化的完整流程由三条调节线路控制。第一条线路调节分离机脱脂乳出口的外压。在流量改变或下游设备压力降低的情况下，外压保持不变。第二条线路调节分离机稀奶油出口的流量。不论原料乳流量或含脂率发生任何变化，稀奶油的含脂率都保持恒定值。第三条线路调节稀奶油数量，使稀奶油和脱脂乳重新混合，合成含脂率符合标准的乳。

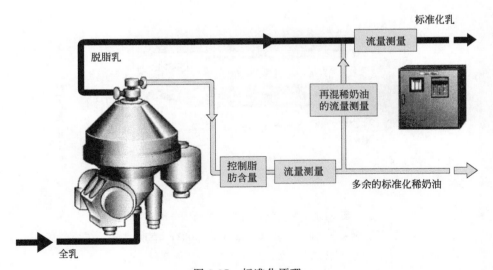

图 3-37　标准化原理

3.3.2.6 液奶的浓缩设备

液奶中含有大量的水分，在炼乳、奶粉等生产过程中，为了达到产品的质量标准，必须除去一部分水分，通常利用浓缩（蒸发）设备的加热作用，使液奶中的水分在其沸点时汽化，并将汽化所产生的二次蒸汽不断排除，从而使液奶浓度不断提高，直至达到预定浓度。

现代液奶浓缩多使用蒸汽作热源的多效蒸发装置，加热蒸汽只通入第一效，其余各效均用前一效液奶蒸发生成的二次蒸汽加热（图3-38），加热蒸汽每利用一次称为一效，利用四次则称为四效。液奶自首罐进入，顺流通过每效罐并与蒸汽构成并流的方式，随着水分的蒸发，液奶浓度逐效增大，蒸汽温度和液奶沸点则逐效减低，这样可以保证每两效之间有一定的温度差以便加热液奶。

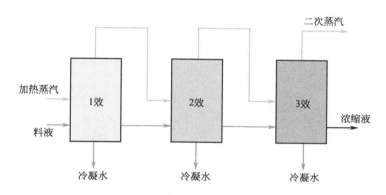

图3-38 顺流（并流）三效蒸发流程

SEP系列板式多效浓缩设备如图3-39所示，其技术参数见表3-11。

图3-39 SEP系列板式多效浓缩设备

表 3-11　SEP 系列板式多效浓缩设备技术参数

型　号	SEP-6-Ⅱ-A	SEP-12-Ⅲ-A	SEP-20-Ⅳ-A
处理量/(t/h)	3～6	6～12	10～20
进料浓度/%	10	10	10
出料浓度/%	71	71	71
蒸发量/(t/h)	2.5～5	5×10	8.6～17
耗汽比/(kg/kg)	0.52	0.32	0.25
外形尺寸/mm×mm×mm	6000×4000×3000	10000×4200×3200	12000×4400×3500

　　在乳品工业中，膜技术是蒸发浓缩技术以外的又一种浓缩技术，主要涉及反渗透（RO），除去水，使溶液浓缩。纳滤（NF），通过除去单价的成分如钠、氯（部分脱盐），实现有机成分的浓缩。超滤（UF）实现大分子的浓缩。微滤（MF）除去细菌，分离大分子。

　　国外已将超滤用于脱脂乳的浓缩，可制取含蛋白质高达 50％～80％的脱脂浓乳。超滤已证实为在乳清中浓缩和回收蛋白质的有效方法（图 3-40）。

图 3-40　乳清的超滤设备

　　反渗透通过反渗透膜把溶液中的溶剂分离出来（图 3-41），达到浓缩液奶的目的。与传统的蒸发式相比，反渗透法用于浓缩液奶或脱脂乳展现了相当多的优越性，特别是在浓度较低时，反渗透几乎能全部截留乳料中的干物质，又不消耗蒸汽，节约能源，故多用于预浓缩。

3.3.3　液奶的均质设备

　　均质是乳品生产中重要的加工过程。均质除了可使混合原料均匀一致外，还有使分散介质微粒化的作用。

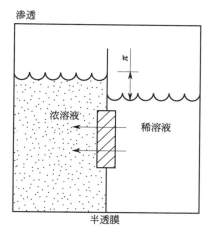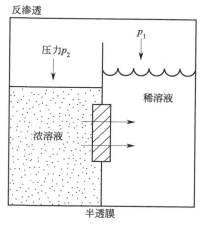

图 3-41　反渗透原理

3.3.3.1　均质原理

液体分散体系中分散相颗粒或液滴破碎的直接原因是受到流体力学上的剪切力和压力作用。对于乳化液，在层流流动中，内相粒子所受的应力可分解为切向应力和法向应力。切向应力连续地环绕着内外相界面，力图使粒子变形，并引起它的旋转。法向应力则是不连续地环绕相界面，产生粒子内部与外部的压力差 Δp_G。这个压力差的大小沿液滴表面而变化，而在与主流方向成 $\pi/4$ 弧度处达到最大的负值。当速度梯度不大时，液滴在此压力差作用下，也要产生变形，但并不破裂，而靠界面张力保持在一起。另外，界面张力本身又产生一个界面两侧的正压力差 Δp_σ。对于未变形液滴，$\Delta p_\sigma = 2\sigma/R$；对于变形的液滴，$\Delta p_\sigma = \sigma(1/R_1 + 1/R_2)$，$R_1$、$R_2$ 为曲面上某点的曲率半径。当速度梯度相当大时，致使 $\Delta p_G > \Delta p_\sigma$，液滴发生破裂。对于悬浮液，内相粒子在流体中同样会受到类似的应力作用，当这类应力超过了使同体粒子保持完整性的限度时（即超过了屈服应力范围），就产生了粒子的变形和破碎。

引起的这种剪切力和压力的强度在不同的均质设备中有差异，由简单的搅拌机到高压均质机依次增强。能引起剪切和压力作用的具体流体力学效应主要有湍流效应、空穴效应和超声波效应。

（1）湍流效应

高速流动的流体本身会对流体内的粒子或液滴产生强大的剪切力作用，因为这时液体具有很大的速度梯度。产生均质作用的另一个原因是高速流动会产生剧烈的湍流作用，而在湍流的边缘存在更大的局部速度梯度，处在这种局部速度梯度下的粒子因而会受到剪切作用。加工过程中，所有高度分散化的流体均会产生湍流。

（2）空穴效应

空穴理论认为，流体受高速旋转体作用或流体流动在有突然压降变化的场合会产生空穴小泡，当这些小泡破裂时会在流体中释放出很强的冲击波，当这种冲击波发生在粒子附近时，会造成粒子的破裂。

（3）超声波效应

超声波振动时会产生类似的空穴效应。高能的超声波在流体中传播时，使流体周期性地受到拉伸和压缩两种作用。这种拉伸和压缩作用会使流体中存在的小泡发生膨胀和收缩。在高压振幅的作用下，小泡会发生破裂，从而释放出能量。

不同的设备产生的均质作用很难用一种效应解释清楚，因而，一般认为均质作用往往是几种效应同时作用的结果。液奶的均质由以下三个因素协调作用而产生，如图 3-42 所示。

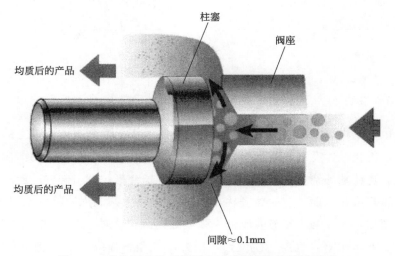

图 3-42　脂肪球在均质过程中通过均质头狭缝被粉碎

① 液奶以高速通过均质头中的狭缝，脂肪球因受巨大剪切力的作用而变形、伸长和粉碎。

② 液奶在间隙中加速的同时，静压能下降，一旦下降到脂肪的蒸气压以下，就会产生气穴现象，脂肪球因此会受到巨大的爆破力。

③ 当脂肪球以高速冲击均质环时会产生进一步的剪切力。

3.3.3.2　均质设备

（1）设备分类

均质设备可根据使用的能量类型和均质机结构的特点分为旋转式和压力式两大类。

① 旋转式均质设备：这类均质设备由转子或转子-定子系统构成，直接将机械动能传递给受处理的介质。胶体磨是典型的旋转式均质设备。此外，搅拌机、乳化磨也属于旋转式均质设备范围。

② 压力式均质设备：这类设备首先使液体介质获得高压能，液体的高压能在机内转化为动能。这种类型的常见设备有高压均质机和超声波乳化器等。引入的能量类型很重要，因为能量的转变必须在高能量密度和小空间范围内实现。

（2）高压均质机

1）主要结构

高压均质机主要由泵体、均质阀、电动机、传动装置与机架几部分组成，如图 3-43 所示。

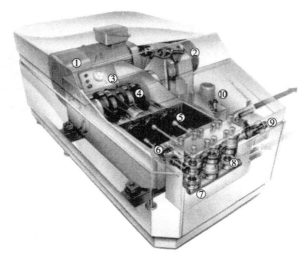

图 3-43 柱塞型高压均质机的基本结构

1—主驱动轴；2—传动装置；3—压力表；4—曲轴箱；5—柱塞；

6—柱塞密封座；7—不锈钢泵体；8—阀；9—均质装置；10—液压设置装置

动力通过传动装置带动曲轴旋转，连杆、滑块将旋转运动转换为直线往复运动。在滑块的前端装有不锈钢柱塞，它的一段伸入到泵体内，泵体由不锈钢锻件组成，分别装有供吸入物料和压出物料的单向阀，当柱塞离开泵体时，泵体内产生负压，物料因外压的作用从泵体下部的吸入腔再经单向阀门进入泵腔，填补等体积的空间。当柱塞进入泵体时，泵体内物料形成高压，除了关闭单向吸入阀门外，同时顶开装于泵体上部的单向排出阀门，料液由此顶出，经由均质阀完成均质。

2）均质阀

均质阀可以是一组（即一级）的，也可以是二组（二级）串联的。图 3-44 和图 3-45 分别是一级均质和二级均质的均质头及其液压系统结构示意。在物料的出口处，柱塞泵使物料的压力从 0.3MPa 提高到 10～25MPa。液压泵的油压与阀芯的均质压力保持平衡。

二级均质与二次均质完全不同，二级均质是为一级均质后的乳提供了有效的反压力，而加强的空穴作用对脂肪球只有轻微的破坏作用。二级均质的目的是使一级均质后重新结合的小脂肪球分开，从而提高均质效果。通常一级均质可用于低脂产品和高黏度产品的生产，二级均质可用于高脂产品、高干物质产品和低黏度产品的生产。

3）温度对均质效果的影响

较高温度下均质效果较好，但过高的温度会引起乳脂肪、乳蛋白质等变性。一般均

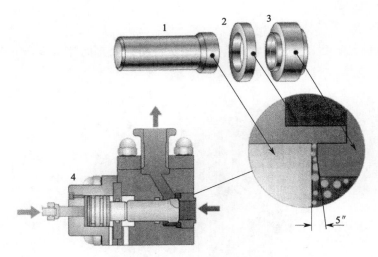

图 3-44　一级均质阀的结构

1—阀芯；2—均质环；3—阀座；4—液压装置

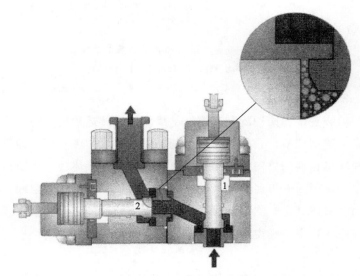

图 3-45　二级均质阀的结构

1——级均质；2—二级均质

质温度采取 55～80℃，均质压力采取 10～25MPa 为宜。若温度降低后再均质，不仅降低了均质效果，而且有时会使脂肪球形成奶油粒。

4）均质机常见故障

① 流量不足：这类故障较为多见，也是鉴定均质机最重要的指标之一。由于材质、加工质量等方面因素，均质阀处于料液高速冲刷，会产生明显的沟槽。由于柱塞长期工作的严重磨损，大量料液回流到低压泵腔，均质能力大大降低。此时，必须对磨损部分进行修复或更换。

② 压力表指针跳动严重：泵体密封不严，导致其中料液混有大量空气，空气压缩、膨胀会使压力表指针严重跳动。此外，某些通过充压传递压力的压力表由于充液量不够或渗漏，也会发生该故障。

③ 密封圈损坏：处于高温和压力下的柱塞密封圈经常会损坏。因此，除了定期更换密封圈外，平时要确保柱塞冷却水的连续供应。

（3）GHH 系列大型卧式高压均质机

GHH 系列大型卧式高压均质机（喷雾泵，见图 3-46）采用强制压力润滑和飞溅润滑相结合的系统；配备强制冷却系统；自紧式柱塞密封设计，密封圈连续使用寿命达 3～4 个月；柱塞、阀芯、阀座及泵体材料均能耐酸碱，能满足酸碱浓度 2%～3%、温度 80～90℃ 的 CIP 清洗。其主要技术参数见表 3-12。

图 3-46　GHH 系列大型卧式高压均质机（喷雾泵）

表 3-12　GHH 系列大型卧式高压均质机（喷雾泵）主要技术参数

型号	流量 /(L/h)	最大压力 /MPa	额定压力 /MPa	外形尺寸（长×宽×高） /mm×mm×mm
GHH-Q2000-P70	2000	70	60	2100×1160×900
GHH-Q2500-P70	2500	70	60	2200×1260×930
GHH-Q3000-P70	3000	70	60	2200×1260×930
GHH-Q2500-P60	2500	60	50	2200×1260×930
GHH-Q3000-P60	3000	60	50	2200×1260×930
GHH-Q4000-P60	4000	60	50	2200×1260×930
GHH-Q4000-P40	4000	40	35	2200×1260×930
GHH-Q5000-P40	5000	40	35	2200×1260×930
GHH-Q6000-P40	6000	40	35	2200×1260×930
GHH-Q8000-P40	8000	40	35	2370×1520×1050
GHH-Q5000-P30	5000	30	25	2200×1260×930

续表

型号	流量/(L/h)	最大压力/MPa	额定压力/MPa	外形尺寸（长×宽×高）/mm×mm×mm
GHH-Q6000-P30	6000	30	25	2200×1260×930
GHH-Q8000-P30	8000	30	25	2370×1520×1050
GHH-Q4000-P25	4000	25	20	2100×1160×900
GHH-Q5000-P25	5000	25	20	2100×1160×900
GHH-Q6000-P25	6000	25	20	2100×1160×900
GHH-Q7000-P25	7000	25	20	2200×1260×930
GHH-Q8000-P25	8000	25	20	2200×1260×930
GHH-Q10000-P25	10000	25	20	2370×1520×1050

（4）JHG实验用高压均质机

JHG实验用高压均质机（喷雾泵，见图3-47）采用柱塞水平运动结构，柱塞处可喷淋冷却水，从而延长柱塞密封圈的寿命；物料泄漏后不会进入油箱和外部工作环境；可加轮子，方便搬运；最低处理量0.5L，最高处理量可达到54L。其主要技术参数见表3-13。

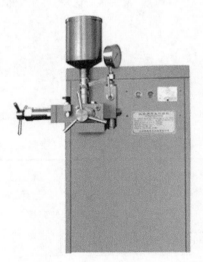

图3-47　JHG实验用高压均质机（喷雾泵）

表3-13　JHG实验用高压均质机（喷雾泵）主要技术参数

型号	流量/(L/h)	最大压力/MPa	额定压力/MPa	外形尺寸(长×宽×高)/mm×mm×mm
JHG-Q54-P60	54	60	50	910×709×854

（5）胶体磨

① 胶体磨的构成：胶体磨属于转子-定子式均质设备，由可高速旋转的磨盘（转动件）与固定的磨面（固定体）组成。两表面间有可调节的微小间隙，物料就在此间隙中通过。胶体磨除上述主件外，还有机壳、机架和传动装置等。

物料通过两磨面间隙时，转动件高速旋转，附于旋转面上的物料速度最大，而附于固定面上的物料速度为零，其间产生急剧的速度梯度，从而使物料受到强烈的剪切摩擦和湍动骚扰，产生微粒化、分散化作用。

胶体磨的普通形式为卧式，如图3-48所示，其转动件随水平轴旋转，固定件与转动件之间的间隙通常为50～150μm，依靠转动件的水平位置来调节。料液在重力作用下经旋转中心处流入，经过两磨面夹成的间隙后，由磨盘外侧排出。转动件的转速范围在3000～15000r/min，具体的转速随磨盘的直径大小而定。直径大的，转速相对低些；直径小的，转速相对高些，以获得相当的转动线速度。这种胶体磨适用于黏性相对较低的物料。黏度相对较高的物料，可采用立式胶体磨（图3-49），其转速范围在3000～10000r/min之间。由于磨片呈水平方向转动，因此卸料和清洗都很方便。

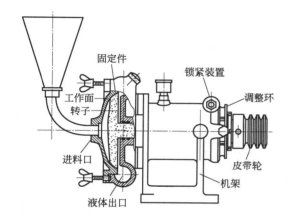

图 3-48 卧式胶体磨

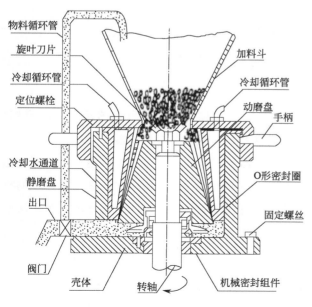

图 3-49 立式胶体磨

胶体磨的磨面通常为不锈钢光面，也有金刚砂毛面型的，以此对固体粒子磨碎，并促进均质效果。与高压均质机一样，料液从胶体磨获得的能量，也只有部分用于微粒化，而大部分转化成摩擦热量。为了控制料温不至于在均质化时升高过度，往往也要用冷却水对胶体磨进行冷却，以保持料温的稳定。胶体磨的外壳通常是夹层体，并有冷却水进出的接口。空气的进入使胶体磨的研磨均质效果降低，并使料液产生泡沫的问题。将磨面做成齿沟形状，并使料液以一定的正压力（如 686kPa）状态进料，则可消除这种不良现象。

② 胶体磨的应用：胶体磨通常适用于处理较黏稠的物料，经过胶体磨处理后的分散相粒度最低可达 1μm 以下。前面提到，均质机与胶体磨有时可以通用。但一般说来，在 21MPa 条件下，胶体磨的能量水平小于均质机。表 3-14 所列为高压均质机与胶体磨的参数及适应范围。

表 3-14　高压均质机与胶体磨的参数及适应范围

参数	高压均质机	胶体磨
最小粒度/μm	0.03	1～2
最大粒度/μm	20	50～100
最小黏度/(Pa·s)	10^{-3}	10^{-3}～1
最大黏度/(Pa·s)	2	5～50
最大剪切应力	69MPa	与压力在 10～14MPa 范围的均质机相当；线速度较低的比均质机的效力小
加工时的温度升高	2～2.5℃/10MPa	1～50℃不等，取决于磨片间隙的大小
最大操作温度	140℃	只有特殊的胶体磨才可以在 140℃ 下工作
连续处理	可以	可以
无料液压头	有	一般几乎没有
无菌操作	可以	一般不行
黏度影响	不影响处理量	黏度增加，处理量下降
剪切力影响	不影响处理量	剪切力加大，处理量下降

（6）超声波均质器

到目前为止，适合于液体食品乳化均质用的只有如图 3-50 所示的超声波均质器。这是一种流体动力式（也称液流式、射流式或管式）的超声波均质器。均质腔内有一楔形薄簧片，于波节处被固定夹住，置于呈长方形的开口处前方。获得一定压力的液体由小口处冲出，形成一股射流冲向簧片，引起簧片产生频率范围通常为 18～30kHz 的振动。产生的能量虽然较低，但足以在舌簧片的附近造成空穴作用，使乳化液或悬浮液的

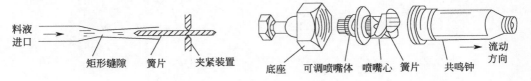

料液进口　矩形缝隙　簧片　夹紧装置　　底座　可调喷嘴体　喷嘴心　簧片　共鸣钟　流动方向

图 3-50　流体动力式超声波均质器的构造示意

分散相碎化分散。

通常，这种形式的超声波均质器与压力供料泵（常用齿轮泵，也有用柱塞泵的）连成一个系统后才能工作。为了使超声波均质器获得最大的效率，要对其振动频率进行调节，使之和超声波范围的频率发生共振。均质器簧片正常工作时发生的超声频率范围的振动是由射流的激发频率引起的，只有当激发频率与簧片固有的频率相当时才能引起超声波共振。均质器的同有频率一般与簧片的几何尺寸、材料特性、固定方式（悬臂同定或两端点固定）、簧片刃口的尖锐程度及附着液体的运动等因素有关。尽管如此，但由于调整手续较烦琐，因而固有频率一般都预先设在某一超声波频率上，以后就基本保持不变。通常要调节的是激发频率，即使激发频率与固有频率相配。流体动力式发射器的激发频率与液体自喷嘴喷出的液体流速呈正比，与喷嘴和簧片间的距离呈反比，即：

$$f = u/d$$

式中　f——激发频率，Hz；

　　　u——喷出液体的流速，m/s；

　　　d——喷嘴与簧片间的距离，m。

液体喷出的流速与流体从供料泵获得的压力呈正比，因此通过调节料液的压力就可使均质器产生超声波共振的效果。值得一提的是，这种类型的超声波均质器系统采用的料液压力范围在 0.4～1.4MPa 之间，但实际上，也有较高的压力范围（如 1.4～14MPa）的超声波均质器。

超声波均质器应用范围也较广，一些原用高压均质机进行均质的产品，应用超声波均质器处理后，仍然可以获得相当的微粒化程度，而且可以降低所需的压力，从而使所需的功率降低。表 3-15 为超声波均质器的应用效果。

表 3-15　超声波均质器的应用效果举例

产品	处理结果及与高压均质器的比较
风味乳化液	将内相粒度从 1～10μm 降到 1～2μm，操作压力 10MPa（高压均质器为 21MPa），功率 3.75kW（同样的处理量，高压均质机需 7.5kW）
黄油/食用糖浆乳化液	设备处理量 320～680L/min，经 10MPa 压力的一次乳化操作，粒径从 25μm 降到 1～2μm，操作压力从（高压均质器的）2.2MPa 降到 1.1MPa，在分散质量和产量不变的条件下，操作功率从 75kW 降到 19kW

超声波均质器可在较大范围内应用于悬浮液或乳化液的制备。就微粒化得到的粒度大小而言，超声波均质器的效果与胶体磨相当。根据应用目的不同，可以将超声波均质器与压力泵、管阀件和料槽等排列成如图 3-51 所示的 4 种基本形式。

图 3-51（a）所示为在容器 B 中逐渐完成乳化均质的操作过程，第二个相的液体只是简单地保持在容器 A 中，与原在容器 B 中循环的物料一起通过超声器，及至 A 容器中的物料全部转移到容器 B 中。图 3-51（b）所示为两相液体瞬时混合均质的系统，两液体分别经比例泵同时送入乳化器进行均质处理。图 3-51（c）所示为单程均质系统，用于改善特殊的悬浮液或乳化液。图 3-51（d）所示为多次均质转移器，用于连续地使被

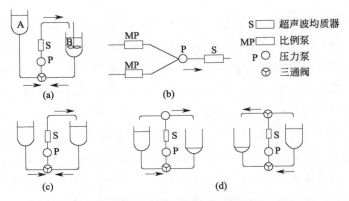

图 3-51　超声波均质器系统的四种基本组合

处理料液从一个容器转移到另一个容器。

以上四种形式在食品工业中的典型应用见表 3-16。

表 3-16　4 种不同形式超声波均质器组合在食品工业中的应用

产品	组合形式	产品	组合形式
婴儿食品	图 3-51(c)、(d)	果酱	图 3-51(c)、(d)
饮料风味物	图 3-51(b)、(c)、(d)	凝胶分散液	图 3-51(c)、(d)
巧克力浆	图 3-51(c)、(d)	肉汁	图 3-51(c)、(d)
巧克力饮料	图 3-51(c)、(d)	冰淇淋	图 3-51(c)、(d)
巧克力布丁	图 3-51(c)、(d)	人造奶油	图 3-51(c)、(d)
柑橘乳化液	图 3-51(b)、(c)、(d)	矿物油乳化液	图 3-51(a)、(b)、(c)、(d)
浓缩乳	图 3-51(c)、(d)	花生酱	图 3-51(c)、(d)
乳粉分散液	图 3-51(c)、(d)	再制干酪	图 3-51(c)、(d)
色拉调味料	图 3-51(c)、(d)	番茄开胃液	图 3-51(c)、(d)
汤料	图 3-51(c)、(d)	番茄酱	图 3-51(c)、(d)
人造稀奶油	图 3-51(b)、(c)、(d)	维生素	图 3-51(b)、(c)、(d)
糖浆	图 3-51(c)、(d)		

（7）喷射式均质器

喷射式均质器的工作原理：具有一定压力的气体（蒸汽或压缩空气）通过扩散管时，由于压力降低速度加快，压力能转化为动能，并将这种动能传递给同时在扩散管引入的待均质料液，使其获得与工作气体速度相当的运动速度，从而造成料液中颗粒间的相互碰撞和与前进方向上的固定金属障碍物的撞击，使颗粒粉碎成更细小的粒子，从而达到均质的目的。

图 3-52 所示是一种生产能力为 150L/h 的喷射式均质器。304kPa 的料液先经过过滤和加热（250～270℃）后，进入均质器。进入均质器的料液要先经预热（控制在90℃左右），以防止料液因蒸汽冷凝液而稀释，并可提供均质过程无菌操作的条件，便

于加热过程的调节，一般不用压缩空气作动力源，因为它极易使料液充气产生泡沫而影响下一工序操作。蒸汽通过喷嘴后，在其出口截面处扩张到 101kPa，相应温度为 100℃。此时，经热交换器到贮料槽的料液，用进料泵压入喷嘴喉部的临界面（最小截面积处），其流速为 5m/s，进料管截面与喷嘴最小截面之比为 1：4，于是料液被蒸汽流喷散，而蒸汽流又使物料的流动速度加快，并超过声速达 500m/s。然后在混合室中混合到达过滤筛网，此处装有 160 目筛网，料液在喷射气流的压力下通过筛网时，使残存的细胞破裂，从而获得更好的产品。筛网所受的作用力，仅为雾状喷射气流的动压头（此时筛网所受静压稍低于 101kPa），所以不引起筛网的过载。在强度等方面也适宜，而且在连续过程中，不断被气流冲刷，故不会被堵塞，筛网与喷嘴截面之间的距离一般为 60～100mm，为了使气体和物料分离，所以在均质后，将气体和物料的混合物通过旋风分离器，将物料从蒸汽中分离出来，分离后的物料贮于集料槽中，排出的废气再导入物料预热器中，蒸汽则被冷凝。

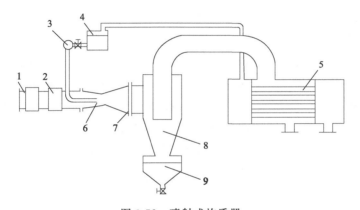

图 3-52　喷射式均质器

1—蒸汽过滤器；2—蒸汽加热器；3—进料泵；4—贮料槽；5—热交换器；

6—喷嘴；7—过滤筛网；8—旋风分离器；9—集料槽

　　这种设备显然可以应用于各种强度的固体物料的均质。由于设备结构简单，无运动部件，操作和维修容易。但由于料液和蒸汽直接混合，往往会给产品带来异味，用空气时，会造成大量泡沫，并且对于水果、蔬菜等植物原料有一定坚韧性和弹性的细胞组织的均质有一定困难，所以应用中还受到一定的局限，尚需进一步研究完善。

3.3.4　液奶的冷却、加热杀菌设备

　　冷却、加热杀菌设备是乳品厂的基本设备，可分为表面式、贮槽式、板式、管式等多种。

3.3.4.1　表面式换热器——冷排

　　冷排是乳品厂早期广泛应用的一种鲜乳冷却设备。表面式冷排结构简单、清洗方

便、热效率亦高，由冷排管、分配槽、集奶槽、支架4个部分组成。冷排管采用表面镀锡的紫铜管或不锈钢管。紫铜管或不锈钢管上下单向排列，管间用紫铜或不锈钢条焊接，管两端套以同一材料铸成的集箱，一端在下部，一端在上部，分别设有供冷管道连接的管道口。冷排管一般为两组，一组在上部，一组在下部。紫铜管的表面式冷排一般采用氯化钙为冷媒。为了节约制冷消耗，上面的一组通冷水，需要冷却的物料先经冷水冷却，再经氯化钙溶液冷却。

分配槽位于冷排管上部，分配槽、冷排管和集奶槽分别被固定于支架上，被冷却物料先进入分配槽，由分配槽底部一排分配小孔流出，并沿冷排管表面流下。冷却终了的物料在冷却管下部的集奶槽集中，经集奶槽下部中间管孔内流出，物料在此过程得到冷却。

3.3.4.2　贮槽式热交换设备

贮槽式热交换设备主要用于乳品生产中液奶的低温长时间巴氏杀菌（62～65℃保持30min）或液奶的高温短时杀菌（72～88℃保持10s到数分钟），也可用于液奶的冷却。

图3-53所示为贮槽式热交换器，由内胆、外壳、保温层、搅拌器、温度计和放料阀门等组成，内胆外表面处为传热夹套。用于加热的冷热缸，由夹套上部通入蒸汽或热水，底部设有疏水阀或排水口，夹套进口管处须设压力表和安全阀；用于冷却的冷热缸，由夹套下部通入冷水、冰水或制冷剂，由上部溢流管排出。搅拌器用于形成料液的对流，加快热交换速度，常用搅拌器有锚式、框式和旋桨式等。

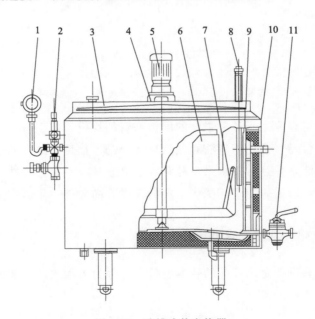

图3-53　贮槽式热交换器

1—压力表；2—安全阀；3—缸盖；4—支架；5—减速电机；6—导向板；

7—搅拌器；8—温度表；9—内胆；10—夹套；11—出料阀

贮槽式热交换器由于其结构简单，一般不易发生故障。发生故障主要是在搅拌器的机械密封方面，一般应每年进行一次检查维修。造成内壁损坏的主要原因是采用不合理设计和制造的热交换器。也有的在常压贮槽式热交换器溢流管上加装了阀门，在使用时又忘记打开。有的是使用压力大大超过了设计允许压力。

某些贮槽式热交换器还有一个既是工艺方面的，又属于设备方面的"故障"，即污染。由于贮槽加热、冷却，在贮槽式热交换器盖的底部发生结露，搅拌器支座与盖部的交接处由于无法彻底清洗而造成细菌污染，而水汽的结露又形成了对上述部位的清洗作用，露滴随着生产过程的进行而不断进入物料，对产品产生了严重的污染。

3.3.4.3　列管式加热设备

列管式加热器是在一个大直径的圆筒体内排列有多根不锈钢管的热交换器，其基本结构如图3-54所示。大直径两端分别焊接一定厚度的不锈钢管板，管板上开有呈一定规则排列的管孔。加热管穿过管板固定于管板，管板外端装有不锈钢壳盖，两侧壳盖内部不同形状的设计决定了物料在不锈钢加热管内的流程。物料经泵被输入加热器后，经壳盖进行多次往返方向的流动。每往返一次，物料进入新一组加热管加热，经加热杀菌后的物料由壳盖上的出料管流出，加热蒸汽则由壳体上部进入壳体空间，加热终了的蒸汽冷凝液经壳体下部的冷凝水管由疏水器排出。在管式热交换器用于自动操作时，可在物料的出口管上加装测温一次元件，并通过二次仪表的接收控制出口物料的流向，不合格物料经由回流阀送回加热器进行再杀菌，达到杀菌温度的物料同样地经由回流阀送入下一工序。

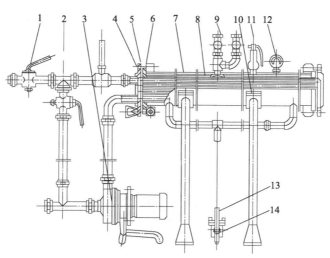

图3-54　列管式加热器

1—出料阀；2—回流阀；3—奶泵；4—壳盖；5—密封圈；6—管板；
7—壳体；8—加热管；9—蒸汽截止阀；10—支脚；11—弹簧安全阀；
12—压力表；13—冷凝水排出管；14—疏水器

3.3.4.4 套管式热交换器

套管式热交换器是用两种尺寸不同的标准管连接而成同心圆套管，外面的叫壳程，内部的叫管程。两种不同介质可在壳程和管程内逆向（或同向）流动以达到换热的效果。这种热交换器的特点是结构简单，能耐高压，可保证逆流操作，特别适用于载热体用量小或物料有腐蚀性时的换热。为使结构紧凑，便于布置和操作，减少热损耗，套管式热交换器通常组装在一个箱体内，如图 3-55 所示。

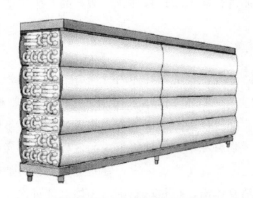

图 3-55　套管式热交换器的组合体

以下为两种新型套管式热交换器。

（1）多管同心套管式热交换器

如图 3-56，这种热交换器由数根直径不等的管同心配置组成，形成相应数量环形管状通道，通过 O 形环与顶盖密封，产品和介质被包围在具有高热效的紧凑空间内，两者均呈薄层流动，以逆流的方式流过同心管的环形通道，传热系数大。整体有直管和螺旋盘管两种结构。由于采用无缝不锈钢管制造，因而可以承受较高的压力。

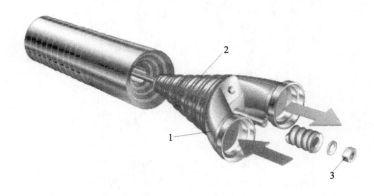

图 3-56　多管同心套管式热交换器

1—顶盖；2—O 形环；3—末端螺母

（2）多管列管式热交换器

多管列管式热交换器结构如图 3-57，外壳管内部设有由数根加热管构成的管束，每一管组的加热管数量及直径可以变化。为避免热应力，管组在外壳管内浮动安装，通过双密封结构消除了污染的危险。并便于拆卸维修。这种结构的热交换器有较大的单位体积换热面积。

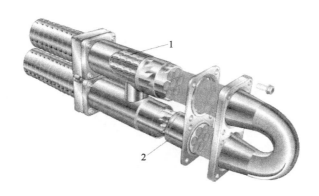

图 3-57　多管列管式热交换器

1—产品管束；2—双 O 形圈密封

3.3.4.5　板式热交换器

板式热交换器是一种新型的高效节能热交换设备，由于占地面积小、组装方便、清洗拆卸容易，能适用于各种对不锈钢无腐蚀的液体加热或冷却。

（1）工作原理

板式热交换器由支架、传热板片、中间分配板、压紧板等组成（图 3-58）。支架由前、后支架，连接前、后支架的上下导杆，以及安装在后支架的压紧螺杆组成。传热板利用冲压模将不锈钢薄板冲制成一定的波纹并以橡胶垫密封的一组板片，它被悬挂于上导杆下。压紧板悬挂于传热板与后支架之间，通过后支架压紧螺杆对压紧板的作用，使传热板片叠合在一起，板间的橡胶密封垫圈既保证了两板之间一定的空隙，又保证了板片的密封。传热板的四角开有角孔，根据不同的工艺要求，传热板片之间可设必要的中间分配板，前后支架和中间分配板相对于角孔的位置都可安装必要的管接头。冷热流体分别通过支架或中间分配板上的管接头经由角孔进入传板片的两边流动，进行热交换。当设备工作完毕，洗涤剂也可经由原来的物料管道对设备进行清洗。当需对设备进行拆洗时，仅需转动压紧螺杆使之放松，压紧板与传热板即沿着导杆滑动松开，传热板与中间板片就可随意挂上、取下。

（2）板式热交换器的特点

① 传热效率高：在板式热交换器中，加热和冷却介质在两块不锈钢薄板之间的空隙中流过，由于两块板之间的间隙很小，一般仅为 3.5～4mm。因此，流体在通过时相

对能获得较高的流速，加之传热板上压制有一定形状的凹凸沟纹，迫使流体不断改变流动方向，使紧贴板面的滞流层受到破坏，增大了流体的湍动程度。实验证明，当雷诺数 $Re \approx 200$ 时，流体即进入湍流状态，这种状态能使流体在换热器中均匀分布，更利于进行热交换。因此，板式热交换器的传热系数极高，水-水换热的传热系数甚至可达到 $7000 \mathrm{W/(m^2 \cdot K)}$，一般情况也可达到 $1600 \sim 4000 \mathrm{W/(m^2 \cdot K)}$。

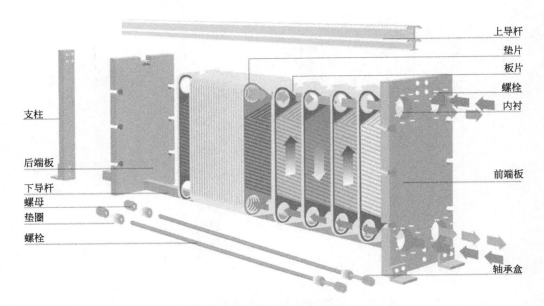

图 3-58　板式热交换器

② 结构紧凑，占地面积小：在较小的工作体积内可容纳较多的传热面积，这是板式换热器较为显著的特点。一般列管式换热设备，每立方米可容纳 $40 \sim 150 \mathrm{m^2}$ 的传热面积，而一般的板式热交换器的传热面积可达到 $150 \mathrm{m^2}$ 以上。

③ 热利用率高：板式热交换器可使数种流体同时在同一热交换器内进行换热。因此，合理的工艺设计能使热交换器保持最经济的运行。高达 $80\% \sim 85\%$ 的热量可通过设备予以回收，这是一般其他设备所不能达到的。

④ 适于处理热敏性强的物料：物料在板式热交换器中高速薄层通过，因此，既能保证物料的杀菌，又能缩短物料在设备内不必要的升温与降温时间。因此，对于热敏性较强的物料加热、杀菌尤为适宜。

⑤ 有较大的适应性：板式热交换器的这一特性对于设备改造、工艺改革以及新产品设计特别重要。当工艺改变时，只需通过计算，增减传热片数或者改变板片的排列、组合。如有必要，适当增加中间板片即可满足生产需要。前后支架上的管接头位置也可根据要求自行调换。此外，如果遇到加片后导杆长度不够，也可通过更换予以解决。

⑥ 保证操作的安全、卫生：板式热交换器在结构上保证了两种流体不会相混。即

使发生泄漏，也是向外泄出。此外，由于其临界雷诺数较低，即使是高黏度液体，也不易结垢。一旦结垢严重，也极易拆卸清洗。

⑦ 密封周边长：板式热交换器需要很长的密封周边，这就限制了设备的使用范围。此外，由于板片是由很薄的金属板片冲压而成的，因此，对材质的要求比其他热交换器要高。

（3）板式热交换器的种类

① 平直波纹板：平直波纹板（图 3-59）是波纹板的一种，是在金属板表面冲压出与流体方向垂直的波纹，使流体能在水平方向形成条状薄膜，并在垂直方向形成波状流动的一种波纹板，主要用于加热和冷却。

② 人字形波纹板：人字形波纹板（图 3-60）与平直波纹板不同，表面冲压有人字形波纹，流体的流向与人字形波纹呈一定的斜角，人字形波纹板主要用于乳品生产的冷却。

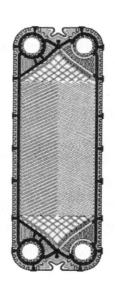

图 3-59　BP₂ 型平直波纹板　　　　图 3-60　BR₃ 型人字形波纹板

此外，在乳品厂中尚可见到表面有许多凹凸状花纹的网流板，当流体通过此种板片时，不断改变其运动方向，因此，其传热效果较波纹板更好，特别适于蒸汽与液体之间的传热。又由于板间具有较大的距离（比波纹板要大），因此，也适用于黏度较高的物料。

在板式热交换器工作时，板片的两边经常受到不同的压力，为了防止板片变形，增加板片的刚度，在板的表面设置了较多的突缘，突缘形成了整个板间的多支点支承，也保证了两板间所需的间距。

板的橡胶封周边是板热交换器的重要件之一，它除了规定和保证流体的密闭通道，又决定了板片间的间隙。当压紧螺杆压紧后，密封橡胶能确保流体不被泄漏。同时，使相邻板片间突缘几近接触，以防止由于板片间的压力差而造成板片的弯曲变形。

橡胶密封周边固定于板片四周的密封槽内，用胶水与不锈钢黏结（也有嵌于 U 形密封槽内的）。根据不同的工艺要求，橡胶密封周边组成不同的通道。

平直波纹板按其流体流动情况又可称为单边流板片，即流体的进入和流出位于板片角孔的同一侧。流体的进入和流出在板片角孔的两侧即对角线方向的板片称对角流板片。

（4）板式热交换器使用注意事项

① 尽量避免板片两面较大的压力差：板式热交器在正常工作时，由于诸多方面的原因，板片两面将受到不同的压力。由于板片的结构，一般尚能保证板片不致变形。但是，在某些特殊的情况下，板片两边的压力差将变得很大。例如，在设备启动时，先使板片一面充满介质，另一面却无介质通过；又如在设备运行过程中，一台介质泵突然停止转动；再如在热水系统中，高压蒸汽将热水压出系统，使板片一边压力骤增。在这些情况下，板片产生较大的变形。如果板片经常遇到诸如此类的情况，板片就会发生永久性变形。因此，必须尽量避免上述情况的发生。在设备启动时，一般应先启动物料泵，因为物料泵的压力较低，仅 0.2MPa 左右。在物料泵启动后，应立即启动热水泵、冰水泵，在正常工作时，应注意所有附属设备的正常运行。

② 不得使用对板片有腐蚀性的介质：目前，乳品行业使用的板式热交换器一般均为铬镍不锈钢的，而很少使用金属钛板的。铬镍不锈钢有抵抗硝酸、醋酸和食品以及大部分有机、无机试剂腐蚀的能力。但是，它对盐酸以及含氯离子溶液却易产生锈斑与腐蚀。有很多乳品工厂由于采用氯化钙冷冻盐水作为载冷剂，并导入板式热交换器，使不锈钢板片产生锈蚀，严重时导致板片穿孔。由于板片严重结垢而用盐酸强制清洗，也会使板片产生氯离子腐蚀。

为了防止板片腐蚀，应使用冰水或其他不含氯离子的载冷剂。在板片严重结垢后，可加强设备的正常清洗，或者将板片拆下，浸没于硝酸溶液中，然后以竹片或硬毛刷清洗，不得使用金属硬物擦伤板片。

③ 定期更换橡胶密封垫：橡胶密封垫一般可使用约一年，橡胶垫使用过久将发生永久变形（即被压扁）。轻者使板间隙变小，造成生产能力降低，严重的将使板片突缘损坏而发生板片渗漏。因此，定期更换橡胶密封垫无论从设备正常使用方面还是经济方面，都值得进行。

更换胶垫应在设备停用后进行，可先进行杀菌段的板片圈的更换，因为这一段板片受高温影响变形最大。更换时，剥去旧有胶垫，并用醋酸乙酯清洁密封凹槽，再用干布擦干放平，涂以胶水，稍干，将新胶垫放入，并用手指压紧。待该段胶垫全部更换后，仍按顺序将板片挂上导杆，压紧螺杆使之过夜即可。

3.3.4.6　刮板式热交换器

垂直型刮板式热交换器如图 3-61 所示，用于加热/冷却黏稠而易成块的产品或用于产品的结晶。产品一侧的工作压力较高，通常达 0.14MPa。

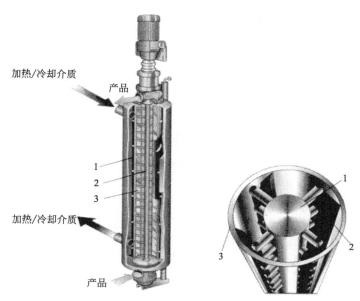

图 3-61　垂直型刮板式热交换器

1—缸体；2—转子；3—刮刀

刮板式热交换器包括一个缸体，内安装有转子，其具有不同直径的规格，转子上配置有可以任意调节的刮刀，以适应不同的用途。较小直径的转子利于大颗粒（可达25mm）的产品通过缸体，而较大直径的转筒则可缩短产品在缸体中的停留时间，并提高传热性能。

产品通过下端的孔以逆流的方式泵送至被传热介质包围的缸体内，并连续不断地向上流过缸体。旋转的刮刀连续不断地把产品从缸壁上刮下来，确保热量均匀地传给产品，并避免了表面的沉积，产品最后从缸体的上端排出。产品的流量和转子的转速可以调节，使其适应缸体内产品的特性。

在生产开始时，所有的空气都被进来的产品赶出，以保证产品充分且均匀地分布在加热或冷却的表面。在生产结束时，由于是垂直设计，产品可以用水顶出，从而实现产品的回收。然后，彻底排水，进行 CIP 清洁和产品更换。通过自动液压提升装置，使得转筒、刮刀在更换时便于升高和降低操作。

用刮板式热交换器处理的典型产品有果酱、糖果、调味品、巧克力和花生奶油，还可以用于脂肪类和油类制品，也可用于人造奶油和起酥油的结晶等。刮板式热交换器还可用于无菌加工。根据所要求的加工能力，为获得更大的传热面积，可以将两个或多个立式刮板式热交换器串联或并联使用。

3.3.5 液奶的灌装设备

3.3.5.1 玻璃瓶液奶灌装机

图 3-62 为玻璃瓶液奶旋转型重力灌装机。装瓶机由贮奶槽（灌装部分）、传动部分、打盖部分、机架等组成。贮奶槽是一圆形不锈钢贮槽，底部装有若干灌装头，圆槽中央有一垂直轴安装于机架，通过动力、传动装置使之旋转。机架上装有圆柱凸轮，在垂直轴上还装有圆盘，若干对应于灌装头的瓶托安装在圆盘上，垂直轴的旋转带动了瓶托旋转。圆柱凸轮的形状使瓶托在网盘上按要求上下运动进行灌装。灌装机的后部打盖部分也相应安装了若干打盖机，打盖部分主轴也装有圆盘。相应的瓶托安装在圆盘上，垂直主轴的旋转带动了瓶托旋转，在圆柱凸轮作用下上升、下降，完成整个打盖过程。目前的机型有 10 头、30 头及 40 头等，灌装能力分别为 4200 瓶/h、10800 瓶/h 和 20000 瓶/h。

图 3-62　玻璃瓶液奶旋转型重力灌装机

3.3.5.2 吹塑成形瓶无菌包装系统

多年来，吹塑瓶作为代替玻璃瓶的一种成本较低的一次性包装形式，广泛使用于多种液态食品的包装中，其中包括巴氏杀菌乳、保持灭菌乳和风味乳等。对保持灭菌乳来说，吹塑瓶除了成本较低的优势外，由于其瓶壁较薄，因此传热速度较快，同时还避免了热胀冷缩的不利影响。从经济和易于成形的角度考虑，聚乙烯和聚丙烯广泛使用于液态奶乳制品的包装中。但这种材料避光、隔绝氧气能力差，会给长货架期液态奶乳制品带来氧化的问题，因此在材料中通常加入色素以避免这一缺陷。但加入色素后瓶子的颜色有时不被消费者接受。随着材料和吹塑技术的发展，采用多层复合材料制瓶，虽然其成本较高，但有良好的光和氧气的阻隔性。使用这种包装改善了长货架期产品的保存性。目前市场上广泛使用的聚酯瓶就是采用了这种材料的包装。绝大部分聚酯瓶均用于保持灭菌而非无菌包装。

采用吹塑瓶的无菌灌装系统有三种类型。

（1）非无菌瓶的灌装系统

这种包装系统采用传统的吹塑方法。吹瓶过程在无菌加工过程的第一阶段，也可以独立于灌装线。如图 3-63 所示，成形后的瓶子由传送带送入无菌室，无菌室内通入无菌空气以保持一定的正压。无菌空气由 100 级的空气过滤器产生。瓶子进入无菌室后被倒置，内外喷洒双氧水溶液，然后瓶子直立过来进入热空气隧道。在隧道中双氧水被蒸发并随热空气被排除，然后瓶子再倒立过来，内外用无菌水冲洗，再直立过来。至此瓶子的灭菌过程完成，进入下一步灌装过程。灌装是由旋转的定量灌装机进行的，需要在顶隙中充入气体。灌装后，用经过化学法灭菌的塑料膜封合，然后加盖。在整个冲洗、灌装、封合过程中，无菌空气从顶部以层流形式进入无菌室。

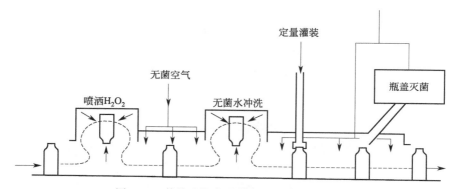

图 3-63　传统吹塑非无菌瓶的无菌灌装系统

为了保证无菌灌装的安全性，灌装机应安装于一个独立房间中，并通以无菌过滤空气，地面、墙面和空气应定期消毒。操作人员进入灌装间时要更换服装、洗手、消毒等。典型的吹塑成形瓶无菌包装的容积范围从 250mL 到 3.8L。对小容量的包装来说，最快每小时可达 30000 瓶；对大容量的包装来说，最快每小时可达 6360 瓶。

（2）无菌吹塑瓶的灌装系统

这种系统是用无菌空气吹成完全密封的瓶子。吹瓶时的高温和无菌空气保证瓶的内表面是无菌的，瓶子成形后是完全密封的，因此在无菌灌装前不会再污染。如图 3-64 所示无菌吹塑瓶罐装系统所有的操作都在一个独立的大空间内进行，空间由玻璃幕墙围成，无菌过滤空气由顶部以层流形式吹入空间。成形封闭的瓶子进入无菌室后，首先由双氧水进行外部灭菌，然后进行瓶口切割，接着由旋转定量灌装机进行灌装，顶部部分有必要可充入气体。密封膜在无菌室外经化学灭菌，然后在无菌室内以热合方式封口，封口后可根据需要加上旋转瓶盖或挤压式瓶盖，自此无菌灌装过程结束。如前所述，灌装间内同样要求相应的卫生条件，包装的容积和系统的工作能力与非无菌瓶的灌装系统相同。

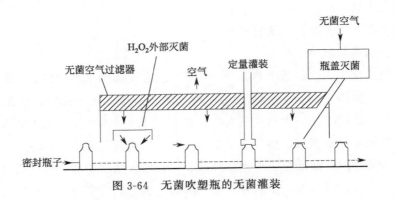

图 3-64　无菌吹塑瓶的无菌灌装

（3）无菌吹塑同时进行灌装和封合

这种系统（图 3-65）比较独特，即吹塑、灌装、封合在同一位置上依次进行，各阶段的无菌性是由操作方法所保证的，没有无菌室的保护。瓶内表面的无菌性是由拉伸过程中高温塑料和吹塑成形过程的无菌条件保证的，灌注、封合均在闭合的模子内进行。这种系统主要应用于制药工业生产无菌液体，在食品工业中将其应用于少部分的食用油、醋以及果汁、液态奶等的生产。这种适于液态奶制品的设备包装容积从 200mL 至 1L，包装速度每小时 8000～81000 瓶。

图 3-65　克朗斯吹塑机、贴标机和具有在灌装前为新吹成 PET 瓶预贴标功能的灌装机

3.3.5.3　纸匹供给式无菌包装机

纸匹供给式无菌包装机是一种小巧、投资成本较低的机型。可包装高酸性与低酸性的产品，如液奶、果蔬汁、饮料等制品。

如图 3-66 所示，印刷好的包装纸张以卷的形式上机，由进料及纵向划线机构将卷纸展开并纵向压出与纸盒基本形状相应的压痕。纸匹进入纸杀菌装置，纸匹内层被 H_2O_2 槽被浸湿后，经由不锈钢加热辊筒（表面温度 85℃），纸内层表面与辊筒表面接触 7～9s，利用 H_2O_2 在一定温度下分解生成的新生态氧 [O] 对包装材料进行化学杀菌,使卷筒纸与食品接触面达到商业无菌。杀菌后的纸匹在折叠塔中被折成帐篷状,经冠区、横向划线机构进入纵向封口装置,沿纸筒纵向开边进行感应加热纵向封口形成管筒。输液管把已杀菌液料灌入包装管筒,同时由无菌空气管提供正压无菌空气。产品输入成型管筒后,其底边即被感应加热横向密封。卷筒纸向下拉一个包装长度并在横封中间切断,形成袋装包装。切离卷筒纸带后的单个包装掉入袋输送装置,在成型烘压下,袋底边的舌片形成包装的一个长边,随后对袋的顶部和底部折叠加热密封处理而最终形成方块砖形盒。

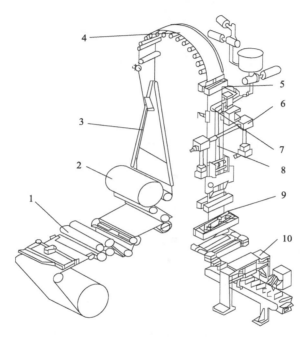

图 3-66 纸匹供给式无菌包装机

1—卷筒纸进料及纵向划线机构;2—纸杀菌装置;3—折叠塔;4—冠区;5—横向划线机构;
6—纵向封口装置;7—无菌空气管;8—输液管;9—横向封口密封与切割机构;10—成形机构

将加热到 300℃、再用水冷却到 100℃ 的空气,分别吹入折叠塔、冠区、充填部件区作为正压灭菌空气,防止包装纸及产品在包装过程中的染菌,无菌热空气也起到蒸发消除残留 H_2O_2 的作用。

3.3.5.4 无菌复合纸盒包装系统

(1)利乐包装设备的结构与工作原理

瑞典利乐(利乐包)公司制造的砖形包装设备,适用于液奶、奶油、果汁等饮料的包装。物料经超高温杀菌后,在无菌条件下,用已消过毒的多层复合材料(聚乙烯、纸、铝箔等复合而成)包装成砖形,无需冷藏,可在常温下保存或流通。结构与工作原理如图 3-67、图 3-68 所示。

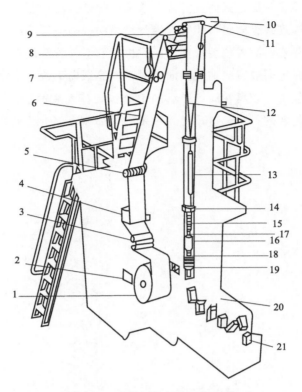

图 3-67　砖形纸塑包装工艺流程

1—卷筒纸；2—光电管；3，5，11—辊筒；4—打印装置；6—信号储存；7—封条敷贴；
8—H_2O_2 浴槽；9—挤压滚筒；10—顶盖；12—进料套管；13—纵接缝热封；14—环套；
15—电热蛇管；16—液位；17—浮球；18—进料口；19—封边；20—检验处；21—成品

图 3-67 中，成卷筒的包装材料通过光电管 2 监视卷筒纸是否已用完，用完时可及时发出信号，以更换新的卷筒纸。辊筒 3 使包装材料产生折痕，易于盒子成形。4 为打印装置，5 为转弯辊筒。当前后两卷筒包装材料连接部分通过信号储存 6 时，即有信号储存。在此接缝前后制成的两个纸盒为不合格品，将在检验处 20 自动剔除。封条敷贴装置 7 可在包装材料的一边利用热封贴上宽约 10～15 mm 的塑料（聚乙烯）带，将在成形时与另一边接合，以加强纵接缝的强度。8 为消毒剂 H_2O_2 浴槽，当包装材料通过该处时则被体积分数为 35％的 H_2O_2 浸润以灭菌。挤压滚筒 9 用以挤除包装材料表面上沾留的 H_2O_2。10 为顶盖，11 为顶部转向辊筒。杀菌冷却后的物料由套管口进入，中心走物料，夹套内走热空气，一起向下流动。气流通过圆筒内的电热蛇管 15 的底部后转向朝上流动，以维持液面上为无菌区域，并使包装材料表面沾附的 H_2O_2 分解和蒸发。在 13 处对纵接缝进行加热，通过环套 14 热压封口，形成纵接缝。浮球 17 控制进入物料的液面，并保持进料口 18 始终在液面下。19 为纸盒的最后封边，保证盒内充满物料，并使前后两盒在此割开。不合格产品在检验处 20 被剔除，正品由运输带送出。

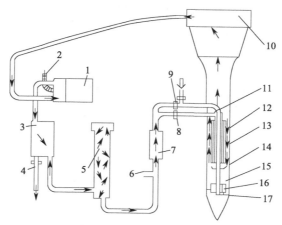

图 3-68　无菌乳灌装设备内无菌气注的循环示意

1—水环式抽气压缩机；2—压缩机冷却水进口；3—气水分离器；4—开车时排水管；

5—加热器（将空气加热到约 350℃）；6—部分热空气由此口导出；主要用于纵接缝接口处；

7—冷却器（空气在此冷却到 80℃）；8—热空气由此导入；在筒内形成无菌区；9—旁通管

（开车时用于管路和设备的杀菌）；10—空气收集罩；11—进料；12—夹套管（加热空气由此导入）；

13—电热蛇管（散发辐射热）；14—消毒无菌空气由此折流向上；

15—液位控制装置；16—浮球控制阀；17—节流阀

（2）利乐包装材料组成

利乐的包装材料由纸基与铝箔及塑料复合层压成，厚约 0.35mm，图 3-69 所示是包装材料的复合层次序。双层纸板一层为漂白纸张，另一层为非漂白纸张，双层纸板的作用是使利乐包硬挺，有一定的挺度；聚乙烯层使盒子紧密不漏，保护纸和铝箔不易受潮和腐蚀，也便于成盒时加热封合；铝箔是阻隔层，使乳制品不受光线、空气影响，保证包装制品有较长的保质期。常见利乐包装形式见表 3-17。

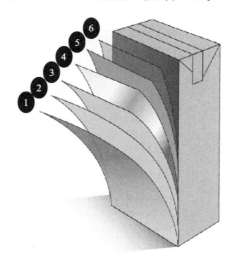

图 3-69　利乐的包装材料组成

1—聚乙烯（外层）；2—印刷层；3—纸板（双层）；4—聚乙烯（拉伸）；5—铝箔；6—聚乙烯

表 3-17　常见利乐包装形式[14]

常温纸包装	利乐无菌传统包	利乐无菌砖	利乐无菌钻
	利乐无菌枕	利乐威无菌包	利乐晶无菌包
冷藏纸包装	冷藏利乐砖	利乐皇	利乐冠

（3）利乐无菌灌装机的选择

利乐无菌灌装机的包装规格及适用范围见表 3-18，其无菌灌装机选用见表 3-19。

表 3-18　利乐无菌灌装机的包装规格及适用范围

灌装机	包装形式	包装规格			
利乐 A1	利乐无菌传统包	TCA 65	TCA 150S	TCA 200B	TCA 200S
利乐 A3/柔性线	利乐无菌砖 （标准形和苗条形）	TBA 200B TBA 250S TBA 1000B TBA 1890S	TBA 200M TBA 330S TBA 1000S	TBA 200S TBA 500B TBA 1500S	TBA 250B TBA 500S TBA 2000S
	利乐无菌砖	TPA 200Sq TPA 750Sq	TPA 250Sq TPA 1000Sq	TPA 330Sq	TPA 500Sq
	利乐无菌砖 （正方形）	TPA 1000Sq			
利乐 A1	利乐无菌传统包	TCA 65	TCA 150S	TCA 200B	TCA 200S
TBA/8	利乐无菌砖 （标准形和苗条形）	TBA 355B TBA 750B TBA 1500S	TBA 375S TBA 750S TBA 1890S	TBA 500B TBA 1000B TBA 2000S	TBA 500S TBA 1000S
	利乐无菌砖 （正方形）	TBA 1000Sq			
TBA/19	利乐无菌砖 （标准形和苗条形）	TBA 100B TBA 200B TBA 250S	TBA 125S TBA 200M TBA 284B	TBA 160S TBA 200S TBA 200S	TBA 180B TBA 250B TBA 330S
	利乐无菌砖	TPA 200Sq	TPA 250Sq	TPA 330Sq	
	利乐威无菌包	TWA 125S	TWA 200S		
	利乐无菌砖 （正方形）	TBA 200Sq	TBA 250Sq		

续表

灌装机	包装形式	包装规格			
TBA/22	利乐无菌砖（标准形和苗条形）	TBA 200B TBA 250S	TBA 200M	TBA 200S	TBA 250B
TFA/3 灌装机	利乐无菌枕	TFA 200	TFA 250	TFA 500	TFA 1000

表 3-19　利乐无菌灌装机的选用

包装形式	包装规格	灌装机						
		利乐 A1	利乐 A3/柔性线	利乐 A3/高速线	TBA/8	TBA/19	TBA/22	TFA/3
利乐无菌传统包	TCA 65	●						
	TCA 150S	●						
	TCA 200B	●						
	TCA 200S	●						
利乐无菌砖（标准形和苗条形）	TBA 100B					●		
	TBA 125S					●		
	TBA 160S					●		
	TBA 180B					●		
	TBA 200B		●			●	●	
	TBA 200M		●			●	●	
	TBA 200S		●			●	●	
	TBA 250B		●			●	●	
	TBA 250S		●			●	●	
	TBA 284B					●		
	TBA 300S					●		
	TBA 330S		●			●		
利乐无菌砖（标准形和苗条形）	TBA 355B				●			
	TBA 375S				●			
	TBA 500B		●		●			
	TBA 500S		●		●			
	TBA 750B				●			
	TBA 750S				●			
	TBA 1000B		●	●	●			
	TBA 1000S		●	●	●			
	TBA 1500S		●		●			
	TBA 1890S		●		●			
	TBA 2000S		●		●			
利乐无菌砖	TPA 200Sq		●			●		
	TPA 250Sq		●			●		
	TPA 330Sq		●			●		
	TPA 500Sq		●					
	TPA 750Sq		●					
	TPA 1000Sq		●					

续表

包装形式	包装规格	灌装机						
		利乐 A1	利乐 A3/柔性线	利乐 A3/高速线	TBA/8	TBA/19	TBA/22	TFA/3
利乐无菌枕	TFA 200							●
	TFA 250							●
	TFA 500							●
	TFA 1000							●
利乐威无菌包	TWA 125S					●		
	TWA 200S					●		
利乐无菌砖（正方形）	TBA 200Sq					●		
	TBA 250Sq					●		
	TBA 1000Sq	●	●		●			

（4）常用利乐无菌灌装机主要技术参数

① 利乐 A1 传统包灌装机：利乐 A1 传统包灌装机如图 3-70 所示，其性能参数见表 3-20。

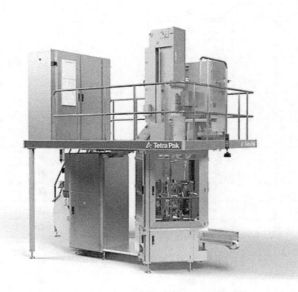

图 3-70　利乐 A1 传统包灌装机

表 3-20　利乐 A1 传统包灌装机性能参数

包装形式	包装型号	容量/(mL/包)	生产能力/(包/h)
利乐无菌传统包	TCA 65	65	13000
	TCA 150S	150	10500
	TCA 200B	200	10000
	TCA 200S	200	12000

② A1 利乐枕灌装机: A1 利乐枕灌装机如图 3-71 所示, 其性能参数见表 3-21。

图 3-71　A1 利乐枕灌装机

表 3-21　A1 利乐枕灌装机性能参数

包装形式	包装型号	容量/(mL/包)	生产能力/(包/h)
	TFA 200	200	10500
利乐无菌枕	TFA 250	250	9200
	TFA 500	500	7200

③ 利乐 TBA/19 无菌灌装机: 利乐 TBA/19 无菌灌装机如图 3-72 所示, 其技术参数见表 3-22。

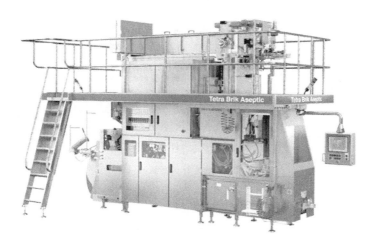

图 3-72　利乐 TBA/19 无菌灌装机

表 3-22 利乐 TBA/19 无菌灌装机技术参数

生产能力		蒸汽	
包装能力/(包/h)	6000(-0,+4%)	连接压力/kPa(bar)	170±30(1.7±0.3)
包装容量/(mL/包)	330,直接给出顶隙	进口温度/℃	130
氮气		耗用量/(kg/h)	2.4
纯度	最低99.5%,不含固体颗粒	水质	饮用水
连接压力/kPa(bar)	400~700(4~7)	过氧化氢(H₂O₂)	
耗用量/(L/min)	2~5,加顶隙	浓度/%	35
电源		耗用量/(L/h)	0.7~1.2
电压/V	400/230±10%	产品供应	
频率/Hz	50/60±2%	连接压力/kPa(bar)	50~350(0.5~3.5)
推荐主熔断器/A	100	压力波动/kPa(bar)	最大100(1.0)
功耗		pH值	2.5~8.0
预热期间/kW	9~29	黏度计算压降/kPa(bar)	最大150(1.5)
加热灭菌期间/kW	12~21	灌装温度/℃	5~50
生产期间/kW	23	外部清洗	
清洗期间/kW	5	热水供应/kPa(bar)	300~450(3.0~4.5)
热载/kW	15.4	热水进口温度/℃	最高60~70
压缩空气		洗涤剂pH值	8~12
供气压力/kPa(bar)	600~700(6.0~7.0)	耗用量	
生产时耗用量/(L/min)	1000±100	热水/(L/循环)	300
粉尘粒径/μm	最大20	专用洗涤剂/(L/循环)	0.8
粉尘含量/(mg/m³)	最大25	CIP清洗	
露点温度/℃	2	进口压力/kPa	最大3000
含油量/(mg/m³)	0.01	流量/(L/h)	最小8000
冷水供应		润滑剂	
连接压力/kPa(bar)	300~450(3.0~4.5)	耗用量/(L/8h)	0.10
进口温度/℃	最高20	质量/kg	6100
生产时耗用量/(L/min)	10	环境温度	
pH值	5~8	最低温度/℃	5
耗用量中可回收量/(L/min)	约5	最高温度/℃	50
		建议温度/℃	15~30

④ 利乐 A3/柔性线无菌灌装机：利乐 A3/柔性线无菌灌装机如图 3-73 所示，其技术参数见表 3-23。

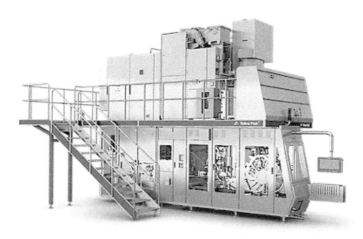

图 3-73　利乐 A3/柔性线无菌灌装机

表 3-23　利乐 A3/柔性线无菌灌装机技术参数

生产能力			耗用量/(L/h)	1.5～2.0
包装容量/(mL/包)	包装能力/(包/h)		润滑剂	
≤300	8000		耗用量/(L/8h)	0.10
>300	7000		清洗	2.4
1500	5500		ICU(集中清洗装置)	
产品供应			压缩空气	
连接压力/kPa(bar)	70～250±10(0.7～2.5±0.1)		供气压力/kPa(bar)	600～700(6.0-7.0)
电源			生产期间耗用量	
电压/V	400/230±10%		TP A3/Flex/(NL/min)	470
频率/Hz	50/60±2%		TP A3/Flex PT/(NL/min)	1125
推荐主熔断器/A	100		供水和冷气	
功耗	TP A3/Flex	TP A3/Flex PT	连接压力/kPa(bar)	300～450(3.0～4.5)
进口温度/℃	最高 14～20		冷水供应/(L/h)	最小 3000
生产时耗用量/(L/min)	7.7		流量/(L/h)	最小 8000
封管/kW	7.7	9.3	耗用量	
加热灭菌,加热前/kW	32.9	33.8	冷水/(L/周期)	350
加热灭菌,喷射/kW	26.9	27.4	蒸汽/(kg/h)	7
加热灭菌,干燥/kW	23.9	24.2	外部清洗	
生产/kW	27.6	29.7	热水供应/kPa(bar)	300～450(3.0～4.5)
供水和冰水冷却系统			热水进口温度/℃	最高 55～60
连接压力/kPa(bar)	200～400(2.0～4.0)		泡沫洗涤剂 pH 值	5～8
进口温度/℃	最高 2～5		耗用量	
生产时耗用量/(L/min)	2～7		热水/(L/循环)	250
蒸汽			泡沫洗涤剂/(L/循环	1.2
连接压力/kPa(bar)	170(1.7)		环境温度	
进口温度/℃	130		最低温度/℃	5
耗用量/(kg/h)	2.4		最高温度/℃	50
过氧化氢(H$_2$O$_2$)			建议温度/℃	15～30
浓度/%	35			

3.3.5.5 爱克林自动灌装机

图 3-74～图 3-76 所示为 EL 系列爱克林（Ecolean）自动灌装机，适用于向由爱克林公司生产的 LA 爱克林包装袋灌装液态食品，如巴氏杀菌乳和酸乳。

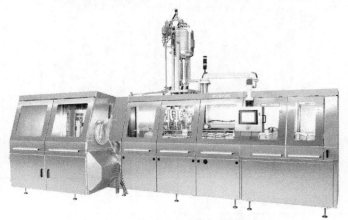

图 3-74 EL 系列爱克林自动灌装机

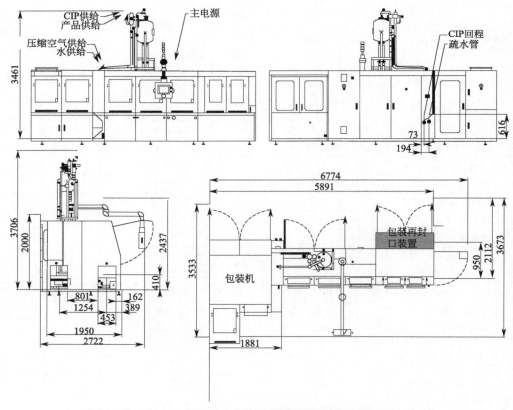

图 3-75 EL1-LA 系列爱克林自动灌装机安装尺寸（单位：mm）

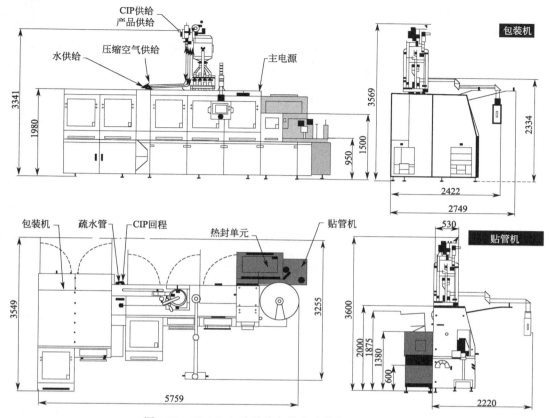

图 3-76　EL2-LA 系列爱克林自动灌装机安装尺寸

　　该灌装机设有两个灌装单元，内置有日期打印装置，可采用就地清洗装置（CIP）进行清洗；不同尺寸包装的转换时间短，一般仅需 5min 即可完成。

　　爱克林自动灌装机技术性能参数如表 3-24 所列。

表 3-24　爱克林自动灌装机技术性能参数

型号	EL1-LA	EL2-LA
适用产品	液态食品	液态食品
适用包装	500mL 和 1000mL 爱克林包装袋	200mL、250mL 和 500mL 纤型爱克林包装袋
灌装能力/(袋/h)	2900(1000mL)	2900(1000mL)
	2900(500mL)	5400(250mL)
		5000(500mL 纤型)
灌装精度	标准偏差 3mL	标准偏差 3mL

　　新型爱克林包装的特点如下：a. 保护环境，爱克林包装材料 Calymer™ 是一种包含 40% 天然白垩及少量黏合剂的专利材料，能够节约宝贵的资源；b. 减少浪费，爱克林包装质量轻、体积小，便于倾倒和回收处理；c. 便于回收，回收后的 Calymer™，使用后一定时间内在阳光下能够逐步降解，其白垩成分得以保留并回归到土壤之中；

d. 对于巴氏杀菌乳和酸乳的保鲜效果好，一是其主要成分为碳酸钙，产品无包装异味，不会影响酸乳的新鲜口味；二是包装阻隔性能优越，可有效隔光、隔热，抵抗微生物的渗透；三是在运达乳制品工厂时爱克林包装为密封的成品包装，可有效避免包装在运输和生产过程中被污染，影响酸乳品质；四是包装印刷采用德国进口食品专用油墨，充分保证酸乳新鲜，不会被污染；e. 采用自动二次封口技术，可减少包装袋中的剩余酸乳与空气的接触，可最大限度地保持酸乳的新鲜度；f. 酸乳挂壁少，减少了浪费；g. 对于巴氏杀菌乳可以直接使用微波炉加热。

参考文献

[1] Hayes M. G. ,Kelly A. L. High pressure homogenisation of milk (b) effects on indigenous enzymatic activity [J]. J Dairy Res,2003,70(3):307-313.

[2] Dissanayake M. ,Liyanaarachchi S. ,Vasiljevic T. Functional properties of whey proteins microparticulated at low pH [J]. J Dairy Sci,2012,95(4):1667-1679.

[3] Picart L. ,Thiebaud M. ,Rene M. ,et al. Effects of high pressure homogenisation of raw bovine milk on alkaline phosphatase and microbial inactivation. A comparison with continuous short-time thermal treatments [J]. J Dairy Res,2006,73(4):454-463.

[4] Datta N. ,Hayes M. G. ,Deethh. C. ,et al. Significance of frictionalheating for effects ofhigh pressure homogenisation on milk [J]. J Dairy Res,2005,72(4):393-399.

[5] Carolina D. ,Goreham R. V. ,Bech S. ,et al. "Exosomics"—A review of biophysics,biology and biochemistry of exosomes with a focus on human breast milk [J]. Front Genet,2018,9:92.

[6] Thiebaud M. ,Dumay E. ,Picart L. ,et al. High-pressure homogenisation of raw bovine milk. Effects on fat globule size distribution and microbial inactivation [J]. Int Dairy J,2003,13(6):427-439.

[7] Laneuville S. I. ,Paquin P. ,Turgeon S. L. Effect of preparation conditions on the characteristics of whey protein—xanthan gum complexes [J]. Food Hydrocolloids,2000,14(4):305-314.

[8] Auldist M. J. ,Coats S. J. ,Sutherland B. J. ,et al. Effect of somatic cell count and stage of lactation on the quality and storage life of ultra high temperature milk [J]. J Dairy Res,1996,63(3):377-386.

[9] 郭晨峰,张微,刘宁. 制备乳脂肪球膜磷脂-维生素A脂质体的工艺优化 [J]. 食品工业科技,2011,32(2):195-198.

[10] Michalac S. ,Alvarez V. ,T. J. I. ,et al. Inactivation of selected microorganisms and properties of pulsed electric field processed milk [J]. Journal of Food Processing & Preservation,2010,27(2):137-151.

[11] Cravenh. ,Swiergon P. ,Ng S. ,et al. Evaluation of pulsed electric field and minimal heat treatments for inactivation of pseudomonads and enhancement of milk shelf-life [J]. Innovative Food Sci Emerg Technol,2008,9(2):211-216.

[12] Shamsi K. ,Versteeg C. ,Sherkat F. ,et al. Alkaline phosphatase and microbial inactivation by pulsed electric field in bovine milk [J]. Innov Food Sci Emerg,2008,9(2):217-223.

[13] Zulueta A. ,Esteve M. J. ,Frígola A. Ascorbic acid in orange juice-milk beverage treated by high intensity pulsed electric fields and its stability during storage [J]. Innov Food Sci Emerg,2010,11(1):84-90.

[14] 利乐砖包装 [EB/OL]. https://www. tetrapak. com/zh-cn

第 4 章

液奶热处理过程中的成分变化

4.1 热处理对液奶的常见影响

热处理是液奶加工工艺中的重要加工过程。热加工的方法有预热、杀菌、灭菌、浓缩和干燥等，其主要目的是杀灭液奶中的微生物或去除液奶中的水分，以延长保存期限。热处理会导致液奶发生不同形式、不同程度的理化性质改变，如乳蛋白质的变性、脂肪的氧化、乳糖的损失、维生素的破坏等，在造成液奶营养成分损失的同时也产生了一些有毒有害物质，如糠氨酸。热处理对液奶的常见影响如下。

4.1.1 形成薄膜

液奶在 40℃以上进行加热时，液面上会形成一层膜（称为拉姆斯膜），此膜随时间延长，厚度将会有所增加。这是由于随着水分不断蒸发，液奶与空气接触界面的蛋白质不断浓缩，导致胶体不可逆转的凝结，从而形成薄膜。薄膜的干物质组成主要是：乳脂肪占 70%以上，蛋白质在 20%～25%（以乳球蛋白居多）。为了避免薄膜的形成，应在加热时不断进行搅拌或减少液面水分的蒸发。薄膜的组成见表 4-1。

表 4-1　薄膜的组成

成分	最初的薄膜	后期的薄膜
蛋白质	20%～25%（乳球蛋白居多）	与脂肪相比，蛋白质含量有所增加
乳脂肪	70%以上	比最初薄膜中的含量减少
乳糖	少量	逐渐增加
无机盐类（灰分）	占薄膜干物质的 2%左右（主要为磷酸钙）	4.0%～1.7%（磷酸钙减少，钾、钠、镁盐增加）

4.1.2 美拉德反应

一般认为是由于具有氨基（—NH$_2$）的化合物（蛋白质、肽、氨基等含氮物质）和具有羟基的（—OH）糖（乳糖）之间产生反应形成褐色物质，这种褐变反应称为美拉德反应。当将液奶加热到100℃以上，容易发生美拉德反应，pH值上升可以促进褐变。液奶在高温条件下，因乳糖的焦糖化也形成褐变，其程度与温度、pH值关系密切，温度与pH值越高，褐变越严重。此外，加入液奶中的糖还原性越强，褐变也越严重，这一点在生产加糖炼乳和乳粉时尤为重要，如生产炼乳时使用含转化糖高的白砂糖或葡萄糖，则会产生严重褐变。有研究标明，添加0.01%L-半胱氨酸，对抑制褐变反应有一定的效果。除此之外，液奶中含有的微量的尿素，也被认为是液奶热处理发生褐变反应的重要原因之一。

糠氨酸（furosine）是液奶美拉德反应的前期产物，加热强度增加，液奶中糠氨酸的含量也会增加，因此糠氨酸常被作为液奶的美拉德反应标志物。羟甲基糠醛（hydroxymethylfurfural，HMF）是在美拉德反应的中间阶段，当pH值为4～7时，氨基酮糖或氨基醛糖进一步反应生成的一种产物。HMF在液奶中不存在，因此HMF常被作为美拉德反应进行程度的评价指标。

4.1.3 蒸煮味

液奶被加热处理后会发生风味改变，或轻或重地产生"蒸煮味"。蒸煮味的程度因加工处理的程度而异，蒸煮味一般随着液奶被加热处理的温度升高而加重。蒸煮味的产生原因是乳清蛋白中的β-乳球蛋白和脂肪球膜蛋白的热变形而产生巯基（—SH），甚至产生挥发性具有臭鸡蛋气味的硫化氢（H$_2$S）。例如，液奶经62.8℃加热30min或68.3℃瞬间加热，无蒸煮味，而经74℃加热15min，已产生明显的蒸煮味了。89.9℃瞬间加热比82.2℃瞬间加热处理使液奶产生更加强烈的蒸煮味。

4.1.4 热凝固

乳受热会发生凝聚，甚至形成凝胶体，这一现象是乳的热凝固，它可以用来反映乳的热稳定性。由于受诸多条件作用及条件间相互作用的影响，乳的热凝固是一个非常复杂的现象，其中最重要的影响因素是pH值。乳的初始pH值对热凝固时间有相当大的影响，pH值越低（即酸度越高），所需凝固的温度越低。在热处理温度保持不变的条件下，凝固速率随pH值的降低而增加。热处理过程中液奶pH值最初降低是由磷酸钙沉淀导致，后期进一步降低是由乳糖产生甲酸所致。

实际中，液奶很少产生热凝固问题，但是浓缩乳如炼乳在杀菌过程中会凝固。未经预热处理的原料浓缩乳中含有大量的乳清蛋白，其处于自然状态，但经120℃加热，乳清蛋白开始变性且在酸性条件下强烈聚合而形成胶体化。酪蛋白不易受热发生变性，但是在非常强烈的热处理条件下它也会聚合，尤其在胶束内部。

4.1.5　微生物方面

在较低的热处理强度或者加热最初阶段，乳中一些微生物的生长较快，这是由于细菌抑制剂如乳过氧化物酶-H_2O_2-CNS 和免疫球蛋白钝化失活。此外，一定条件下的热处理可能产生某些物质，其可能会促进一些细菌的生长，也会抑制另外一些细菌的生长，这一现象在微生物污染严重的液奶中尤为突出，因此热处理对微生物产生的变化在很大程度上取决于加热的强度。

4.2　液奶热处理中蛋白质的变化

蛋白质受热变性，温和的热处理（即生产上常用的热处理）不影响乳蛋白的一级结构和肽键，而是作用于二级结构和三级结构。乳蛋白在 80℃ 左右开始变性，且这种变性是部分可逆的。

4.2.1　酪蛋白的变化

乳蛋白对加热是否稳定的性质称为热稳定性。通常以在给定的温度下，产生可见的乳凝固所需要的时间来定义热稳定性。酪蛋白比较稳定；乳清蛋白基本对热不稳定，容易发生热变性。酪蛋白溶液于 100℃ 下加热 30min，几乎没有变化；于 120℃ 下加热 30min，可发现电泳图谱的变化，γ-酪蛋白及 β-酪蛋白的峰趋向扁平，发生部分水解和脱磷酸；于 140℃ 以上的温度加热时，则开始凝固。事实上，所有的天然酪蛋白都有不同程度的化学改性，因此被认为是一种天然的变性蛋白。当酪蛋白遭受强烈的热处理时，它确实会发生一些变化，其中主要是水解。

酪蛋白不易变性，而且液奶的热凝固对温度的依赖性比蛋白热变性对温度的依赖性弱得多。加热后酪蛋白发生凝集，并由于加热后乳浆组成变化很大，即使恢复到原来的环境，聚集体也不能再溶解，甚至添加断裂氢键的试剂，减少—S—S—键的联结等，聚集体仍保持原样。因此，酪蛋白在加热后无疑是发生了化学变化。研究显示，高温下的酪蛋白经历了脱磷酸、部分水解和几步交联反应。

120℃ 加热 30min 后产生胨-腺氮（PPN）4.7%～6%（以总氮计）。杀菌前，液奶中的胨-腺是组成 β-酪蛋白和脂肪球膜蛋白（pH＝4.6，液奶煮沸时蛋白质不沉淀）的解朊部分。灭菌液奶中所产生的胨-腺最有可能来自肽键水解或裂解，但这方面的机制至今尚未阐明。120℃ 加热 30min，可增加液奶中非蛋白氮（NPN）含量，为总氮的 5.5%～7.5%。NPN 溶于 12% 的三氯乙酸。NPN 的产生很有可能是蛋白加热中谷氨酸和天冬氨酸脱氨基作用释放氨气所造成的。关于这一说法尚未有确凿证据，但对酪蛋白盐溶液（pH＝6.9）135℃加热 30min 后，发现 NPN 的生成量与蛋白质的酰胺氮相等。通常巴氏杀菌、UHT 产生的脲-胨氮或 NPN 是微量的。

4.2.1.1　热处理对酪蛋白的某些物理性质的影响

酪蛋白在 100℃以下加热，虽然其化学性质没有什么变化，但加热对其物理性质却有显著影响。液奶经 63℃以上的温度加热后，用酸或凝乳酶凝固时，凝乳的物理性质发生变化；液奶加酸生成的凝块细小而柔软，用凝乳酶凝固的凝块也比较柔软；100℃处理时尤为显著，其凝固时间则随加热温度的升高而延长。液奶加热时酪蛋白的变化与乳清蛋白的热变性有复杂的关系，如液奶经高温加热后，由于乳清蛋白变性而使黏度增大，影响稀奶油的分离；而经 63℃、30min 的低温保持杀菌后立即冷却的液奶则无此现象。

4.2.1.2　酪蛋白体积的变化

低于 90℃的热处理对酪蛋白的体积变化影响很小，UHT 杀菌后胶束体积增加，pH 值也影响受热酪蛋白的半径变化。加热时 pH 值由 6.7 变化为 6.9，其平均直径增加，若 pH 值继续上升至 7.2，则胶体半径明显下降。

加热过程中从酪蛋白中解离的小颗粒物质明显增加，许多研究表明，在高温情况下 κ-酪蛋白从酪蛋白胶体上解离出来，解离量和加热的温度与时间、酪蛋白浓度、可溶性盐、pH 值密切相关。

Ono 等[1] 研究了加热导致的酪蛋白胶束大小的变化。通过离心方法获得不同大小的酪蛋白胶束。采用 Sephacryl S-100 凝胶过滤柱分析胶束大小的分布。除了 140℃加热外，无论在加热过程是否存在乳清蛋白，大胶束和中等大小胶束的体积分布都没有发生变化，但小胶束的大小上升为中等大小。而在 140℃加热时，若有乳清蛋白存在，则大胶束聚合了，而小胶束和中胶束的大小则上升为大胶束的尺寸。当胶束混合物加热超过 120℃时，中胶束和小胶束都上升到大胶束的尺寸。因此中胶束通过与小胶束结合而使体积增加，而小胶束通过与中胶束和大胶束结合使体积增加为大胶束大小。这个结果表明小胶束是胶束体积增加的重要因素，乳清蛋白则是胶束结合的促进剂。

设想胶束表面会发生一些变化，因此胶束可能会在加热过程中相互反应，甚至在没有乳清蛋白存在时这种反应仍然存在。为了使相互反应成为可能，胶束表面的蛋白质尽量互相不结合，而在加热过程中释放，笔者测定了释放的蛋白质的数量和组成。结果发现加热到 120℃时释放了 4％的蛋白质；当加热至 140℃时释放的蛋白质数量增加至 20％。释放的蛋白质包括 β-酪蛋白、α_{S1}-酪蛋白和 κ-酪蛋白，较大的胶束似乎释放出更多的 β-酪蛋白。α_{S1}-酪蛋白和 κ-酪蛋白的比例为 1（不考虑胶束大小）。根据 1989 年 Ono 的报道，α_{S1}-κ-酪蛋白复合物是定位于胶束表面的酪蛋白胶束的亚基之一，表明加热时有胶束表面的酪蛋白复合物释放出来。

考虑到释放的蛋白质是胶束表面的亚基，因此需要分析表面的亲水性。加热到 120℃时大酪蛋白胶束的亲水性翻倍，而中胶束和小胶束的亲水性并没有变化。既然大胶束的体积在加热时没有发生变化，则说明释放出蛋白质后而暴露的表面亲水部分没有被其他结合的胶束所覆盖，这些区域保持在胶束表面。这就解释了为什么当小胶束和较大胶束通过加热而和暴露的疏水部分结合时，小胶束和中胶束的疏水性没有变化。研究还表明疏水区域并未大到足以结合大或中胶束，但足以结合小胶束。

由此得出如下结论：加热时 α_{S1}-κ-酪蛋白亚基从酪蛋白胶束表面释放，疏水区域暴露；暴露的部分并未大到足以结合大或中胶束，但可以结合小胶束。胶束表面的疏水性通过吸收变性的乳清蛋白而增加，这促进了酪蛋白胶束的相互结合。小胶束在胶束体积增加方面似乎起关键性作用。

4.2.1.3 酪蛋白的热凝固

酪蛋白的脯氨酸（占总酪蛋白的 11.2%）能阻止蛋白质凝聚所需的氢键的形成，所以对热较稳定。当受热强度达到 125℃、60min 时，酪蛋白开始凝聚变性，但这种强度的加热几乎不会出现在乳制品生产中。稍弱的加热强度会导致酪蛋白折叠结构的解体，如 UHT 杀菌会使得酪蛋白变得松散，颗粒的直径增加。酪蛋白热凝固的原因不同于 β-乳球蛋白热变性的原因。高温下酪蛋白经历了脱磷酸、部分水解和几步交联反应。

蛋白质加热过程中涉及丝氨酸磷脂、硫醇、二硫化物、赖氨酸和酰胺侧链的反应，也有部分肽链可能发生裂解。酪蛋白侧链极易发生热诱导反应。球状乳清蛋白则由于热变性，很容易展开其多级结构。多肽链中的肽键基本上是反式构象（trans），但肽链展开情况下易发生异构化，生成不稳定的顺式（cis）构象，但脯氨酸残基是个例外，它的顺、反式构象均相当稳定，因此其异构化比较困难。一旦发生异构化则可能影响到蛋白质的反应速率，且冷却后不易恢复到原来天然的状态。但有关这类反应的数据仍很零碎，因此不能仅仅基于活化能之类的基本参数对它们进行比较。

120℃加热 1h，有近 50% 的酪蛋白酸钠去磷酸化，5h 后去磷酸化彻底完成。三氯乙酸（TCA）可溶性氮的形成速度远低于 P 的释放速度（约 20% 的总氮在 120℃、5h 内是稳定的），这说明 TCA 可溶性 P 的增加不是因为蛋白质水解产生的。部分去磷酸化的酪蛋白比其他酪蛋白的热稳定性更好，可以结合更少量的 Ca^{2+}。可以认为这两个因素与酪蛋白的热凝结有很大关系。

4.2.1.4　酪蛋白酸盐的裂解

热处理能使酪蛋白的磷酸丝氨酸裂解，产生磷酸盐（酯）；该反应常在脱脂乳或酪蛋白盐溶液 100～140℃，加热 1h 情况下发生。酪蛋白的磷酸盐（酯）裂解反应速率随 pH 值从 6.0 上升到 7.0 而增加。在液奶的正常 pH 值范围内，该裂解反应的活化能分别是：对酪蛋白钠为 117kJ/mol，酪蛋白钙为 109kJ/mol。裂解发生可以有两种解释：一种是水解作用，生成丝氨酸残基；另一种是 β-消去，产生脱氢丙氨酸。β-消去在碱性溶液（如酪蛋白在 0.1 mol/L NaOH 中，30℃）中确能发生。水解作用则在低 pH 值下较易发生。不管是发生哪一反应（或同时发生），分解反应的进程都可通过测定丝氨酸和脱氢丙氨酸而得知。有实验表明，κ-酪蛋白溶液在灭菌温度加热时慢慢失去其稳定酪蛋白。

4.2.1.5 酪蛋白的去磷酸化

如上所述，酪蛋白去磷酸化后，热稳定性更好。加热后酪蛋白对 Ca^{2+} 的稳定性也显著降低，这是由 α_S-酪蛋白而不是 κ-酪蛋白的酶促去磷酸化导致的。酪蛋白的去磷酸化在牛奶中的速度低于在酪蛋白酸钠中的速度：120℃，90min，酪蛋白在牛奶中有 12％发生去磷酸化；120℃，30min，酪蛋白在酪蛋白酸钠中有 18％发生去磷酸化。

酪蛋白酸钠和脱脂牛奶的加热去磷酸化在 110～140℃时反应呈一级动力学，在 pH＝6.0～7.0 范围内与 pH 值无关；酪蛋白磷酸钠有 117～121kJ/mol 的活化能（与 O-磷酸丝氨酸相同），脱脂牛奶有 104.5～113kJ/mol 的活化能。浓度增加加快了去磷酸化反应速率，预热处理对未浓缩牛奶的去磷酸化速度无影响，但降低了浓缩乳的去磷酸化速度。α-酪蛋白和 β-酪蛋白以同样的速度去磷酸化。因此可以预计去磷酸化对牛奶的热凝固有贡献，但这种贡献尚不能定量。

脱磷酸化和蛋白水解：酪蛋白磷酸键和肽键的水解缘于酶作用或热处理，早期的研究表明，酪蛋白酸钠在高温时的脱磷酸化快于酪蛋白，如 120℃、20min 的热处理后，液奶损失丝氨酸磷酸盐 10％，而酪蛋白酸钠则损失 15％，反应呈一级反应，活化能为 104.5～121.2kJ/mol。

4.2.1.6 酪蛋白在加热时的水解

加热处理中，使酪蛋白磷酸钠溶液中形成 5％ TCA 可溶性氮的反应与时间呈线性，120℃、5h 后约有 20％总氮可溶化。这一结果与大量的实验结果相一致，其中最详尽的是 White 和 Davies 的实验，他们证明液奶中 10％～20％总蛋白氮在 135℃、60min 处理后转化为非蛋白氮（NPN）。NPN 的形成与时间呈线性关系。Dalgleish 等报道 130℃、60min 热处理酪蛋白磷酸盐的 2/3 被水解。高温处理如 135℃、60min 使总氮量的 10％～20％转化为非蛋白氮，巴氏杀菌或 UHT 杀菌时非蛋白氮变化很小[2]。

加热可以明显改变酪蛋白在醋酸纤维上的电泳组分及在 Sephadex 和 Bio-gel 上的洗脱曲线。尽管 140℃加热 10min 后，酪蛋白酸钠溶液中仍保留了一些降解产物，但含有 5 mol/L 尿素的聚丙烯酰胺不能溶解其中的 α_S-酪蛋白和 β-酪蛋白。一种与凝乳酶水解酪蛋白产生的巨肽有着相同的化学和物理性质的肽类，在 120℃加热 20min 时从整个酪蛋白或已分离的 κ-酪蛋白中分离。加热产生 12％的 TCA 可溶性硅铝酸的形成曲线基本与时间呈线性关系，20%～30%的 κ-酪蛋白在热凝固点降解，结果与检验温度无关。

糖肽在 50℃ 或以上温度释放。除甘露糖以外，原连接在糖肽上的糖类由于热而释放，其数量少于凝乳糖肽上的数量，组成糖的相对数量随加热温度而变。由于热而释放的糖肽中糖类和氮的比例较低，糖肽中还含有主要位于由凝乳酶产生的副 κ-酪蛋白中的 D-甘露糖，这些表明了凝乳酶和热水解了不同的键或另外的键因热而被水解。

κ-酪蛋白稳定 α_S-酪蛋白，防止因 Ca^{2+} 而沉淀的能力，由于对分离的 κ-酪蛋白进行相对温和的热处理（100℃，5min）而被减弱或破坏。在这个温度下，κ-酪蛋白的变化是非水解的，高度依赖于离子环境，并被认为是由于分子间的聚集产生的，其中可能包括二硫键、氢键和疏水键的反应。如果形成了一种可以稳定 κ-酪蛋白不使其聚集的 α_S-酪蛋白或 κ-酪蛋白的复合物，就可以防止热导致 κ-酪蛋白变性。而分离的 κ-酪蛋白在 90℃ 强烈聚合。

由 κ-酪蛋白与胶束中的其他酪蛋白联合可以提供保护作用，因此 κ-酪蛋白的热致聚集变化不可能是液奶热稳定性的主要影响因素。但是 κ-酪蛋白在更强烈的加热条件下的水解具有很重要的意义，特别是 pH>7.0 时。不考虑检测温度，约有 25% 的 κ-酪蛋白在热凝固点水解，说明这是热凝固的一个关键因素。

4.2.1.7　酪蛋白 Zeta 电位的变化

各种研究报道了酪蛋白胶束的不同的 Zeta 电位或表面电位，26℃ 和 5℃ 时分别有 8mV、26～51mV、-17.4mV、-26.8mV，6℃ 和 30℃ 分别为 44.5mV、-14.3mV、-19.6mV，20℃ 时有 -14.3mV。Hankinson 和 Palmer[3] 发现了 Zeta 电位和水解在胶束稳定性上的意义，现在广泛认为 κ-酪蛋白的凝乳水解降低了胶束的 Zeta 电位，可能导致了通过范德华力产生的聚集。

高温加热使酪蛋白胶体的 Zeta 电位减小，这源于加热过程中 κ-酪蛋白的水解，α_{S1}-酪蛋白、α_{S2}-酪蛋白和 β-酪蛋白的脱磷酸化，pH 值的降低和磷酸钙的沉淀及美拉德反应等。也有多种文献报道经 120～135℃ 的热处理 Zeta 电位的变化很小。在高温时无法测定，经冷却后热诱导变化的 Zeta 电位是否又可逆复原现尚未清楚。

通常认为在检测温度时不可能测定 Zeta 电位，Darling[4] 却认为这种变化不是随温度一致变化的，微小的增加或减少都可以被记录。如果液奶的 pH 值在加热过程中降低，则说明在固定的 pH 值下 Zeta 电位实际是升高的。因此他们认为酪蛋白的热致凝固不是由于电荷中和而可能是由于疏水或范德华反应。不过他们只测试了三个样品，因此结果需要进一步的确认和延伸。

4.2.1.8　酪蛋白胶束的解离

关于剧烈热处理对酪蛋白胶束的影响（如导致聚集等）研究得较少，相当多的工作着眼于杀菌过程（特别是 UHT 过程中）的胶束变化。这些研究者都同意在杀菌和后继的贮藏过程中确实存在胶束的聚集，但在聚集的本质上存在分歧。有研究发现，当温度高于110℃时酪蛋白胶束开始聚集。

已经证明，分散在经过90℃、30min加热的牛奶中的酪蛋白胶束是非沉淀酪蛋白（105000g、30min）。这说明分散是由于胶束中的钙被可溶性柠檬酸盐螯合，因为柠檬酸盐通常是被可溶性钙中和的，这些钙因加热过程中产生磷酸钙沉淀而变为"游离"。在高pH值的环境中，游离的柠檬酸盐溶解了胶态钙。

已经证实，在135~140℃加热15s~4min时，酪蛋白具有增溶性。κ-酪蛋白代表了40%左右的可溶性酪蛋白。同蛋白质的分子间反应一样，胶束钙的增溶作用也被认为与胶束解离相关。

Fox曾用黏度、超速离心和渗析色谱法研究过酪蛋白胶束在加热时的聚集-解离。在pH=6.8时（热凝固时间HCT-pH曲线的最大点），黏度先上升然后下降直到开始聚集，黏度很快上升。在pH=7.2（碱性最小值）时黏度-时间曲线上最大值和最小值更为明显。在热凝固时间HCT-pH的最小值时，起始黏度先增加直至聚集，但在一个相对较低的检测温度时，黏度-时间曲线的最大值-最小值仍然处于最小pH值范围内。

如此看来似乎是胶束先聚集后解离。聚集依赖于乳清蛋白，其曲线通常与酪蛋白胶束中游离蛋白在液奶渗出液中的分散相近。但是如果降低Ca^{2+}浓度，则不存在起始的黏度增加，而是基本保持不变直到聚集开始时再迅速增加。

以15000g离心液奶或无血清蛋白酪蛋白胶束的悬浮液1h，可以沉淀近50%液奶中的酪蛋白。这表明两个系统中可沉淀的总氮百分数在140℃加热的早期阶段（1~5min）是增加的，但开始聚集后便下降了。可溶性氮加热时间曲线通常与黏度-加热时间曲线相似。

多孔玻璃的渗析色谱表明，在140℃加热的起始阶段酪蛋白胶束的峰值是增加的，但若进一步加热则开始下降。较显著的胶束解离显然是从140℃、20min后开始的（只先于可见的聚集），此时大约有50%的总蛋白质在可溶性蛋白质的峰中被洗脱。

4.2.2 乳清蛋白的变化

液奶经热处理后，其外观发生的种种变化，不同程度地与蛋白质特别是乳清蛋白的热变性有关。液奶经高温加热后，由于乳清蛋白变性而使黏度增大，影响稀奶油的分离。而经63℃、30min的低温保持杀菌后立即冷却的液奶则无此现象。乳清蛋白不含磷，脯氨酸含量低（占总乳清蛋白的5.2%），而胱氨酸、半胱氨酸和蛋氨酸含量较高，这些都导致乳清蛋白对热非常敏感，热变性程度是温度和时间的函数。巴氏消毒乳的乳清蛋白变性比例达到10%~20%，间接加热式UHT乳达70%~80%，直接加热式UHT乳为40%~60%。

4.2.2.1 乳清蛋白的变性温度

乳清蛋白的热稳定性总体而言低于酪蛋白，相对来讲，其中α-乳白蛋白的热稳定性最高，β-乳球蛋白及血清白蛋白次之，免疫球蛋白最低。加热 30min 时，它们的变性温度分别是：免疫球蛋白 70℃，血清白蛋白 74℃，β-乳球蛋白 90℃，α-乳白蛋白 96℃。在此温度和时间内脉、胨组分不变性。

4.2.2.2　热处理对乳清蛋白的影响

液奶加热时发生可逆的酪蛋白缔合及蛋白质构形的变化，如 β-乳球蛋白二聚体与其单体的转化。大多数乳清蛋白的溶解性因热变性而下降，温度高于 60℃ 时尤为明显，乳清蛋白会与酪蛋白缔合，但如前所述，不同的乳清蛋白具有不同的敏感性。免疫球蛋白失活时，同时也失去对细菌和脂肪球的冷凝集反应的抑制作用，这可能是加热变性的缘故。

与酪蛋白相比，乳清蛋白相对热不稳定，77.5℃ 加热 60min、80℃ 加热 30min 或 90℃ 加热 5min 就彻底变性。在分离蛋白的溶液或乳清中，热变性的乳清蛋白聚集沉淀的程度依赖于温度、pH 值和 Ca^{2+} 浓度。但是变性的乳清蛋白在液奶中并不直接沉淀而是在酸化、盐析或超速离心时和酪蛋白共沉淀。变性乳清蛋白对沉淀的保护作用似乎是非特异性的，受所有酪蛋白组分影响，这可能与酪蛋白隐蔽了 Ca^{2+} 有关。通常可以接受的解释是当共同加热或将 κ-酪蛋白加入预热的 β-乳球蛋白中时，它们通过巯基-二硫键相互变换反应。不太确定的是这样的复合物是否是在加热中形成的，这种复合物的分离状态和复合体系中是否相似。毫无疑问，加热液奶时 β-乳球蛋白和酪蛋白之间存在一些反应，这些反应显著影响了液奶的热稳定性和凝乳酶聚集。提高 pH 值后的变性的乳清蛋白-酪蛋白胶束复合物发生解离，这可能与 HCT-pH 曲线上的最大值-最小值现象有关。

基本上所有关于 β-乳球蛋白和 κ-酪蛋白反应的研究都在 80℃ 和 90℃ 进行。目前没有明确的证据说明 β-乳球蛋白-α-酪蛋白复合物甚至在 110℃ 或 140℃ 也可以形成，这种观点尚未得到证实。

尽管已有报道说在加热过程中 α-乳白蛋白和 κ-酪蛋白不发生相互反应，而 α-乳白蛋白和 β-乳球蛋白确实发生反应，但这种复合物表现出与 κ-酪蛋白的反应。Rose 报道 α-乳白蛋白不改变酪蛋白胶束悬浮液的 HCT-pH 曲线，但 Fox 和 Hearn 报道对此 α-乳白蛋白具有和 β-乳球蛋白相同的效果。

采用聚丙烯酰胺圆盘电泳研究加热对液奶蛋白质的影响。根据迁移率降低的顺序可将乳清蛋白带分类，其中包括 β-乳球蛋白、α-乳白蛋白、血清白蛋白（SA）和免疫球蛋白。将 κ-酪蛋白和 β-乳球蛋白分散在含有乳中正常矿物质的溶液中加热至 74.5℃ 保持 30min，发现两者发生了络合；将其加热至 85℃ 时反应彻底进行。若将 α-乳白蛋白或牛血清白蛋白（BSA）与 κ-酪蛋白一起在同样条件下加热则不会发生反应。将 β-乳球蛋白 A 和 B 在 74.5℃ 或 85℃ 保持 30min，将出现一条共有的电泳带，它的电泳迁移率较慢，这也许是因为在加热过程中分子大小增加了或分子构形发生了变化。这种蛋白质在天然乳清中并不存在。

4.2.2.3 热处理对乳球蛋白的影响

乳清蛋白的加热变化直接或间接地与硫化氢的发生、加热异味的生成、抗氧化性的发生等现象有关。β-乳球蛋白的量接近乳清蛋白总量的 1/2，而且 β-乳球蛋白加热后又容易发生变化，因此 β-乳球蛋白的变化对乳制品有很大的影响。

β-乳球蛋白在 30℃ 以下的液奶中是以二聚体的形态存在的，在 30℃ 以上则解离成单体的形态。在 65℃ 以上加热时，由于凝聚而使分子量增大，随后电泳迁移率增加。进而在 85℃ 以上加热时，—S—S—键裂解，产生游离巯基，甚至产生挥发性的硫化物和硫化氢。

4.2.3 酪蛋白和乳清蛋白的相互作用

90℃ 的热处理可使乳清蛋白变性并和酪蛋白聚合，这种结合的程度和类型取决于热处理的程度，所发生的反应包括酪蛋白胶粒中的 κ-酪蛋白在加热过程中与变性的 β-乳球蛋白和其他乳清蛋白发生的反应，以及乳清蛋白分子间二硫键互换反应。

在 β-乳球蛋白缺乏的情况下，α-乳白蛋白很难在加热过程中和酪蛋白胶束结合。变性乳清蛋白在 90~140℃、pH<6.7 的乳中络合于胶体表面，包括络合于 κ-酪蛋白上，在较高的 pH 值如 pH=7.3 时加热，乳清蛋白不和酪蛋白结合，胶束大部分解离。浓缩乳清蛋白和酪蛋白胶束的结合少于非浓缩乳。pH=6.55、120℃ 加热后 50% 的乳清蛋白还将留在乳清中，当 pH=6.85 时则上升为 75%，乳清相中的乳清蛋白通过二硫键和 κ-酪蛋白形成络合物。

一般认为，当共同加热或将 κ-酪蛋白加入预热的 β-乳球蛋白中时，它们通过巯基-二硫键相互变换反应。但还不能确定这样的复合物是否是在加热中形成的，这种复合物的分离状态和复合体系中是否相似。毫无疑问，加热液奶时 β-乳球蛋白和酪蛋白之间存在一些反应，这些反应显著影响了液奶的热稳定性和凝乳酶凝集。

β-乳球蛋白和 α-乳白蛋白改变酪蛋白盐体系的热稳定性的机制尚未建立。开始认为 β-乳球蛋白有稳定作用，但有一些人认为，在 pH=6.9 时 β-乳球蛋白使酪蛋白不稳定，因此 HCT-pH 曲线上有最大值-最小值。β-乳球蛋白对酪蛋白热稳定性的影响取决于磷酸钙的浓度，这也许是因为 β-乳球蛋白-酪蛋白复合物中钙沉淀，与分离的 β-乳球蛋白的情况类似。

液奶加热到 70℃ 以上时，β-乳球蛋白易与 κ-酪蛋白和 α_{S2}-酪蛋白反应，然后与酪蛋白胶束结合。pH>6.6 时，β-乳球蛋白与非胶束型酪蛋白部分结合；随 pH 值升高，结合变少；pH>7.0 时，实际上已不存在结合。α-乳白蛋白、乳清蛋白、免疫球蛋白也与酪蛋白结合，上述反应能明显影响酪蛋白胶束的特性；若液奶热处理中酪蛋白发生沉淀（如在等电点附近），则正常情况下沉淀中还包含有热变性乳清蛋白，这一特性已被用来评价牛乳热处理程度。当加热乳清蛋白时，变性乳清蛋白在一定程度上发生聚集，

pH＞6.6，聚集较少；低 pH 值情况下，它们的稳定性下降 pH＝4.5 附近时，下降到最小值。提高 pH 值后（pH＝6.8）变性的乳清蛋白-酪蛋白胶束复合物表现出解离，这可能与 HCT-pH 曲线上的最大值-最小值现象有关。

在加热过程中 α-乳白蛋白和 κ-酪蛋白不发生相互反应，而是与 β-乳球蛋白反应，并且这种复合物可以与 κ-酪蛋白反应。对于 α-乳白蛋白是否改变酪蛋白胶束悬浮液的 HCT-pH 曲线的问题，研究人员有不同的看法，尚无定论。

4.2.4　牛乳蛋白质热变性对液奶的影响

液奶受热变性对牛乳质量的影响不一定就是负面的。实验发现，胰蛋白酶、胃蛋白酶和胰液素更容易黏附在变性蛋白上。液奶中牛乳蛋白质经热变性后结构变得松散，所以变性液奶容易被酶降解，比天然牛乳更易消化，UHT 灭菌和巴氏消毒乳蛋白质比生奶更有利用价值。只有强烈的热处理（120℃、60min）能减少胰蛋白酶的水解能力，但能大大提高胃蛋白酶的水解率。另外，热变性蛋白质在胃内被胃酸水解后形成的颗粒分散能力非常好，这也有利于酶的黏附、降解。热处理会灭活胰蛋白酶抑制剂，反过来就能促进胰蛋白酶的活性，这也能促进乳蛋白的降解和消化。

婴幼儿饮用 UHT 乳后出现消化不良的比例很少，主要也是因为牛乳的热变性蛋白在胃酸作用下特别容易分散。当液奶的受热强度达到 120℃、80min 时会影响乳蛋白的消化性，但这种加热强度在乳品加工中几乎不会出现。

4.3　液奶热处理中其他成分的变化

4.3.1　乳脂肪的变化

乳脂肪的 97％～98％是甘油三酯，其决定了乳脂肪的主要理化性质，其他组分还包括二甘酯、单甘酯、自由脂肪酸、自由固醇和磷脂等。加热时，脂肪球发生冷凝集、脂肪结晶、磷酸酯（尤其是酪蛋白磷酸酯）的水解等。部分有机磷酸酯甚至磷脂在高温下（＞100℃）也会发生分解。温度高于 60℃时，形成游离巯基和硫氢化合物。脂肪球膜发生变化，如钙含量的上升等。甘油三酯在高温（＞120℃）时进行酯交换反应，该反应受二甘酯、单甘酯的存在的影响；该温度条件下，一些极性脂肪也发生反应。加热还形成了一些来源于脂肪的内酯和甲基酮的形成。液奶经加热后游离脂肪酸减少。据报道，游离脂肪酸加热后的平均损失量是 72.8℃，16 s 为 13.1％；62.8℃，30min 达 15.6％；85℃，30min 达 24.4％。

总体而言，液奶加工中加热对液奶中的脂肪没有不利影响，脂肪和油经过高温加热不会对健康有害，这是因为温度对脂肪的光化学氧化影响甚微。高温下液奶中会形成过氧化物、过氧化氢物、羰基化合物和羟基脂肪酸的物质，而且如果有空气存在会加速不饱和脂肪酸和胆固醇的过氧化反应，但这些产物对健康没有不利影响。只有极端加热（200℃、20h）才会产生对人体有害的聚合产物，但这种加热强度在液奶加工中不会出现。

液奶受热后羟基酸会转化为内酯，后者会影响液奶的感官特性。内酯存在于所有加过热的液奶中，有时它们的含量非常低，对产品的风味只有轻微的影响。另外，液奶受热后还能形成乙醛和甲基酮等羰基化合物，它们也会影响液奶的风味。

多数不饱和脂肪酸和亚油酸等必需脂肪酸（essential fatty acid，EFA）在高温下性质稳定，例如只有在180℃下保温1h才能测到亚油酸的降解产物，至今尚没有在UHT牛乳和灭菌乳中发现必需脂肪酸的降解产物。高温会引起磷脂变化，会增加自由脂肪酸含量。

高温会抑制脂肪的自发氧化。脂肪酸及其残基的双键有可能被氧化，有的氧化产物会影响产品的风味，如产生油腻、腥味、金属味和木屑味等异味。

能极大促进乳脂肪自发氧化能力的几种试剂是游离 O_2、超氧自由基（$O_2^- \cdot$）和羟基自由基（$\cdot OH$）。

① Cu 能促进 O_2 的产生，而巴氏消毒能刺激—SH 特别是自由 H_2S 的生成，后者与 Cu^{2+} 结合形成 CuS 沉淀。

② Maillard 反应产物是抗氧化剂。

③ 加热可以破坏超氧化物歧化酶（一种强抗氧化剂）的活性。

④ 中温加热能促进脂肪的自发氧化，这有可能是因为 Cu 增加。

4.3.2　糖类的变化

通常液奶在热处理过程中，其所含的乳糖成分并不会有太大的改变，但是强烈的加热处理会造成乳糖的分解。乳糖加热后发生了一系列变化，生成有机酸（主要是甲酸）和乳果糖等，上述变化在温度高于100℃时尤为明显。液奶在加热过程中，酸形成的速度随液奶中乳糖含量的增加而呈比例地增加。所形成的酸类包括甲酸、乳酸、丙微生物酮酸、丙酸、丁酸等。液奶因加热导致的乳糖分解产生的化合物包括甲基二醛、丙酸醇、落叶松皮素、5-羟基-2-甲基糖醛及糖醇等。

4.3.3　维生素的变化

液奶经加热后，其营养价值因维生素的损失而降低。表4-2为各种热处理对维生素损失的影响。

表 4-2　维生素在热处理中的损失（质量分数）　　　　单位：%

种类	保持杀菌	高温短时杀菌	瓶装灭菌(110℃,30 s)	超高温灭菌(135℃,2 s)
维生素 A	0	0	0	0
维生素 B_1	10	<10	35	<10
维生素 B_2	0	0	0	0

续表

种类	保持杀菌	高温短时杀菌	瓶装灭菌(110℃,30 s)	超高温灭菌(135℃,2 s)
生物素	0	0	0	0
尼克酸	0	0	0	0
维生素 B_6	0	0	50	0
维生素 B_{12}	10	<10	>90	20
维生素 C	20	10	50	10
维生素 D	0	0	0	0
维生素 E	32	0	0	0

　　从表4-2中可以看出，脂溶性维生素 A、维生素 B_2、维生素 D、尼克酸及生物素对热稳定较好，在一般加热处理中损失较小。维生素 B_1、维生素 B_{12}、维生素 C 等在加热处理中损失较大，这主要是由氧化剂氧化所致，因此在无氧条件下加热，可以减少其损失。巴氏杀菌对乳中维生素造成的损失较小，对乳的营养价值影响不大；间接 UHT 杀菌造成维生素的损失比直接 UHT 杀菌高。

参考文献

[1]　Ono T.，Furuyama T.，Odagiri S. Dissociation of large and small bovine casein micelles by dialysis [J]. Agric Biol Chem,1981,45(2):511-512.

[2]　孙颖. 酪蛋白与乳清蛋白比例对乳蛋白结构的影响 [D]. 哈尔滨：东北农业大学,2009.

[3]　Palmer L.，Hankinson C. Effect of free fat acids of milk fat on curd tension of milk. Relation to milk esterase, temperature,use of CaCl₂,kind of fat acid,milk lipase and churning [J]. J Dairy Sci,1941,24(5):429-443.

[4]　Darling, D. F. The electrophoretic mobility of casein micelles [J]. Canadian Institute of Food Science & Technology Journal,1979,46(1):441-451.

第 5 章

液奶生产过程中的检测技术

5.1 检测项目

5.1.1 乳制品质量安全

食品质量是指影响食品价值的所有品质的总和,食品品质属性的分类见表 5-1,包括安全属性、营养属性、价值属性、包装属性。安全属性是指食品中可能对人体健康造成损害的属性,是食品质量的一个组成部分,也是其基础属性。世界卫生组织在 1996 年给出的食品安全的定义为:对食品按其原定用途进行制作、食用时不会使消费者健康受到损害的一种保证[1]。根据我国《食品安全法》的规定,食品安全的定义是:食品无毒、无害,符合应当有的营养要求,对人体健康不造成任何急性、亚急性或者慢性危害[2]。所以,食品安全是指在正确加工和食用食品时,不会给人体带来危害,包括确定存在的和可能存在的危害,长期的和立刻的危害。

表 5-1 食品品质属性的分类

安全属性	营养属性	价值属性	包装属性
食品自身的病原菌	蛋白质	味道	包装材料
天然毒物	碳水化合物	纯粹度	质量标签
重金属	脂质	完整性	其他
食品添加物	矿物质	大小	—
残留农药	维生素	颜色	—
残留医药	热量	调理的简便性	—

乳制品作为食品的重要组成成分,乳制品质量安全问题关系到广大消费者的身体健康及生命安全。依据国际标准化组织(ISO)对质量的定义,乳制品质量可以被理解为

乳制品固有的特性能够满足人们食用要求的程度。也就是说人们食用乳制品是从其所拥有的特性中获取效用，因此乳制品质量应包括影响乳制品价值的所有特性的总和。乳制品质量安全是指乳制品中不应含有任何可能损害或威胁人体健康的有害物质或因素，不应导致消费者急性或慢性的损害，或危及消费者后代的健康隐患。所以乳制品质量安全问题涉及乳制品供应链的各个环节。根据《中华人民共和国产品质量法》《中华人民共和国食品卫生法》（后简称《食品卫生法》）及乳制品质量标准等乳品质量安全监督管理条例的有关规定及乳制品的生产与消费特点，乳制品质量安全具体含义包括以下三个方面[2]。

5.1.1.1　卫生安全

乳制品中不能含有任何形式的对人体健康有害的成分，包括确定的或可能的危害、立刻的或长期的危害，着重强调乳制品的安全属性。乳制品中危害成分的引入途径有原料生乳产出时自身含有以及乳制品生产加工、流通销售过程中引入。一般包括的主要危害形式如下。

① 微生物超标：如致病性细菌超标会诱发人体消化道疾病，危害健康。

② 农药兽药残留超标：如为了治疗乳牛乳腺炎所用的抗生素残留随着乳制品进入人体，对人体健康造成不良影响。

③ 加工试剂的污染：如生产管道和设备清洗中，清洗剂等加工试剂未完全水洗除净，而误入产品中。

④ 食品添加剂污染：如提供生乳的奶农为了一己私利非法添加三聚氰胺，加工企业故意向乳制品中加入一些本不应该添加的物质，如芒硝、尿素、洗衣粉以及甲醛、亚硝酸等防腐剂。

⑤ 体细胞超标：一般是由奶牛患乳房炎所致，患病原因如牛舍卫生不达标、不进行定期消毒；牛体卫生及乳房卫生差；牛舍条件差导致奶牛不能适应天气变化及气温的变化等问题导致奶牛患上乳房炎。

5.1.1.2　营养安全

乳制品富含蛋白质、脂肪、碳水化合物、矿物质以及维生素等营养物质，对人体生长发育和维持健康具有十分重要的意义。不同分类的乳制品和特殊人群专用乳制品，如婴幼儿奶粉，其营养成分必须达到相应的国家标准规定的理化指标，避免因乳制品引起营养不良而可能对人体造成的危害。

5.1.1.3　包装安全

乳制品包装安全是指通过包装使得乳制品在包装内实现保质保量的技术性要求。首先包装材料必须对人体无毒无害，其次应具有稳定的化学性质，不会和乳制品中各组成成分发生任何反应，以保证乳制品的质量及营养价值目标。同时，包装应具有良好的密封性和足够的保护性能，保证乳制品的卫生及清洁，确保在贮存和运输时不被污染而引发质量安全问题。

从以上乳制品质量安全含义可见，影响乳制品质量安全的主要因素可归纳为以下几个方面：a. 农牧业生产过程中使用农药、化肥、生长激素等导致乳产品中有害化学物质残留；b. 农业生产环境，如水、土壤和空气等资源被污染；c. 乳制品在生产、加工及贮藏过程中违规或超量使用食品添加剂、防腐剂等；d. 新型原料的开发或生产新工艺所引起的不安全性；e. 由于病原微生物的污染而引起食源性疾病；f. 市场操作失误和监管不当，出现滥用食品标识、生产假冒伪劣产品、生产经营违法等现象；g. 科技进步对乳制品质量控制带来的新挑战。

所以，乳制品的质量安全问题涉及的范围很广，包括从原料选择、生产加工到运输销售的整个产品供应链。

5.1.2　检测产品

随着人们生活水平的提高，我国乳制品消费市场逐步扩大，乳制品的质量安全也愈发受到有关部门的重视。目前，适合不同场景、不同类型乳制品的检测技术是乳制品质量安全控制的有效手段之一。我国食品药品监督管理总局发布的《国家食品安全监督抽检实施细则（2018 年版）》，明确规定了抽检的乳制品范围包括：液奶（巴氏杀菌乳、灭菌乳、调制乳、发酵乳）；乳粉［指以生牛（羊）乳为原料，经加工制成的粉状产品，分为全脂乳粉、脱脂乳粉、部分脱脂乳粉、调制乳粉］；乳清粉和乳清蛋白粉（分为脱盐乳清粉、非脱盐乳清粉、浓缩乳清蛋白粉和分离乳清蛋白粉等）；其他乳制品（炼乳、奶油、干酪、固态成型产品等）；婴幼儿配方乳粉（婴儿配方乳粉、较大婴儿配方乳粉、幼儿配方乳粉等）。液奶可按照成品的组成成分、杀菌方式和包装形式进行分类。

5.1.2.1　按组成成分分类

① 纯牛乳：以新鲜生牛乳为原料不添加任何其他食品原料，产品保留了牛乳所固有的风味和营养成分。

② 复原乳：以全脂乳粉和水配制而成的与鲜乳组成、特性相似的乳产品。

③ 调制乳：以不低于 80％的生牛乳或复原乳为主要原料，添加其他原料或食品添加剂或营养强化剂，采用适当的杀菌或灭菌等工艺制成的液体产品。采用灭菌工艺生产的调制乳的微生物要求应符合商业无菌的要求，按 GB/T 4789.26 规定的方法检验。

④ 营养强化乳：在生鲜牛乳基础上，添加其他营养成分，如矿物质、维生素、DHA 等对人体健康有益的营养物质而制成的液态乳制品。

⑤ 含乳饮料：在牛乳中添加水和其他调味成分制成的含乳量 30％～80％的产品。依据国家标准，乳饮料中蛋白质含量应在 1％以上。

　　⑥ 发酵乳：又称酸牛乳。根据国际乳品联合会（IDF）的定义，发酵乳是指牛乳经巴氏杀菌后借助特殊微生物发酵剂（有益微生物）的作用发酵后，冷却、再灌装的一种乳制品。由于发酵作用使牛乳发生了酸度、风味、香味及稠度的变化，其营养价值和消化性能得以改善。同时，由于发酵过程中乳糖的分解产生乳酸，pH 值下降，提高酸牛乳的贮藏性能。按照酸牛乳成品的组织状态分为凝固型酸奶和搅拌型酸奶。

5.1.2.2　按杀菌方式分类

（1）巴氏杀菌乳

仅以新鲜生牛乳为原料，经巴氏杀菌、冷却、包装，直接供给消费者饮用的液态乳制品。按杀菌条件可进一步分为：低温长时杀菌（LTLT）乳和高温短时杀菌（HTST）乳两类。巴氏杀菌乳一般只杀灭乳中致病菌，而残留一定量的乳酸菌、酵母菌和霉菌。

（2）灭菌乳

分为超高温（UHT）灭菌乳和持灭菌乳。灭菌乳是杀死乳中一切微生物包括病原体、非病原体、芽孢等。但灭菌乳不是无菌乳，只是产品达到了商业无菌状态，即不含危害公共健康的致病菌和毒素；不含任何产品贮存、运输及销售期间能繁殖的微生物；在产品有效期内保持质量稳定和良好的商业价值，不变质。

5.1.2.3　按包装形式分类

包括塑料瓶装液态乳、玻璃瓶装液态乳、塑料薄膜包装的液态乳、塑料涂层的纸盒装液态乳，以及多层复合纸包装的液态乳。

5.1.3　检测标准及项目

为保证人们的健康与生命安全，原料生乳和乳制品都应当符合乳制品质量安全国家标准。这些标准包括乳及乳制品中的致病性微生物、农药残留、兽药残留、重金属以及其他危害人体健康物质的限量规定；乳制品生产经营过程的卫生要求；通用的乳制品检验方法与规程；与乳制品安全有关的质量要求，以及其他需要制定为乳制品质量安全的国家标准。所有被检测的营养物质、毒害物及卫生标准等指标都应达到相关国家标准规定。通常乳制品的检测项目及指标内容如表 5-2 所列，乳及乳制品除了原料要求和感官要求需要符合相关标准、规定外，按照乳及乳制品产品种类分类的其他具体必检项目见表 5-3。部分乳制品质量安全规定和检测方法标准如表 5-4 所列。更多相关标准详情请参见附录。

表 5-2　乳制品的检测项目

检测项目	项目内容
感官指标	色泽、滋味、气味、组织状态
理化指标	脂肪、蛋白质、非脂乳固体以及酸度等物理指标

续表

检测项目	项目内容
有害物质	兽药残留、农药残留、重金属等污染物
添加剂及营养强化剂	三聚氰胺、皮革水解蛋白、解抗剂、防腐剂等掺假物质;乳化剂、稳定剂、甜味剂、酸度调节剂等添加剂;叶酸、维生素、肌醇、矿物质微量元素等营养强化剂
微生物及真菌毒素	细菌、病原性微生物、黄曲霉毒素 M 族等

表 5-3　生乳及乳制品产品的必检项目

产品类别	检测项目
生乳	脂肪、蛋白质、非脂乳固体、杂质度、酸度、冰点、相对密度、铅(以 Pb 计)、总汞(以 Hg 计)、总砷(以 As 计)、铬(以 Cr 计)、亚硝酸盐(以 NaNO$_2$ 计)、黄曲霉毒素 M1、菌落总数、农药残留、兽药残留、三聚氰胺
液奶 (巴氏杀菌乳)	脂肪、蛋白质、非脂乳固体、酸度、铅(以 Pb 计)、总汞(以 Hg 计)、总砷(以 As 计)、铬(以 Cr 计)、黄曲霉毒素 M1、菌落总数、大肠菌群、金黄色葡萄球菌、沙门氏菌、三聚氰胺
液奶(灭菌乳)	脂肪、蛋白质、非脂乳固体、酸度、铅(以 Pb 计)、总砷(以 As 计)、总汞(以 Hg 计)、铬(以 Cr 计)、黄曲霉毒素 M1、商业无菌、三聚氰胺
液奶(调制乳)	脂肪、蛋白质、铅(以 Pb 计)、总砷(以 As 计)、总汞(以 Hg 计)、铬(以 Cr 计)、黄曲霉毒素 M1、菌落总数、大肠菌群、金黄色葡萄球菌、沙门氏菌、食品添加剂和营养强化剂
液奶(发酵乳)	脂肪、蛋白质、非脂乳固体、酸度、铅(以 Pb 计)、总砷(以 As 计)、总汞(以 Hg 计)、铬(以 Cr 计)、大肠菌群、金黄色葡萄球菌、沙门氏菌、酵母、霉菌、乳酸菌数、食品添加剂和营养强化剂
乳粉	脂肪、蛋白质、非脂乳固体、水分、复原乳酸度、杂质度、铅(以 Pb 计)、总砷(以 As 计)、铬(以 Cr 计)、亚硝酸盐(以 NaNO$_2$ 计)、黄曲霉毒素 M1、菌落总数、大肠菌群、金黄色葡萄球菌、沙门氏菌、三聚氰胺、食品添加剂和营养强化剂
乳清粉和 乳清蛋白粉	蛋白质、灰分、乳糖、水分、铅(以 Pb 计)、黄曲霉毒素 M1、金黄色葡萄球菌、沙门氏菌、三聚氰胺、食品添加剂和营养强化剂
其他乳制品 (干酪)	铅(以 Pb 计)、黄曲霉毒素 M1、大肠菌群、食品添加剂和营养强化剂
其他乳制品 (再制干酪)	脂肪(干物中)、最小干物质含量、铅(以 Pb 计)、黄曲霉毒素 M1、菌落总数、大肠菌群、金黄色葡萄球菌、沙门氏菌、单核细胞增生李斯特菌、酵母、霉菌、食品添加剂和营养强化剂
其他乳制品 (稀奶油、奶油、无水奶油)	水分、脂肪、酸度、非脂乳固体、铅(以 Pb 计)、菌落总数、大肠菌群、金黄色葡萄球菌、沙门氏菌、霉菌、食品添加剂和营养强化剂
其他乳制品 (淡炼乳、调制淡炼乳)	脂肪、蛋白质、非脂乳固体、乳固体、水分、酸度、铅(以 Pb 计)、黄曲霉毒素 M1、商业无菌、食品添加剂和营养强化剂
其他乳制品 (加糖炼乳、调制加糖炼乳)	脂肪、蛋白质、非脂乳固体、乳固体、水分、酸度、铅(以 Pb 计)、黄曲霉毒素 M1、菌落总数、大肠菌群、金黄色葡萄球菌、沙门氏菌、食品添加剂和营养强化剂

表 5-4　乳制品部分现行检测标准

标准编号	标准名称
GB 12693—2010	食品安全国家标准 乳制品良好生产规范
GB 2760—2014	食品安全国家标准 食品添加剂使用标准
GB 14880—2012	食品安全国家标准 食品营养强化剂使用标准
GB 2761—2017	食品安全国家标准 食品中真菌毒素限量
GB 5009.24—2016	食品安全国家标准 食品中黄曲霉毒素 M 族的测定
GB 2762—2017	食品安全国家标准 食品中污染物限量
GB 19301—2010	食品安全国家标准 生乳
GB 19645—2010	食品安全国家标准 巴氏杀菌乳
GB 25190—2010	食品安全国家标准 灭菌乳
GB 25191—2010	食品安全国家标准 调制乳
GB 19302—2010	食品安全国家标准 发酵乳
NY/T 939—2016	巴氏杀菌乳和 UHT 灭菌乳中复原乳的鉴定
GB 4789.2—2016	食品安全国家标准 食品微生物学检验 菌落总数测定
GB/T 4789.26—2013	食品安全国家标准 食品微生物学检验 商业无菌检验
NY/T 829—2004	牛乳中氨苄青霉素残留的测定
GB/T 4789.35—2016	食品安全国家标准 食品微生物学检验 乳酸菌检验
NY/T 1331—2007	乳与乳制品中嗜冷菌、需氧芽孢及嗜热需氧芽孢数的测定
GB/T 5009.186—2003	乳酸菌饮料中脲酶的定性测定
GB 5009.11—2014	食品安全国家标准 食品中总砷及无机砷的测定
GB 5009.12—2017	食品安全国家标准 食品中铅的测定
GB 5009.17—2021	食品安全国家标准 食品中总汞及有机汞的测定
GB/T 22400—2008	原料乳中三聚氰胺快速检测 液相色谱法
GB 19644—2010	食品安全国家标准 乳粉
GB 11674—2010	食品安全国家标准 乳清粉和乳清蛋白粉
GB 5420—2021	食品安全国家标准 干酪
GB 13102—2010	食品安全国家标准 炼乳
GB 19646—2010	食品安全国家标准 稀奶油、奶油和无水奶油
GB 25192—2010	食品安全国家标准 再制干酪

5.2　检测技术

　　液奶是以新鲜生乳、乳粉等为原料，经过适当的加工处理，制成供消费者可以直接饮用的液态状乳制品产品。液奶是一种复杂的胶体分散体系，由溶液、悬浊液和乳浊液构成，是典型的油/水分散体系。在这个分散体系中，水作为分散介质，约占总质量的88%；盐类和矿物质、乳糖、维生素等形成水溶液，以离子或分子的形式存在；不溶性盐类和蛋白质形成悬浊液，以胶体的形式存在；脂肪以小脂球的形式分散在乳中形成乳浊液。

原料生乳的品质受到诸多因素的影响，如牛的品种、年龄、健康状况、胎次、产乳季节等的不同，使乳成分及其含量有差异，乳的酸碱性和黏度也有所不同。所以，在乳制品工业中可以对乳及乳制品的物理特性进行检测，以此作为确定产品质量的重要手段。

随着人们膳食结构的变化和健康意识的提高，乳制品的营养品质和安全品质日益得到关注。乳制品品质的传统检测方法有人工感官评定、仪器测量或化学方法测量。这些检测方法主要用于监控原料和产品，检测准确度高、精密度好，但是存在检测效率低、耗时长、非在线等不足，因而当得知某个生产环节出现偏差时，已经不可能对其进行校正了，不能很好实现乳制品质量安全预警与及时控制干预作用。较好的现代检测方法应该是对加工过程中的所有相关参数进行快速、准确、实时检测，从而实现对整个加工过程的控制，这种现代检测方法可以及时发现问题，提高产品质量安全性保障。因此，研究乳制品快速、无损、在线检测方法，对乳制品质进行安全评定有着重要的经济和社会意义。在乳制品生产过程中，通常要求原料乳成分保持一致性、加工进程统一性等。然而，实际生产加工过程往往是流水线、连续性的，不能使生产过程中断进行样品检测，所以需要对生产线上各个关键点进行快速准确的检测控制，实现在线检测。

5.2.1 在线检测技术概述

在线检测是指在生产过程中，通过软测量技术实时检测生产线的运行情况，实时反馈，以便更好地指导生产，减少不必要的浪费；通过对生产过程所有相关参数的实时监控，可以快速监测并校正工艺参数的轻微偏差，从而实现对整个加工过程的有效控制，确保产品质量，使不安全产品率实现最小化的同时提高产量和利润。相比而言，传统方法通过检验每批/种产品的质量来保证产品质量和安全的做法是不够的，因为当发现生产某个环节出现偏差时，若不能及时对其进行校正，将造成生产损失。终产品的检验可以在分析实验室完成，在获得可靠的分析结果之后，可以确定产品是否达到质量要求，产品可否立即投放市场，这对于企业的效益也至关重要。因此，需要对生产全过程进行质量管理，也就是需要一个总体质量保证系统，包括快速检测和加工过程的快速反馈系统。

将在线检测设备放置到正确的分析点后，可以减少对批量取样的需求，且可以通过求得实际即时连续测量的平均值而使取样误差降到最低。取样分析方法分为在线分析（on-line）、在线可控分析（in-line）、在线取样分析（at-line）和离线取样分析（off-line）。在线分析与在线可控分析之间的区别不大。可将这几种方法定义如下：在线分析是指在一条加工流水线上某点的数据是在物料通过检测点的时刻或者在通过检测点后很短时间内获得的。如果检测点位于能够对加工控制进行即时反馈的加工线上，称其为在线可控分析。从流水线上获得的样品可以在加工区内的仪器进行分析，称为在线取样分析。如果上述情况都不适用，样品需送到实验室进行分析，则称为离线取样分析。

一个加工过程中的可监控性可以通过相关监控参数对其进行定量评价。加工监控性（r）的范围为 0（完全不可监控过程）～1（可完全监控过程），其数值大小反映了加工控制中改进产品质量的程度，可从加工过程审查所得的结果计算出来。过程的加工监控性可用下式表示：

$$r^2 = \frac{\sigma_p^2 - \sigma_\varepsilon^2}{\sigma_p^2}$$

式中，σ_p 为实施控制前加工波动的标准差，即度量的初始偏差；σ_ε 为控制之后加工波动的标准差，即度量调整后加工仍然存在的偏差。

表 5-5 表明了不同分析方法的检测速度和测量精密度对加工过程的可监控性的影响，其中包括离线取样分析（off-line）、在线取样分析（at-line）和在线可控分析（in-line）检测系统的重要参数。测量时间是指取样和获得分析结果之间的时间段。离线取样分析检测系统的测量时间滞后经常达几天之久，这取决于样品运输到实验室的延迟、检测进度计划安排以及结果报告造成的延迟（表 5-5 中设为 1h）。而在线取样分析提供了一种更快捷的周转，因为运输和进度安排时间都被缩短了（表 5-5 中设为 0.2h）。在线可控分析在实际生产中能瞬时提供结果（表 5-5 中设为 0h）。对于取样间隔区别，离线取样分析的取样间隔被选定为 1h，在线取样分析则定为 0.5h，而在线可控分析被设定为连续不断地提供结果。

表 5-5　检测速度和测量精密度对生产过程可监控性的影响[3]

参数	off-line 检测	at-line 检测	in-line 检测
测量时间/h	1	0.2	0
取样间隔/h	1	0.5	0
测量精密度/%	1	30	50
过程可监控性(r)	0.46	0.73	0.87
残留干扰/%	90	70	50

测量中的不稳定因素主要是测量的精度。在分析实验室中，熟练的实验人员应用精密仪器和标准的操作程序，再结合经常的校准和严格的质量控制就可确保测量的高精密度和准确性。在线取样分析仪器由于时间和损耗的局限性，一般会影响其准确性。在线可控分析和在线分析的设备大部分表现出更差的准确性。在表 5-5 中，这一参数在离线取样分析中被选定为 1%、在线取样分析中为 30%、在线可控分析中为 50%。通过在线可控分析和在线取样分析可以获得很高的过程可监控性，而离线取样分析则过程监控性较差。实际上，可监控性的数值低于 0.5 时就表明过程不可监控，因为只有 10% 的不确定因素可以补偿控制。在考虑残留干扰参数的基础上，在线可控分析显然比在线取样分析更有利。表 5-5 也表明取样和分析结果之间的时间间隔对过程控制非常重要。此

外，在实验室完成离线取样分析只能对相对较慢的生产过程进行有效的控制。

在线检测技术对于改善产品加工质量是必要的，在乳制品工业中已经得到了广泛使用。表 5-6 给出了应用的各种在线检测技术。

表 5-6　乳制品工业在线检测技术及应用

在线检测技术	应用
核磁共振和磁共振成像	成分，质地，损坏
拉曼光谱测定法	成分，标准化
ISFETS，CHEMFETS	成分，CIP
颜色感应器	合成物产品的质量控制
专门的质量分光计	发酵，香味化合物，可靠性，不良气味，污染物
离子灵活性光谱测定法	成分，可靠性，不良气味，污染物
离子选择性电极	成分，CIP
电子鼻	发酵，香味化合物，可靠性，不良气味，污染物
石英晶体微量天平	发酵，香味化合物，可靠性，不良气味，污染物
快速气体套色版	发酵，香味化合物，可靠性，不良气味，污染物
光声技术	微生物，香味化合物，可靠性，不良气味，污染物
生物传感器	多方面
电子舌	化合物印记图谱，可靠性，不良气味，酶探测
毛细管电泳	成分，CIP，微生物，污染物
纤维光学生物传感器	微生物
中红外光谱和近红外光谱	微生物
微量总体分析观念(uTAS)	成分，多样性

乳制品加工全过程所需要的时间通常以小时计，有时候精确到分钟甚至是秒。因此对乳制品加工过程的控制需要通过快速检测，而精确度方面的要求可以不用太严格。通常在线检测是有限选择的方法，它受产品的密度、不均一性以及污垢形成等因素的限制。例如，任何操作都要遵从 HACCP 的要求，因此产品会直接接触测量探头。通过对乳制品生产过程的有效控制可以获得更好的符合规格要求的产品，加快产品向市场的投放，减少产地的产品贮藏量，减少产品浪费，降低消费者的退货率。

现有的快速检测技术是对物理参数、化学成分浓度以及微生物方面等相关参数的测定，如酸乳发酵、液奶凝乳、乳粉制备和巴氏杀菌过程控制中的在线检测，同时也包括污染和清理监控的应用。

5.2.2　物理参数的在线检测

用于食品生产环境的检测系统必须符合严格的规定。首先，与产品直接接触材料的选择仅限于食品等级的原料；其次，在设计时必须消除死角，表面必须光滑；最后，系统必须满足场所的清洁和消毒要求，可耐受用于各种清洗和消毒步骤的较苛刻的环境条件（pH<1 和 pH>11）。表 5-7 介绍了部分在乳制品工业中普遍应用的传感器，包括检测系统及乳制品生产中应用的相关例子。这些检测系统都能成功地对物理参数进行在线检测。

表 5-7　物理传感参数及其检测系统在乳制品生产中的应用

传感参数	检测系统	应用
温度	Pt 电阻丝	热灭菌,巴氏杀菌,消毒灭菌,冷却,凝乳
压力	（压力）电阻,电容	过滤,巴氏杀菌,均质
流变	电磁,位移,涡轮超声波,微小的压力,热量	脂肪含量,混合加热,过滤
标准级别	传导性,流体静力学,振动,超声波,光学	贮藏罐,混合,包装,CIP
密度	震荡电子管,微波	脂肪含量,乳粉生产,混合
电导	电极,微波	场所清理(CIP)
热电通量	热电堆(热电偶阵列)	结垢
粒子大小、形状和分布	聚焦光束反射,光散射微波,视频	干酪,酸乳和乳粉生产
混合度	红外线和可见光散射	CIP,过滤
黏性	漫射波波谱学,振动,振荡激光多普勒风力测定,近红外（NIR）,热电线,磁共振成像（MRI）,核磁共振（NMR）	干酪和酸乳生产,发酵
颜色,光密度	光反射和吸收	发酵,乳粉生产

5.2.3　产品成分的检测

5.2.3.1　低能量超声检测技术

低能量超声检测技术与化学计量学相结合，在液奶生产中主要用于产品成分的检测。这项检测技术是基于液奶成分与超声特征参数之间相关性的经验公式，间接测定液奶的成分含量。这些特征参数包括液体的电导率、衰减系数、声速，用于测定非脂乳固体、脂肪小液滴及总固形物等指标。处于货架期的液奶，环境温度的变化会导致其变质，其状态由液态变为半液态，引起超声波衰减率和传播速度的改变，因此低能量超声检测技术适用于货架期液奶的无损检测。

低能量超声检测技术也可用于乳制品掺假的检测。掺假乳不仅会影响乳制品的营养价值，还会危害人体健康。因此，对乳制品掺假的检测关系着乳制品的质量安全问题，并且直接影响奶农、厂家和消费者的利益。掺假乳的国家标准检测方法周期长、操作烦琐，不适用于大批量乳制品的检测。而根据超声波检测技术的原理，可以利用低能量超声检测技术来检测原料乳中的食盐、食糖、蛋白粉和脲等掺假。当利用低能量超声检测技术检测出液奶中固形物、密度数据出现异常升高的情况时，一般为掺加了大量的水解动植物蛋白粉；当测量的脂肪数据异常高时，一般为掺加了大量的脲。根据所测数据结合化学定性检验，可以鉴定确定掺假情况[4]。

利用超声检测技术对液奶进行检测是电子学、计算机、生理学等多学科在食品加工中的综合利用。与其他分析技术相比，超声技术具有测量速度快、精确、非破坏性、能实现自动化、既可用于实验室研究又可用于在线检测等优点。

自 20 世纪 90 年代，过程分析装备的使用以每年高于 50％ 的幅度增长。现今已经成功发展了多种测量系统，在线检测 CIP 清洗中 pH 值参数变化可以利用离子选择性电极（ISE）或者场效应电子晶体管（FET）实现。表 5-8 列出了乳制品生产中普遍使用的集中检测系统，包括红外光谱测定法、流动注射分析、传感器分析以及乳制品生产中应用的相关例子。

表 5-8 常用于乳制品生产中基于成分分析的检测系统

检测参数	检测系统	应用
水分含量	（近）红外光谱测定法，传感器	乳粉和干酪生产
脂肪含量	（近）红外光谱测定法	标准化，乳产品的质量控制
蛋白质含量	（近）红外光谱测定法	标准化，乳产品的质量控制
乳糖/碳水化合物	流动注射分析，传感器，（近）红外光谱法测定法	发酵过程控制，质量控制
乳酸	流动注射分析，传感器	发酵过程控制
香味成分	快速质量光谱测定法，电子鼻，电子舌，传感器，光分镜技术，专用质量光谱	过程控制，质量控制，清洁
残渣/致污物	快速质量光谱测定法，电子鼻，电子舌，传感器	过程控制，质量控制，清洁
生物污垢物	热转换电阻，电压降	产品加工过程
副产品	传感器，光学测量法	乳粉的低温蒸馏

5.2.3.2 红外光谱检测

红外线（IR）光谱检测法是一种快速直接的过程分析方法。按照辐照波长，红外线技术可分为中红外（MIR）和近红外（NIR），即 MIR（$\lambda = 2.5 \sim 50 \mu m$）和 NIR（$\lambda = 0.78 \sim 2.5 \mu m$）。IR 是一种非破坏性的技术，在食品加工工厂中适于在线检测或取样检测应用。在一个光谱的捕获时间里，往往只需要几秒至几分钟甚至更短的时间，就可以测量多个成分。MIR 多用于气相和液相分析，而 NIR 用于固体或液体产品分析。

对于复杂的食品体系，常规分析方法很少能用来直接测量，而红外在线技术则适合这种食品体系，但是对于不均一样品，如完整的干酪，则缺乏深层的穿透能力。然而，这种技术在食品分析中被认为是最成功的分析手段，因为它具有速度快、应用范围广，并且无破坏性。红外测量可用于固体、液体和气体样品的分析，且不受样品黏性和混合性限制。

MIR 常用区是 $2.5 \sim 25 \mu m$，由于基频吸收是 IR 光谱中最强的振动，所以该区最适合进行结构和定性分析。绝大多数的有机化合物和无机离子的基频吸收均出现在 MIR

区。最近，MIR 不但在定量分析方面，而且在高水分含量的乳制品生产过程控制中也得到了广泛的应用。MIR 应用的一个典型的例子就是由 FOSS 开发出来的基于 FT-MIR 的在线分析仪和专门过程控制器，用于乳制品加工中液奶的标准化。标准化可在多成分中进行，如脂肪、蛋白质、乳糖和全固形物，使其与目标数值相差不大，在 <0.01% 的范围波动。在线标准化目标是减少分配过程中乳成分含量的变动。

NIR 光谱是一种电磁波，主要是由低能电子跃迁、含氢官能团（C—H、S—H、N—O、O—H）伸缩振动的倍频和合频吸收产生，具有较强的穿透能力，位于紫外可见光谱与中红外光谱之间（图 5-1）。NIR 光谱主要用于检测极性键的信息，包含了大多数类型有机化合物的组成和分子结构信息。不同基团在光谱中吸收峰的位置和强度不同，样品的成分和结构不同也会影响吸收峰；根据朗伯·比尔吸收定律，随着样品成分含量的变化，其红外光谱特征也将发生变化。这是近红外光谱分析方法的理论基础。乳中蛋白质、脂肪分子等成分对近红外光具有吸收作用，所以可以利用 NIR 来检测乳成分。近红外光谱的吸收过程见图 5-2（核实顺序），主要吸收基团是含氢基团 X—H（主要有 O—H、C—H、N—H 和 S—H 等）的伸缩、振动、弯曲等。图 5-3 是常见的部分官能团 NIR 特征吸收峰位置。

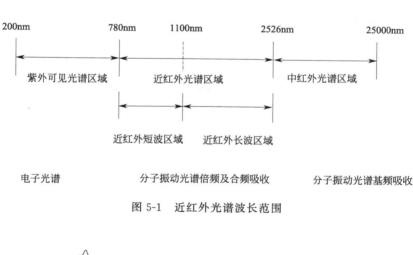

图 5-1　近红外光谱波长范围

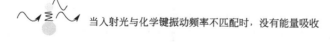

图 5-2　近红外光谱的吸收过程

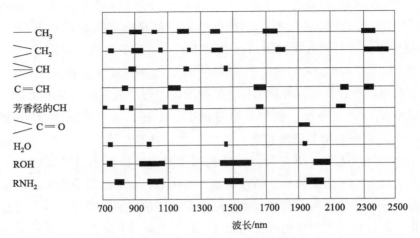

图 5-3 部分官能团 NIR 特征吸收峰位置

近年来，由于超级计算机与化学计量学软件的发展，使得 NIR 技术的应用引起广泛关注。与传统方法相比，NIR 光谱技术无需对试样进行预处理，且具有检测速度快、操作简便、绿色、无污染、原位、可在线检测等优点，因此被广泛应用于农业、食品、医药等诸多领域生产过程控制中的例行定量分析与监测。在原料检测、产品质量控制与分析、品质鉴定、真假识别、分类判别等方面发挥的作用越来越大，有些已取代烦琐费时的常规分析方法成为标准方法，分析对象包括水、醇、酚、胺、糖类、蛋白质和油脂等。NIR 光谱技术在大部分乳产品（如液奶、乳粉、乳油、干酪）中蛋白质、水分、脂肪和乳糖含量的测定方面具有灵活性。表 5-9 列举了近红外分析仪在奶粉中对各成分检测的应用情况。

表 5-9 DS 2500 近红外分析仪配备的全脂奶粉及婴幼儿配方奶粉模型预测性能

指标	定标范围	定标误差（SECV）	定标样品数量/个	相关系数
水分	1.54～4.50g/100g	0.17	4640	0.99
蛋白质	9.50～31.02g/100g	0.35	4468	0.99
脂肪	5.09～39.31g/100g	0.40	4313	0.99
酸度	4.91～14.91°T	0.89	3785	0.99
灰分	2.55～6.10g/100g	0.07	1373	0.75
乳糖	33.44～58.22g/100g	0.54	1151	0.99
蔗糖	0～18.81g/100g	0.42	1267	0.98

NIR 光谱在线检测技术可以直接用于液体样品分析，可以在几秒钟内得到待测参数，分析速度快，与反馈控制技术联用后可以实现对实验室和工厂生产过程的在线控制。

NIR 光谱技术与光纤技术相结合，可以用于液奶生产过程的实时在线监控。有研究表明，利用 NIR 光谱在线检测技术对牛乳成分进行测定，采用最小半球体积法和半数重采样法进行异常点剔除。结果表明，将两种算法结合使用后数值稳定，且计算量小、简单快速。利用近红外传感器，可以在奶牛挤奶的过程中对每头牛产的生乳品质进行在线监控。此系统不但可以为奶农提供每头奶牛的实时健康状况，而且可以为厂家提供生乳品质的相关信息。通过监控系统提供的有效信息还可以用于改善奶牛的管理，确保原料乳及其后续产品的质量。2003 年，Brennan 等[5] 构建了一个用于在线检测牛奶处理过程中脂肪含量变化的 NIR 光谱系统（波长范围 800～1100nm），系统响应敏感。同年，Kawamura 等[6] 在实验基础上设计了一个 NIR 光谱在线检测系统，获得了挤奶过程中牛乳的 NIR 光谱。并建立了牛乳中脂肪、蛋白质和乳糖、体细胞个数和尿素氮的标定模型。2006 年 Karoui 等[7] 将 NIR 光谱技术与计量学方法（CCSWA 等）结合用于鉴别奶酪等乳制品的真假及地区来源一致性。

近红外设备检测非常快速且易于操作，得到的结果在精确性上与它们的校准参考方法相同。近红外检测技术方法只需要很少甚至不需要样品准备和化学制品，并且可以处理复杂的样品。纤维光学探针可用于多种在线检测，应用范围从纯粹的数量检测如蛋白质、水分和脂肪含量，到质量性质的测量以及产品鉴定。对于乳粉生产过程，在线分析可以使乳粉水分含量得到精密的控制。例如，国内外许多乳制品厂家，如蒙牛、伊利、雀巢、光明、君乐宝等已经将 FOSS 公司的分析解决方案（包括中红外和近红外光谱分析仪）用于原料乳收购和生产过程的质量监控。例如，国内奶粉的生产工艺一般包括原料乳验收→预处理与标准化→浓缩→喷雾干燥→冷却贮存→包装→成品，在整个过程中有多个关键控制点需要检测多个指标，而这些点非常适合使用红外/近红外光谱分析技术进行快速分析。据了解，国内目前约有 90% 以上的规模化生产的乳粉企业都在采用红外/近红外光谱技术对其从原料乳、中间配料以及最终的奶粉实现全程化的监控和控制。目前国内几家大的乳粉企业，如伊利、蒙牛、雀巢、君乐宝、飞鹤等均已将这些红外/近红外的快速检测技术应用于多个环节的监控中，取得了不错的效果，既保证了产品质量的一致性，又最大程度地节约了生产成本[8]。例如，采用近红外扫描设备可以对流动床干燥效果进行在线检测，可以瞬间获得数据。有时候，at-line 测量法比 in-line 测量法更方便。例如，在测定黄油的水分、盐和脂肪时所用时间不到 1min。乳制品加工控制中近红外应用的其他例子还包括干酪中水分、蛋白和脂肪的 in-line 测定。

5.2.3.3　流动注射分析

流动注射分析（flow injection analysis，FIA）以其较高的样品吞吐量、精密度、重现性和准确度著称。此项技术的基础是液体样品反应物被注入一个连续的液流，并在严格控制的条件下被运输、混合、稀释并起反应。使用这种技术有助于实现自动操作，并尽可能完善常规实验，包括 at-line 或 on-line 过程分析中的湿态化学方法。反应物也可以被限定在很小的反应系统中，以减少每个样品的损耗。在 FIA 系统中进行生化反应时，如使用酶时，这种技术尤其有用。

乳制品加工中 FIA 系统应用于黄油、酸乳和乳酪产品中 D-乳酸盐和 L-乳酸盐脱氢酶取样时，在烟酰胺腺嘌呤二核苷酸（NAD^+）存在时可催化丙酮酸盐的生成，用光度计可检测到生成的还原型烟酰胺腺嘌呤二核苷酸（NADH）。分析过程可在 5min 内完成。唯一需要做的样品处理是稀释处理，降低了分析成本。

在酸乳发酵过程中，采用由 NIZO 研究所研发的在线透析分离和荧光计测定法检测，样品吞吐量为 20 次/h，实验结果与高效液相色谱结果一致。这种系统为功能性食品生产中的质量安全控制提供了有效的在线检测手段。

2019 年 6 月，在北京举办的"第六届中国国际食品安全与创新技术展览会"的食品安全科技创新发布名单上有一项由雀巢联合上海交通大学合作开发的"基于流动注射质谱技术（FIMS）的乳品掺假鉴别技术"，该技术具备精度更高、步骤更简便的特点，每个样品仅需 1min 就可以快速有效地检测牛奶中掺入植物蛋白、动物蛋白等物质的掺假问题[9]。

5.2.3.4 传感器检测

传感器是在线检测中比较常用的设备。化学传感器或生物传感器是由与信号传感器直接连接的化学或生物学的识别元件组成的分析设备。传感器可以连续不断地提供外界环境的信息，是理想的在线检测设备。pH 玻璃电极是最传统、使用最广泛的 pH 测量电极。pH 电极接触到被测溶液后，敏感玻璃膜与被测溶液中 H^+ 发生离子交换反应，产生膜电位。玻璃电极中内参比电极电位是固定的，玻璃电极球泡的内外电位差随被测液中 H^+ 浓度变化而变化，两极间电位差与 H^+ 浓度关系遵守能斯特公式，可确定被测溶液 pH。pH 电极测量准确、灵敏、响应快、操作方便，适合在线检测分析；但其内阻高、易污染和破碎、性能逐渐漂移、受温度等环境因素影响大。因此，在乳制品在线检测中，基于 pH 电极的电化学方法面临着许多应用问题。

Rajendran 等[10] 将酶催化与三种分析技术相结合（微透析样品、流式注射分析仪、安培计检测），设计出微透析结合流动注射安培型传感器（μFIAS），并成功用于循环自动分析检测牛乳中葡萄糖、半乳糖和乳糖。其中乳糖传感器的线性响应范围为 0.2～20mA，检测的相对标准偏差为 3%～4%（$n=3$），这可以与实验室标准红外检测方法相媲美。与传统的生物传感器相比，μFIAS 还有可分析多种物质的优点，消除了贮存和操作稳定性问题，且可直接使用不需要样品的预处理，酶使用量少（仅需 4μL），同时还可以实现自主在线监测分析[11]。

改革感应系统也是发展高效在线检测技术方向之一，且特别适用于异常乳的检测。异常乳是指不适于人类食用的混有凝块、血液或者掺水的乳，由于自动挤奶系统的引入，导致依据人的视觉检测的方法不再适用，因此通过传导性感应器检测异常乳变得极其重要，如色泽分析、酶检测以及电子舌等新型设备。电子舌模拟人的味觉器官，是一种分析、识别液体"味道"的新型检测手段。这种电子舌主要由传感器和电子装置组成，传感器的工作原理主要是以电化学的方法为基础，如伏安法和电势分析法。在过去十几年里，各国学者研究开发出多种基于不同原理的味觉感受器。其中较为常见的味觉传感器包括电位分析的传感器、伏安分析的传感器、光学方法的味感传感器。

电子舌技术是近年来发展起来的新颖的食品分析、识别和检测技术。它与普通化学分析方法（如色谱法、光谱法、毛细管电泳法）等不同，得到的不是被测样品中某种或某几种成分的定性与定量结果，而是样品的整体信息，也称"指纹"数据。它模拟人和动物的舌头，得到目标的总体信息，根据各种不同的食品测得不同信号，并将这些信号与已建立的数据库中的信号进行比较，可以识别食品的味道，鉴别真伪，控制从原料到产品的整个生产过程的工艺，从而使产品质量得到保证。

现代乳制品加工过程主要是通过温度和时间进行控制，不能给出实际加工过程中的各种参数，部分原因是加工过程的封闭性，但主要原因是缺乏合适的在线检测传感系统，因为在乳制品工业中对传感器系统的要求非常高。牛乳在钢管中流动，容易结垢，尤其在巴氏杀菌过程中更是如此。为了清洗污垢，有时会加入酸、碱或洗涤剂，传感器必须能够在这样的条件下正常地工作。例如，将改进的伏安分析传感器应用于液奶加工，在线检测液奶的电导率、浊度、温度和单位流体质量。电子舌可以安装在系统中巴氏杀菌之前，对直接流过电子舌的原料乳，根据其性质不同进行区分。该方法还可以根据牛乳的不同风味，判断奶牛在饲养过程中所用的饲料，如青储饲料、苜蓿或甘草。因此电子舌可以快速检测所输送的牛乳的质量或风味变化情况，防止被污染或风味败坏的牛乳污染原料乳，避免经济损失。此外，这种电子舌也可以安放在液奶输入口、热交换器或出口处。研究表明，放在热交换器中的电子舌表面更易沉积污垢，对测定结果影响最大，不过在不同的位置放置电子舌可以快速判断设备的清洗情况。

5.2.4　微生物在线检测

乳制品加工厂的微生物检测对于保证原料乳和终产品的质量至关重要。常规的乳制品检测手段有微生物法、理化法和免疫法等，随着分子生物学技术的发展，PCR 技术、基因芯片、流式细胞技术等技术也被用于乳制品中微生物的检测鉴定。间接法如利用电导率测量、酸度滴定和产气试验等。传统的方法一般需要几个小时甚至几天的培养才能完成，但检出限相当低（范围为小于等于 1CFU/mL）；快速方法可以在大约 10min 内出结果，检出限范围为 $10^4 \sim 10^5$ CFU/mL。此外，采用传统的直接测定法，微生物的生长效果只能在产品已经败坏后才能检测到。

目前，在线检测成为乳制品中致病菌检测的发展趋势。在国外，超声波技术、生物传感器和高效毛细管电泳分析技术已被应用于乳制品检测及在线检测，这些方法具有测量快速、操作简单和信号可控等实时检测特点。黄曲霉毒素的去除及在线检测技术是一项液奶加工的关键技术，具有巨大的市场潜力和重大的社会效益，特别是液奶中黄曲霉毒素的去除技术是国际上液奶加工方面尚未完全攻克的技术。在线新技术的研发和应用将是我国乳品中致病菌检测方法的未来发展趋势。在此背景下，广州迪澳生物科技有限公司以全球领先的恒温 PCR 扩增检测技术为基础，整合微生物培养等功能，建立了全新的、标准化的微生物分子生物学平台，其具有操作简单、准确性高、结果自动判读、无需基础知识和实验经验、经简单培训即可操作的特点。从增菌到报告结果，检测时间

24h，当天取样，第二天即可获取致病菌的高准确度检测结果，全面满足乳制品生产和流通的监管要求[12]。随着科学技术和各个学科的交叉发展，在线检测最终将彻底改变乳中致病菌检测的现状和传统的观念，实现高效、优质、廉价的统一。

对于原料乳中存在的致病菌和腐败微生物，采用巴氏杀菌、UHT 和其他灭菌法即可杀灭。但是 UHT 和灭菌产品的主要问题是二次杀菌污染，在长货架期产品中腐败菌数量可以达到很高的水平，因此，污染的初期检测是至关重要的，且测定结果要求在一个相当低的水平。然而，目前尚无安全可靠和快速的分析技术。Toxin Alert（米西索加、安大略湖、加拿大）采用可以指示细菌污染的塑料食品包装，实现了不必拆包装就能够监测到细菌污染情况。磁共振成像（MRI）也可用于密闭包装的腐败菌检测，这项技术和具体实践阐述见 Gibson[13] 的专著。

超声波成像、热量法和容量法同样可以用于密闭包装测试[14]。然而，这些技术的检测极限尚不满足于生产中的在线测定，密闭包装需要进行孵育，时间有时候需达几天之久。此外，这些技术的安全可靠性也还没有被充分建立起来。

连续杀菌处理设备如巴氏杀菌设备的运行时间极限主要取决于嗜热链球菌（TRS）。原料乳中可能含有 $10^2 \sim 10^4$ TRS/mL，设备表面上的微生物可达到 10^7 TRS/cm^2。TRS在巴氏杀菌中并不能完全钝化，在热转换器的回热阶段（30～50℃）它们会增殖扩散。因此，根据原料乳中初始菌数水平，在 4～11h 的运行时间即可达到菌数关键水平（10^5 TRS/mL）之前巴氏杀菌设备必须清洗干净。有研究表明，提高 ATP 方法检测限以达到满足快速检测菌数关键水平的方法是可以采取在线安装一个匹配的过滤浓缩装置。

5.2.5　热处理效力的检测

原料生乳进行热处理是为了确保其及后续加工得到的乳制品产品长的货架期，保证其微生物安全性，但是热处理会破坏生乳的营养成分。因此，热处理应该达到所要求的最短时间/温度组合，从而使原料乳安全的同时保证其不受过度的热破坏。到目前为止，还没有一个通用的标准来区别生乳热处理（从加热杀菌到罐装后高压灭菌）的不同程度。乳制品工业迫切需要开发快速、灵敏、低耗的分析方法来区别原料乳热处理效果。

如果热处理过程中产品发生的变化能够继续保持，则对热处理的评估是可能的。热处理效果可以由适当的化学标记物来识别。原则上化学标记物应当在加热初期阶段就检测出来，而不是在食品败坏到能由感官方法检测出来的时候。可用于评定热处理的两种化学标记物为：a. 热不稳定性成分，如乳中某些酶的退化、变性和失活；b. 新物质的生成，如半乳糖苷果糖或美拉德反应产物，在原料乳中不存在或以微量水平存在。美拉德反应的初始阶段，生成 Amadori 化合物，不会产生色泽变化；继续加热，Amadori产物再经脱水和分裂得到无色还原酮和荧光性物质，其中一些是有色的；美拉德反应的最后阶段产生很多色泽，这个阶段以褐色聚合体的生成为特征。

5.2.6　污垢和清洗情况的检测

加工设备上污垢沉淀物的形成在乳制品工业中有着严重的影响。污垢的监控可提供关于"必要清洁时刻"的信息，确保巴氏杀菌设备、灭菌设备和干燥设备等的有效运行。当达到承受限值时生产过程会中断，设备开始进行 CIP 清洗。CIP 清洗液通过机器和其他设备形成一个清洗循环回路，高速液体流过设备表面产生一种能除去沉淀污物的机械冲击力。加工设备不必因清洗而拆卸，并由预设的清洗程序来控制。CIP 系统可以分为分布式清洗和集中式清洗。大型的乳制品厂由于集中安装的原位清洗站会造成清洗线太长，所以可选择分布式原位清洗。因此，大型的原位清洗站就被一些分散在各组加工设备附近的小型装置所取代。而集中式清洗系统主要用于连接线路相对较短的小型乳制品厂，水和洗涤剂溶液从中央站的贮存罐泵至各个原位清洗线路。生物污垢和 CIP 的检测系统包括物理传感器、微生物检测及其他测定设备等。

CIP 清洗设备特点有以下几方面：

① 设计紧凑，安装、维护和调试简便；性能稳定可靠，用功能块组成的模块结构，可分手控、自动选择、触摸屏提示操作，直观易懂。

② 能有效地清除污垢残留，防止微生物污染，避免批次之间的影响。

③ 符合 GMP 要求，实现清洗工序的验证。

④ 能使生产计划合理化及提高生产能力。

⑤ 按程序安排步骤进行，与手洗作业比较，能有效防止操作失误，提高清洗效率，减少劳动强度。

⑥ 降低清洗成本，水、清洗剂及蒸汽的耗量减少。

⑦ 增加机器部件的使用年限。

⑧ 安全可靠，设备无须拆卸。

以热转移量的度量为基础的监控乳制品生产线中结垢的技术早已被开发。这项技术主要通过对沉积物引起的水力特性和热转换的变化进行在线检测。管道内壁堆积物的形成会引起额外的热电阻，减少管壁的热传导。热流量传感器由一系列热电偶组成。在一定温度梯度下，热电偶交叉点处于不同的温度下，因此产生与热通量成正比的电压差。这些传感器提高了温度控制系统的精确性，提供的信息比单纯的温度测量结果提供的信息更准确。

Truong 和 Anema 采用紧贴在一个直接蒸汽注入生牛乳加热器管道外表面的热通量传感器来测定污垢（图 5-4）。图形表示出通过沉淀层的大量牛奶的温度剖面（T_b）和暴露在周围环境空气管壁的温度剖面（T_a）。管壁上的沉积层越厚，传感器（T_s）与周围环境（T_a）的温差越小，从而引起热通量的减少。

在引水车间和设有热通量系统的商业车间测定的热通量与水平沉积物厚度之间的相关性如图 5-5 所示。这种方法适用于绘制对生产线结垢最敏感的关键点。设置在关键点的传感器提供必要清洗时间的在线信息。

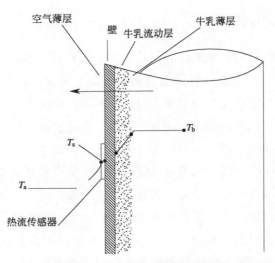

图 5-4　显示通过管壁的热通量和温度剖面的管道断面图

T_b—乳温度剖面；T_s—传感器温度剖面；T_a—周围空气温度剖面

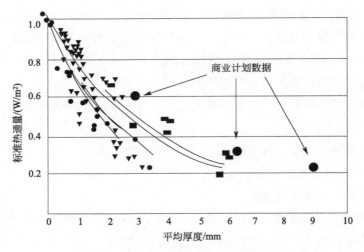

图 5-5　标准化热通量与沉积层平均厚度的关系

牛乳加热至 85℃（■上部分），95℃（▼中间线）和 100℃（●底部线）

　　清洁和消毒是确保和维持食品工业中的质量和安全性所必需的。在液态食品加工过程中频繁的清洁处理是先决条件，乳制品加工甚至要求每日清洁。这些程序通常以经验为基础，根据保证食品安全的清洁阶段的强度和时间长度，可选择的空间较大。随着食品批量生产的减小和产品多样性的增加，可以适当采取机动灵活的 CIP 清洗。以清洁阶段的 on-line 和 in-line 检测为基础的策略可以节省能量和时间，并且减少水和原料消耗。清洁和消毒方案包括向系统泵入碱液以去除有机物料（主要是蛋白质）和酸清洁阶段以除去无机沉淀物（主要是钙磷酸盐）。每一步进行之前都要经过水漂洗，完成之后也要进行彻底的水清洗以保证清洁剂的完全除去。

荷兰 NIZO 乳品研究所开发了一种检测系统叫做 OPTI-CIP，以除去沉积物和清洁剂的 on-line 和 in-line 检测为基础。采用 OPTI-CIP，生产过程可以连续进行分析和优化。车间里，在完成双阶段清洁过程之后，采用浑浊传感器（AF56-N，OPTEK，埃森，德国）并进行钙的检测，可以减少 1/2 的清洁时间，提高了清洁效率。

目前，乳制品生产加工过程中大多数相关物理参数的在线检测已经成功实现。具有挑战性的在线检测仍是解决原料乳中化学成分的检测，如牛乳成分的变异，自动挤奶系统中的异常乳，发酵中检测香味化合物的生成，加工中在线高效检测追踪致病菌和孢子等微生物。

5.3 在线检测系统和设备

李为国和张振国[15] 发明了一种奶液在线实时检测系统，包括检测仪和与之相连的主机，所有检测仪上设置有显示器和打印机。如图 5-6 所示，该奶液在线实时检测系统特征如下：将在线取样器设置于管路上，通过管路延伸至取样杯底部或者磅奶槽中，间接使在线取样器与之相连。在线取样器的内径大于管道的内径的目的是让奶液进入在线取样器的流速变缓慢；管路延伸至取样杯底部是为了防止进入取样杯的奶液飞溅和起泡沫。检测仪通过管路与取样杯或受奶槽相连接，使得可以随时对输送或贮存的奶液进行实时检测，实现奶液动态成分组成分析；所有管路上均设置有取样阀或三通检测控制阀或排液阀，三通检测控制阀的各通路分别与在线取样器、检测仪和一清洗瓶相连接。取样阀可以实现自如控制取样时间，避免不必要的浪费；在取样时打开取样阀，同时打开排液阀，这样可以将取样杯中残留奶液排出，以保证下次取样杯中采集的奶液样品不受上次取样残留奶液的影响，更加真实地反映待测奶液成分组成；清洗瓶中盛装的清洗液可以将检测仪及其连接管路中残留奶液清洗干净，以使检测结果更为真实有效。

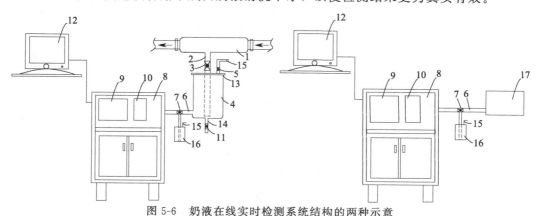

图 5-6 奶液在线实时检测系统结构的两种示意

1—在线取样器；2—管路；3—取样阀；4—取样杯；5—排气阀；6—管路；

7—三通检测控制阀；8-检测仪；9—显示器；10—打印机；11—排液阀；

12—主机；13-杯盖；14—排液管；15-排气管；16-清洗瓶；17-磅奶槽或受奶槽

该在线实时检测系统方便快捷地实现了对奶液成分的实时检测，避免了由于人工取样和报送检测结构而可能出现的检测结果失真的不足。

与实验室型的近红外光谱仪相同，工业现场所用的在线近红外光谱分析系统也是由硬件、软件和分析模型三部分组成，但是两者所包含的实际内容和各项性能指标却有显著差异。

硬件主要包括近红外光谱仪、自动取样系统、测样装置、样品预处理系统等部分。近红外光谱仪是整个在线分析系统的心脏。目前，几乎所有类型的近红外光谱仪器，如固定光路阵列检测器（CCD，PDA）、傅立叶变换红外光谱仪（FTIR）和声光可调滤光器（AOFT）等，都已经用于在线检测分析[16]。企业加工生产非特殊情况下大都是连续不间断运转，所以在线近红外光谱仪的抗环境干扰性尤为重要，由于固定光路阵列检测器和 AOFT 两类仪器的内部没有移动光学部件，自身的长期稳定性方面具有较强的优势，性价比也较为合理[17]。自动取样系统的合理设计也是至关重要的，否则可能影响分析结果的可靠性。测试样品时，需要根据所测样品的实际情况选择合适的测样方式。一般而言，对于透明液体和半透明液体主要采取透射或透反射方式采集光谱，对于不透明液体则一般采用漫反射方式。样品预处理系统的主要功能是控制样品的温度、压力和流速，以及脱除样品中的气泡、水分和机械杂质等影响因素，确保分析结果有效准确。对不同的测量体系，样品预处理系统的组成也不尽相同。

在线近红外光谱分析系统的软件除了具备必需的光谱实时采集和化学计量学光谱分析功能外，还应包括其他一些功能，如数据与信息显示功能、数据管理功能、通信功能、故障诊断与安全功能、监控功能等。分析模型是在线数据分析的核心所在，建模型时应注意模型预测精度与模型稳健性之间的相互影响问题。理论上讲，若校正集中光谱采集条件完全相同（如光谱仪的环境温度、样品温度、压力和流速），则所建模型对相同条件下采集光谱数据的预测准确性较高；若采集条件发生了波动，则预测结果将会产生较大的偏差。然而，在为实际生产建立模型时往往会人为地在一定范围内变动某些测试条件如样品的温度或流速，虽然这必然会一定程度地降低模型的预测精度，但是可以提高模型的稳健性和预测能力。在具体的实施过程中，应对测试条件变化而产生的后果进行适合的折中处理，也可将实验室建立的分析模型通过模型传递方法转换后用于在线分析[17]。

邹贤勇[17]利用课题组自行研发的近红外在线检测试验台（图 5-7），在 36℃温度下，以蒸馏水为本底，选择光程为 2mm，流速为 0.218cm/s，测定了 60 个牛奶样品的近红外光谱。然后对所有原始光谱数据进行了多种预处理条件分析，得出最佳预处理方法是 MAF 平滑、归一化处理及一阶倒数处理；蛋白质最佳建模波段为 1370～1410nm 和 1680～1860nm，脂肪的最佳建模波段为 1150～1410nm 和 1430～1880nm，最后采用偏最小二乘法分别建立了牛奶样品的蛋白质和脂肪校正模型并对模型的预测性能进行了验证，结果表明所建立的牛奶蛋白质和脂肪的模型预测性能较好，基本上可以满足牛奶成分的在线检测精度要求。本项研究创新点在于所选用的检测波长（1100～2200nm）较大多数近红外光谱在线检测牛奶系统所用的波长长，以及对检测过程中重要参数进行了优选。但是仍存在一些不足之处：在线检测系统中流通池的设计未考虑到样品清洁的方便性，光纤探头的固定有待进一步的完善；研究的牛奶大部分是奶粉加水配置的样品，与实际牛奶生产加工有一定的差异；由于实验室条件所限，本模型的稳健性评价只考察了温度对模型稳健性的影响，而其他因素（如流速、压力、样品状态）对模型稳健性的影响有待进一步研究。

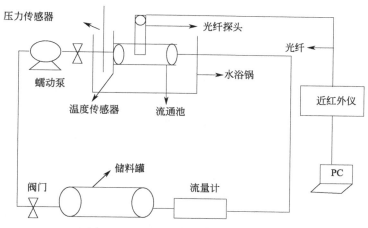

图 5-7　近红外在线检测试验台示意

丹麦的 ProFoss[TM] 在线乳品分析仪采用近红外光谱系统，可用于黄油、新鲜奶酪、马苏里拉奶酪、WPC（whey protein concentrate，浓缩乳清蛋白）/MPC（milk protein concentration，浓缩牛奶蛋白）、乳粉、奶油的生产。通过在线同时监测脂肪、蛋白质、水分、总固体量、非脂肪乳固体和蛋白与总固体量比率参数，让生产出的产品质量一致，且更符合指定的目标[18]。该设备技术规格如下。分析时间：每个结果的平均时间 15～30s；测量模式：透射（侧面透射）；波长范围：850～1050nm；检测器：硅二极管阵列；光谱色散：1.0nm/像素。设备的保护参数是 IP69K，IP6x 是指防止灰尘进入设备的最高保护。IPx9K 表示可保护设备免受高压水和/或高温蒸汽清洁的影响。此外，ProcesScan[TM]FT 是一个在线牛奶分析仪，用于牛奶和液奶的标准化。直接安装在生产线上，可以准确地测量脂肪、蛋白质、乳糖、总固形物和非脂乳固体。能够保障产品的稳定性，进而保证乳企利润。

美国的 Prospect 在线乳品分析仪同样采用近红外光谱系统，可以对产品进行高速、精密的检测，且在线检测的精确度经过了实验室方法的校准，排除了典型的与批次标准化有关的样品、时间延误和成本问题[19]。在在线检测方面，Prospect 在线乳品分析仪在线取样过程中不会浪费产品，可以连续地、自动地控制修正牛奶和乳制品的组成、日常维护成本较低；此外，它的流动清洗池被整合为 CIP 清洗方式，无需拆除检查或校准。与 ProFoss[TM] 在线乳品分析仪相比，该设备可以在线检测的乳制品产品范围增加了液奶、酸奶、WPI（whey protein isolate，分离乳清蛋白）。例如，安装在液奶生产线上，可实时在线同时监测液奶的蛋白质、脂肪、总固溶、乳糖、水分、灰分等指标，并可以 30s 将实时检测数据发送到 PLC，实现乳制品生产线智能联动控制生产过程，生产关键环节精准控制和自动配方调整，减少乳制品生产过程中的损耗同时确保产品质量、一致性和可追溯性，减少产生不合格产品，并消除批量后标准化的需要，达到确保食品安全性目的。除此之外，设备设计具有紧凑的占地面积和安装灵活性，可以根据空间和生产要求进行安装。

参考文献

[1] 刘昊. 保障食物安全性的分析与检验技术 [J]. 食品界,2017(10):105.

[2] 张鐘月. 食品安全与消费者权益保护 [J]. 才智,2018(20):236.

[3] Smit G. Dairy Processing:Improving Quality [J]. Cambridge Woodhead Publishing ltd,2003.

[4] 周向华,刘东红,叶兴乾. 低能量超声检测技术在食品工业中的应用 [J]. 农业工程学报,2004,20(3):292-295.

[5] Brennan D.,Alderman J.,Sattler L.,et al. Issues in development of NIR micro spectrometer system for on-line process monitoring of milk product [J]. Measurement,2003,33(1):67-74.

[6] Kawamura S.,Tsukahara M.,Natsuga M.,et al. On-line near infrared spectroscopic sensing technique for assessing milk quality during milking:proceedings of the 2003 ASAE Annual Meeting,F,2003 [C]. American Society of Agricultural and Biological Engineers.

[7] Karoui R.,De Baerdemaeker J. A review of the analytical methods coupled with chemometric tools for the determination of the quality and identity of dairy products [J]. Food Chem,2007,102(3):621-640.

[8] 叶世著,彭黔荣,刘娜,等. 近红外光谱技术在奶粉检测中的应用进展 [J]. 中国乳品工业,2015,43(1):24-26,58.

[9] 北青网. 利用化学指纹识破乳品掺假,一分钟能检出奶粉中掺杂植物蛋白 [EB/OL]. http://news.ynet.com/2019/06/23/1900408t70.html

[10] Rajendran V.,Irudayaraj J. Detection of glucose,galactose,and lactose in milk with a microdialysis-coupled flow injection amperometric sensor [J]. J Dairy Sci,2002,85(6):1357-1361.

[11] 宋海琼,庞广昌. 乳糖生物传感器在乳品安全检测中的研究进展 [J]. 中国乳品工业,2010(2):38-40.

[12] 生物在线. 乳制品微生物快速检测技术新突破——恒温 PCR 扩增技术 [EB/OL]. http://www.bioon.com.cn/sub/showarticle.asp? newsid=57667

[13] Gibson D. Conductance/impedance techniques for microbial assay [M]. Instrumentation and Sensors for the Food Industry. Elsevier. 2001:484-517.

[14] Wirtanen G.,Salo S.,Sjöberg A.-M.,et al. Validation of process control in pre-production stages:proceedings of the Food Hygiene Europe 2000 Conference:Amsterdam, the Netherlands, 6-8 June 2000,F,2000 [C].

[15] 李为国,张振国. 奶液在线实时检测系统,CN2781371 [P/OL]. https://d.wanfangdata.com.cn/patent/ChJQYXRlbnROZXdTMjAyMjAzMjMEENOMjAwNTIwMDIyODY2LjkkaCGR2NHh3eHZl.

[16] 徐广通,袁洪福,陆婉珍. 近红外光谱仪器概况与进展 [J]. 现代科学仪器,1997(3):9-11.

[17] 邹贤勇. 应用近红外光谱分析技术在线检测牛奶成分的研究 [D]. 镇江:江苏大学,2008.

[18] FoodScan™2 乳品分析仪 [EB/OL]. https://www.fossanalytics.com/zh-cn/products/foodscan-2-dairy

[19] 在线乳品分析仪 ProSpect® In-Line Dairy Analyzer [EB/OL]. https://ametekmoconcn.live.ametekweb.com/products/in-line-dairy-analyzers/prospect-tstd-30-for-liquids

第6章

液奶的清洗技术

牛奶的营养价值很高,但又很容易发生腐败变质。它既是营养丰富的食品,同时又可以成为细菌等微生物培养滋生的营养源。乳品加工过程中,生产设备表面容易产生乳垢。这些设备的清洗是食品生产过程中必不可少的部分,清洗不彻底可能会造成食品安全隐患。因此在牛奶加工过程中要不断对加工设备进行清洗,其目的不仅是要清除沾染在设备上的各种污垢,同时还要控制细菌等微生物繁殖,使牛奶免遭腐败和微生物产生的毒素污染,以保证牛奶的清洁卫生和饮用人的身体健康。

近年来,乳品清洗技术正在向环保型、功能型、精细化、集成化方向发展,主要体现在两个方面:一方面是高效且对环境友好的绿色清洗剂的研发,如合成具有生物降解能力和酶催化作用的化学清洗剂、弱酸性或中性的天然绿色清洗剂取代强酸强碱等;另一方面是物理清洗方法的不断创新,如脉冲流、超声波、臭氧、等离子体、激光、高压水射流、超临界CO_2等清洗技术[1]。

6.1　清洗原理

6.1.1　牛奶加工过程中形成的污垢

牛奶加工过程中,在容器中沉积的污垢有多种形式,主要包含以下几种。

（1）乳膜

牛奶在与加工设备表面接触时会被干燥,从而缓慢附着在加工设备的表面上,在日常生活中我们在热牛奶的冷却过程中也常能看到这种乳膜在牛奶表面形成。乳膜是由蛋白质、脂肪及无机物等聚合而成的。当乳膜在容器壁表面凝结不太牢固时,比较容易被清除,只需用温水就可以把它冲洗掉。

（2）乳垢

在乳膜冲洗不干净时,留下的残留物是较难被清除的蛋白质和无机物形成的污垢,这类污垢经过长时间的积累就会形成鳞状或厚膜状的乳垢。乳垢通常是由蛋白质与钙结合而成的黏性物质,其牢固地附着在器壁上,一般只用温水不能把它冲洗掉。设备上乳垢的存在不仅会损坏牛奶的味道,而且会成为耐热性细菌和好冷性细菌存在的场所而造成新的污染。

（3）乳石

乳石是在对牛奶进行加热杀菌处理时在机器中产生的重质污垢。在热处理过程中,食物中的某些物质会沉积在设备的表面,如图 6-1 所示,被称为结垢。

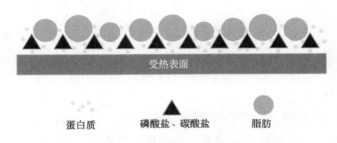

受热表面

蛋白质　　　　磷酸盐、碳酸盐　　　　脂肪

图 6-1　受热表面上的沉积物

当将液奶加热到 60℃ 以上时,"乳石"开始形成。乳石是磷酸钙(或磷酸镁)、蛋白质、脂肪等的沉积物。从结构上可把乳石分为 A、B、C 三种类型。A 型乳石是厚度均匀而且坚硬的玻璃状薄膜附着物,在牛奶加热温度较高时最易形成这类乳石。该类乳石中无机物含量很高,一般可达 70%,并以磷酸钙为主。由于蛋白质在受热烧焦时在器壁上附着非常牢固,所以这类乳石难以被清除。B 型乳石是在牛奶在较低温度下进行加热杀菌处理时形成的,与 A 型乳石相比,无机成分减少而蛋白质含量增高(占 50%～60%),并含有一定的脂肪。从外形上看像是沿着牛奶流动方向形成的纤维状附着物,是柔软的大块污染物。C 型乳石通常是在温度较低、牛奶流动速度非常缓慢的情况下形成的,是一种多孔的海绵状附着物。从成分看它的蛋白质含量相对最高,是较易被清除的一类乳石。

乳品加工过程中污垢类型及成因总结于表 6-1。

表 6-1　乳品加工过程中污垢类型及成因

污垢类型	乳膜	乳垢	乳石		
			A 型	B 型	C 型
化学组成	蛋白质、无机物	蛋白质、无机物	较多无机物、少量蛋白质	蛋白质、脂肪	较多蛋白质、少量无机盐
污垢形状及特点	薄膜状、较难清洗	鳞状或厚膜状、较难清洗	厚度均匀、硬度高	纤维型、柔软	多孔海绵状
成因	低温加热时产生	乳膜干涸后形成	高温受热烧焦时产生	较低温度下加热杀菌产生	温度较低、流速较慢时产生

6.1.2　清洗原理

所谓清洗（clean），是通过物理和化学的方法去除被清洗表面上可见和不可见的杂物及有害微生物的过程。通常把利用机械或水力的作用清除物体表面污垢的方法称为物理清洗。凡是利用热学、力学、声学、光学、电学等物理原理去除表面污垢的方法都可归为物理清洗范畴。化学清洗是利用化学药品或其他水溶液清除物体表面污垢的方法，通常去污依靠的是化学清洗剂[2]。目前多采用物理清洗与化学清洗相结合的方式，以便获得更好的清洗效果。

清洗的作用机理主要包含以下几个方面。

6.1.2.1　水的溶解作用

溶解作用与清洗介质的极性有关。乳品企业常用的清洗介质是水。水是极性化合物，对电解质及有机或无机盐类的溶解作用较强，而对于油脂性污垢几乎没有溶解作用，对于碳水化合物、蛋白质、低级脂肪酸有一定的溶解作用。

6.1.2.2　热的作用

温度升高，可以加速污垢的物理与化学反应速度，使污垢在清洗过程中易于脱落，从而提高清洗效果，缩短清洗时间。

6.1.2.3　机械作用

机械作用是指通过机械部件的运动使清洗剂产生的作用，如通过搅拌、喷射、加入脉冲流等使清洗液产生较强的压力和摩擦力，以提高清洗效率。甚至只用水不用化学清洗剂即可清洗充分，减少了对环境的污染，实现节能环保。

6.1.2.4　界面活性作用

界面是相与相之间的交界面，即两相间的接触表面。这里指的是清洗液与污垢、污垢与被清洗物体（如管道、罐体等）、被清洗物体与清洗液之间的交界面。界面活性作用是指这些界面之间有选择的物理或化学作用的总称，包括润湿、乳化、分散、溶解、起泡等，而具有这些界面活性作用的化学物质称为表面活性剂。表面活性剂是化学清洗剂的主要成分。润湿性（wettability）即一种液体在一种固体表面铺展的能力或倾向性。乳化是一种液体以极微小液滴均匀地分散在互不相溶的另一种液体中的作用。分散性是固体粒子的絮凝团或液滴，在水或其他均匀液体介质中，能分散为细小粒子悬浮于分散介质中而不沉淀的性能。这里的溶解主要指的是液体对于固体产生物理或化学反应使其成为分子状态的均匀相的过程。泡沫是由液体薄膜或固体薄膜隔离开的气体聚集体，其在清洗过程中起着微妙的作用。表面活性剂具有起泡与稳泡的作用。

6.1.2.5 化学作用

化学作用指清洗剂成分与被清洗污垢杂质的化学反应。如氢氧化钠等碱性清洗剂与油脂的皂化反应（saponification）、与脂肪酸的中和反应（neutralization）、对蛋白质的分解反应（decomposition），硝酸等酸性清洗剂对无机盐性污垢的溶解反应，以及过氧化物、含氯类清洗剂对有机性污垢的氧化还原反应，有机螯合剂对金属离子的螯合作用（chelation）等[3]。如皂化反应是碱（通常为强碱）催化条件下的酯类被水解，而生成醇和羧酸盐，尤指油脂的水解。

在乳品工业中，强碱氢氧化钠是最常使用的清洗剂。氢氧化钠对牛奶形成的污垢有很强的溶解性能，在氢氧化钠强碱性的作用下，奶垢含有的脂肪发生皂化反应生成脂肪酸钠和甘油而溶解，而奶垢含有的蛋白质在碱的作用下发生水解而断裂成分子量较小的多肽或氨基酸而溶解于水。因受热而变性凝固的蛋白质在器壁上往往黏附很牢，仅单纯靠表面活性剂的作用很难将其溶解，而在碱对蛋白质作用的协助下就很容易将其去除。当pH值上升到12时，蛋白质在碱中的溶解度大大提高。因此，清除由于受强热作用而凝固的蛋白质奶垢时，清洗液的pH值应在13以上。

6.1.2.6 酶的作用

酶的作用主要是指酶类所具有的分解作用，如淀粉酶对淀粉的分解作用、蛋白酶对蛋白质的分解作用、脂肪酶对脂肪的分解作用、纤维素酶对纤维素的分解作用等。

上述水的溶解作用、热的作用、机械作用、界面活性作用、化学作用以及酶的作用往往协同影响清洗剂的清洗过程。

清洗过程可以简化描述为：清洗剂清洗污垢时，向污垢浸润、渗透，清洗剂组分中的亲油基吸附在油污上，亲水基定向排列在外围，吸附到油污上的清洗剂分子逐渐膨润，使污垢变得易于脱离，分散于清洗液中，最后经过漂洗被清洗剂带走，达到除垢目的[4]。如图6-2所示，大部分清洗过程可以分为三个阶段，即沉积膨胀阶段、均匀侵蚀阶段和最后的移除阶段。在沉积膨胀阶段，沉积物在与清洗剂（如碱）接触时发生溶胀，形成高孔隙率的开放蛋白基质；这个"均匀的"膨胀层在侵蚀阶段通过表面剪切和扩散的结合被转移到清洗液中；最后的"移除"阶段发生时，膨胀层很薄且不均匀，需要通过剪切/质量运输移除少量的沉积物[5]。

当然，实际清洗剂清洗污垢是一个复杂的过程，利用化学和物理等变化达到去污的效果。清洗过程除了上述润湿、乳化、分散、溶解、起泡、皂化等，还包括胶溶、悬浮、漂洗、水的软化和腐蚀作用等[4]。胶溶是表面活性剂分子钻进污垢裂缝中，使污垢粉碎成胶粒大小的质点或单个分子，均匀分散在水溶液中。悬浮是指固体颗粒分散在清洗剂水溶液中。漂洗是在洗涤完后用清水清洗设备的过程，目的是把设备彻底清洗干

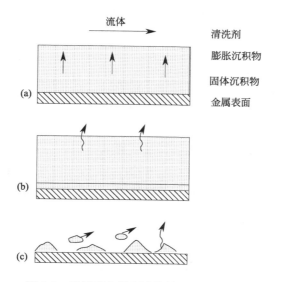

图 6-2　乳清蛋白沉积清除的阶段示意

净。而硬水软化就是将硬水中的钙、镁等可溶性盐除去的过程。腐蚀作用可包含两部分：一部分是水中的氧气与钢铁中的铁元素发生氧化反应；另一部分是电化学腐蚀，钢铁中含有碳等杂质，在有水的环境里，会形成原电池反应而发生腐蚀。

6.1.3　清洗工艺

在现代乳品加工过程中，大约1/4甚至更多的时间花在清洗上。乳品工厂设备设施与管路的清洗操作常用于生产操作过程中或者生产操作结束后立即进行。为了获得要求的清洁度，清洗操作严格按照制定的清洗程序进行。清洗操作的基本步骤如下。

6.1.3.1　物料残留物回收

生产操作结束后，采用刮落、排出、水置换或者用压缩空气排出等方法，将残余物料从罐壁和管道中排出，以减少物料损失，便于清洗，并节约一定的废水处理费用。

6.1.3.2　清水预洗

物料残留物回收后，立即用不超过 60℃ 的温水对设备即管路进行预洗，直至从设备中排出的水干净为止。清水预洗的目的是避免残留物干涸并黏着在设备表面上，减少清洗难度；同时也减少了清洗剂的消耗量。

6.1.3.3　清洗剂清洗

清水预洗后，采用一定的清洗剂清洗设备和管路。清洗剂清洗的过程要求清洗剂保持一定的浓度、温度、流速、流量和清洗循环时间。

6.1.3.4 清水冲洗

清洗剂清洗后，采用一定温度的清水冲洗以除去所有残留的清洗溶液。清水冲洗要求保持一定的温度、流量、流速和冲洗时间，以保证残留清洗剂的彻底清除。该过程又称为漂洗。

在生产过程中，有时主要对设备的加热段和热回收段进行清洗，称为"中间清洗"（aseptic intermediate cleaning，AIC）。例如，UHT 设备的灭菌温度高达 140℃，在使用一段时间后，加热造成蛋白质变性而产生乳石的大量沉积，严重影响热交换效率，这时只需要对 UHT 设备的加热段和热回收段进行清洗，以恢复良好的热交换效率。

6.2 影响清洗效果的因素

食品工艺设备的清洗，往往针对不同类型的污垢，选择不同理化性质的清洗剂进行有效清洗。但在实际清洗作业中，清洗效果还受多种因素的影响。在清洗设备时不仅要正确选择清洗剂的类型，也要严格把控清洗过程的清洗液浓度以及清洗的时间、温度、流速、压力等相关因素，以保证清洗过程高效且节能。另外，水质以及漂洗对清洗效果也有很大影响。

6.2.1 清洗液种类

被清洗污垢的性质不同，不同类型清洗液的清洗效果也不相同，如表 6-2 所列。应根据被清洗污垢的具体情况选择相应的清洗液。

表 6-2 乳品工厂内奶垢清洗性质

成分	可溶性	不加热	加热
乳糖	易溶于水	易清洗	焦化后难清洗
脂肪	无表面活性剂,不溶于水、碱液和酸液	有表面活性剂条件下,易清洗	聚合后难清洗
蛋白质	难溶于水,稍溶于酸液、易溶于碱液	水中难清洗,碱液中较易清洗	变性后难清洗
矿物质	取决于不同的矿物质,大部分易溶于酸液	比较易清洗	沉淀后难清洗

6.2.2 清洗液浓度

清洗液的浓度直接影响清洗效果，浓度较低不易达到清洗效果，或者需要延长清洗时间。一般来说，适当提高清洗液的浓度可以增强清洗效果，但超过临界浓度时，不仅增加清洗费用并延长清洗时间，效果反而下降并可能伴随一些副作用，如对设备的腐蚀性等。

6.2.3　清洗时间

清洗不能瞬间完成，而是一个过程。清洗时间受清洗剂种类、浓度、温度、被清洗污垢种类、设备、管道布局等影响。研究表明：在开始清洗后的一段时间内，随着时间延长清洗效果明显改善。但经过较长一段时间后，由于化学试剂溶解沉积层的能力有限，清洗时间过长会使清洗效果趋于平衡，即使再延长清洗时间，清洗效果也不会有很大的改变，同时相应地造成生产效率下降、生产成本提高，因此需要根据清洗要求设定恰当的清洗时间[6]。对于定量清洗存在一个最低必要清洗时间或达到平衡状态所需的极限清洗时间。这一时间是从实践中摸索出来的，在实际生产中，清洗时间根据污垢的厚度和清洗液的温度来确定，但为了取得更好的清洗效果，一般再保持一段时间以保证清洗真正达到平衡状态。

6.2.4　清洗温度

清洗温度指清洗循环时在回流管线上测定的清洗液温度，该温度在清洗过程中应保持稳定。提高温度会对清洗系统产生下列影响：a. 改变污物的物理状态使其在装置表面的附着力降低而易被清除；b. 加快清洗剂与污物之间的化学反应速度；c. 降低清洗液的黏度使雷诺数升高，使清洗效果改善；d. 使污垢中的可溶性成分在清洗液中的溶解度加大等。一般来说，清洗剂的清洗效力随着温度的上升而增加，温度每升高 $10℃$，化学反应速率会提高 1.5~2 倍。但温度过高，可能会使设备及管道发生热应变，某些清洗剂腐蚀金属设备能力增强，还可能会造成蛋白质变性而产生凝固、脂肪发生皂化，使奶垢与设备的结合力增加。较高温度（80℃左右）的清洗剂不加灭菌药剂也具有杀菌作用，但温度过高（85℃以上）时牛奶蛋白质形成的污垢会因受热发生变性而牢固附着在装置表面，而当温度低于 32℃时牛奶脂肪在装置表面形成不容易溶解去除的附着物，因此清洗温度一般控制在 32~85℃之间。

6.2.5　清洗机械力

通常乳品工业系统内的污垢牢固地附着于设备表面，此时需要一些机械力的帮助进行清洗[7]。一般这种机械力通过系统内的水循环产生。为了保证清洗过程中能产生足够的机械作用，可以通过提高清洗液流速来提高冲击力，获得更好的清洗效果，并可以相对补偿清洗液浓度、清洗时间、清洗温度不足而造成的影响。在 CIP 清洗过程中，清洗液往往利用流体在紊乱流动状态（即湍流）下形成的对管壁的冲刷力来清除污垢。当流体处于湍流状态时，除了沿着管道轴向的主运动之外，还有沿着径向的副运动，因此清洗效果较好。生产现场应根据管路特点和奶垢类型来调整流速。

6.2.6 水质

清洗要素中，最不可或缺的是水清洗。清洗用水经加热，与清洗剂混合，再辅以一定水动力，可以使得乳制品加工设备中的污垢溶解，冲去。而水质决定清洗效果，水中含有钙、镁、铁等矿物质以及其他污染物，这些因素会破坏清洗效果。不同地区水质差异很大，因此同一个产品，在相同的清洗工艺下，如果水质不同，清洗效果也会大不相同。

6.2.7 漂洗

经清洗剂清洗后，设备表面还需用水冲洗足够长的时间，以使污垢及清洗剂的微量残留均排除干净，此即漂洗。漂洗需要关注以下因素：首先是水的温度，漂洗用水应保持一定的水温，否则过低的温度容易引起皂的析出；其次是 pH 值，若 pH 值降的过快，皂会水解形成脂肪酸，游离的脂肪酸会附着在设备表面，难以清洗；最后是水的硬度，脂肪酸钠遇到硬水变成"钙皂"，导致清洗失败。漂洗常用软化水进行。

6.3　乳品工业清洗剂

水是应用极广的溶剂和清洗介质。水分子具有很强的极性，其对无机酸、盐、碱具有良好的溶解性能。水本身可以有效地清洗设备表面，但它对于非活性有机化合物和一些高价金属盐的沉淀清洗效果较差，它主要是通过机械和加热而起作用的。此外奶垢中含有丰富的脂肪和蛋白，这些成分在水中不容易被溶解。还有一些乳品在高温下加工，使得牛奶中的多种有机物尤其是蛋白质产生焦化、碳化，大幅度地提高了清洗的难度。在水中加入清洗剂，可有效地渗透、溶解和除掉设备表面的垢质，显著增强清洗效果。

清洗剂是指那些在设备清洗过程中使用的具备相应的物理、化学、消毒除菌等性能，能够快速高效地清除污垢的溶液。目前清洗剂的分类主要是根据清洗剂酸碱性的不同。清洗剂按 pH 值由小到大顺序可分为五类，即强酸性（pH＜2）、弱酸性（pH＝2~6）、中性（pH＝6~8）、弱碱性（pH＝8~12）和强碱性（pH＞12）。其中，弱酸性清洗剂（主要成分为柠檬酸、苹果酸、羟基乙酸、葡萄糖酸等有机酸）、中性清洗剂（主要成分为表面活性剂）和弱碱性清洗剂（主要成分为碳酸盐、硅酸盐、磷酸盐等）主要用于对乳品加工设备污染程度较低时的手洗工艺中。而强酸性清洗剂（主要成分是硝酸、盐酸、磷酸等无机酸或氨基磺酸等强有机酸）和强碱性清洗剂（主要成分是氢氧化钠、硅酸钠、磷酸钠等）主要用于 CIP 自动清洗系统。强酸性清洗剂主要用于清洗设备上的高强度无机污垢，强碱性清洗剂主要用于清洗设备上的高强度有机污垢。

随着清洗技术的发展，复合清洗剂是目前乳品加工中的应用现状和今后发展的趋势。复合清洗剂在单一酸、碱的基础上添加了表面活性剂、螯合剂、电解质、酶等助剂，相较于传统的单一酸、碱清洗剂，具有清洗时间短、清洗效率高、清洗效果好，而且安全性、稳定性、环保性都较高等优点。

6.3.1 碱及复合碱性清洗剂

此类清洗剂的主要成分包括碱性物质、多聚磷酸盐、表面活性剂和螯合剂等。该类清洗剂可以为清洗体系提供强碱性环境（pH=8.0~11.0），碱液对蛋白质、多糖、微生物、油脂等有机污垢有优良的溶解能力（伴随水分解反应、皂化反应等），可以将多种污垢一起洗净[8]。为了某些特殊的清洗目的，其成分中含有抑菌成分、氧化还原剂、酶等。

清洗剂中常用的碱性物质有氢氧化钠、碳酸钠、硅酸钠、磷酸钠等，它们中两种或多种混合可增强清洗效果。多数清洗剂以氢氧化钠为主，因为它对有机物有良好的溶解作用，在高温下有良好的分散性能，是一种有效的清洗剂且价格较低。但氢氧化钠在使用时会逐渐转化成碳酸盐，在缺乏足够悬浮或多价螯合剂的情况下会在设备和器皿的表面上形成鳞片或结霜，而且单纯的氢氧化钠过水性能很差，且氢氧化钠在高浓度时会导致严重的皮肤烧伤，使用时要加倍小心。碳酸钠价格较氢氧化钠低，但软化水能力很差，稍有反絮凝和乳化作用。当其溶于硬水时，常形成碳酸钙沉淀。碳酸钠和碳酸氢钠碱度低，一般用做可与皮肤接触的清洗剂。硅酸钠碱性仅次于氢氧化钠，具有较强的溶解性及反絮凝和乳化作用，在清洗过程中有较好的悬浮垢质作用，且对设备腐蚀性较小，但其价格较贵。多聚磷酸盐是有效的乳化剂和分散剂，而且也能够软化水，最常用的是三聚磷酸钠和络合的磷酸盐混合物。多聚磷酸盐是大部分碱性清洗剂所需的添加剂，它还具有抑制腐蚀的作用，但在生产中要设法使用多聚磷酸盐的最低使用量，因为它在水道中能起到营养物的作用。

云振义等[9]将食品级液体氢氧化钠与仲烷基磺酸钠、癸基咪唑啉双羧酸盐、十二烷基二甲基氧化胺、月桂醇聚氧乙烯醚硫酸酯钠盐、葡萄糖酸钠、分散阻垢剂、丙二醇和去离子水复配制成表面活性剂含量高的碱性泡沫复合清洗剂，解决了普通碱性泡沫清洗剂中碱性物质含量较低，对顽固有机污垢的去除能力有限的难题。吕玲[10]用脂肪醇聚氧乙烯醚和椰子油烷醇酰胺、油脂三乙醇胺、单乙醇胺、苯并三氮唑、EDTA二钠、液体柠檬酸、硅钾酸、烷基苯磺酸、焦磷酸四钾、偏硅酸钠、二乙醇胺、二甲基苯磺酸钠、氢氧化钠和水复配，制得的碱性清洗剂具有环保无毒、安全、经济成本低、清洗效果好的特点。宋金武等[11]发明了一种乳品饮料无菌加工设备的碱性清洗剂，采用氢氧化钠与非离子表面活性剂、增溶剂、螯合剂、分散剂和余量的水复配，针对乳品饮料污垢的形成类型进行产品开发，增强了清洗剂的去污性能及抗污垢再沉积性能。

6.3.2 酸性及复合酸性清洗剂

乳品中的矿物质（如钙、铁、锌、硒等）含量丰富，并且在加工一些功能性乳制品时，会再加入对人体有益的矿物质，这些矿物质会在设备表面形成稳定的垢石，随着奶垢的分解，钙、镁等离子的浓度也会随之升高并与油脂中的硬脂酸、油酸结合形成难溶于水的脂肪酸钙后，沉积在设备表面。因此需要用酸除去碱性洗剂不能除掉的顽垢。有些乳品设备只用碱或碱性混合洗剂来清洗达不到最佳效果，尤其是热处理设备，因此用酸洗是非常必要的。如"乳石"的除去必须用酸。需要注意的是，酸一般对金属有腐蚀性，当清洗剂对设备有腐蚀的威胁时，必须添加抗腐蚀剂。

酸性清洗剂 pH<7，主要成分是酸性物质，包括有机酸和无机酸。通常使用的无机酸有硝酸、磷酸、氨基磺酸等，有机酸有羟基乙酸、葡糖酸、柠檬酸等。常用酸性清洗剂是有机酸、无机酸及其盐的混合物，在使用时常需添加湿润剂（如 ECO-LAB 浩丽 FL 复合酸性清洗剂）。酸性清洗剂具有螯合作用，对矿物质清洗性能好，但对蛋白质、脂肪的清洗能力较差，因此适宜与碱液清洗剂配合使用。复合酸性清洗剂是由酸性物质辅助表面活性剂和助剂构成的，可以实现一步法清洗（省去碱洗步骤）[12]。

何云、赵宜华[13] 发明了一种用于食品生产线的 CIP 酸性清洗剂，由异构十三醇聚氧乙烯醚 SIMULSOL OX 1309L、葡萄糖酸钠、羟基亚乙基二膦酸、柠檬酸、磷酸、硝酸、环氧乙烷-环氧丙烷反式嵌段共聚 GenifolRPF2520 等制得，能有效清除食品工业生产设备表面的多种污垢。李洪阳等[14] 发明了一种无磷低碳酸性 CIP 清洗剂，组成成分包括硝酸、羧酸、咪唑啉表面活性剂、多元阻垢缓蚀剂聚环氧羧酸、丙烯酸-丙烯酸酯-磺酸盐三元共聚物和余量的水，该清洗剂具有很好的去污能力和缓蚀能力，且不含有磷酸和有机磷酸等磷系化合物，不会造成环境的污染。古学彪[15] 发明了用于食品设备的低泡消毒清洗剂，原料包括黄角兰提取物、氨基磺酸、聚乙烯吡咯烷酮、过硼酸钠、次氯酸钙、十四酸蔗糖酯、乙氧基化壬基酚、磷酸、烷基醚磷酸酯和水等，制得的清洗剂同时具备清洗和消毒的功能，泡沫少易于处理，而且具有黄角兰的花香。

6.3.3 中性复合清洗剂

中性清洗剂是在标准使用浓度时显示为中性（pH=6~8）的清洗剂的总称。中性清洗剂具有操作简便、无污染、腐蚀轻微等优点。

付东等[16] 发明了一种低泡绿色杀菌浓缩型清洗剂，由烷基糖苷、脂肪酸甲酯乙氧基化物、改性油脂乙氧基化物、改性油脂乙氧基化合物磺酸盐、椰子油脂肪酸二乙醇酰胺、十一烷基咪唑啉两性表面活性剂、螯合剂、渗透剂、消泡剂、杀菌剂、pH 调节剂和余量去离子水制备而成，有良好的抗硬水性及去污能力，是集低泡杀菌二合一的一种高效绿色清洗剂，清洗时间缩短，成本降低，所产生的工业废水符合绿色清洗标准。游龙等[17] 将苯甲酸钠、硫酸钠、脂肪酸二乙醇酰胺、十四烷基硫酸钠、月桂亚氨基二丙酸二钠、甲基异噻唑啉酮、椰油酰基谷氨酸三乙醇胺盐、乙二胺四乙酸二钠、仲醇聚氧乙烯醚、柠檬酸钠、乙二醇、香精、丙基月桂酰胺和去离子水制备成一种食品级工业清洗剂，对各种油脂都有良好的分解效果，且分解产物对环境更加温和。

6.3.4 常用乳品工业清洗添加剂

6.3.4.1 表面活性剂

表面活性剂是一种能在溶液表面定向排列，加入少量即能显著降低溶液的表面张力的有机化合物，具有润湿、增溶、乳化、泡沫等功能。表面活性剂的胶束结构（图6-3）使其能够溶解疏水分子（例如油脂）从而具有清洁和乳化特性的能力[18]。

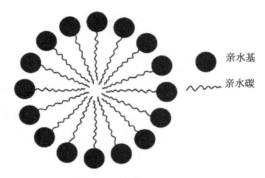

亲水基
亲水碳

图 6-3 胶束二维示意

表面活性剂分为离子型和非离子型，前者在水溶液中可以电离，后者在水溶液中不电离。离子表面活性剂又可进一步分为阴离子型、阳离子型和两性离子型。阴离子表面活性剂主要有羧酸盐、硫酸酯盐、磺酸盐和磷酸酯盐等，其中烷基苯磺酸钠是制备清洗剂使用最多的原料。阳离子表面活性剂主要是含氮化合物，分为胺盐型和季铵盐型，其中季铵盐是阴离子表面活性剂中最常用、数量最大的一类，如十二烷基二甲基苄基氯化铵等。两性表面活性剂是近年来发展较快的一类，可分为羧酸盐型、磺酸酯盐型、磺酸盐型和磷酸酯盐型，常用的有咪唑啉衍生物、甜菜碱衍生物等。非离子表面活性剂分子结构中的亲油基团与离子型表面活性剂大致相同，但亲水基一般是含有羟基或醚键的含氧基团，分为聚乙二醇型和多元醇型两类。阴离子表面活性剂与非离子表面活性剂最适于作洗涤剂，而胶体与阳离子的产物通常用作消毒剂[19]。

6.3.4.2 螯合剂

自来水中有很多钙离子和镁离子，根据含量，一般将水的硬度分为四个等级：软水（0～60mg/L）、稍硬水（60～120mg/L）、硬水（120～180mg/L）、极硬水（181mg/L以上）。一般来说，水的硬度越大，清洗效果越差，在碱洗过程中会发生一定的化学反应。例如氢氧化钠溶液作为清洗液时发生的化学反应有：

$$Ca(HCO_3)_2 + 2NaOH = CaCO_3 \downarrow + Na_2CO_3 + 2H_2O$$

$$MgSO_4 + 2NaOH = Mg(OH)_2 \downarrow + Na_2SO_4$$

$$CaSO_4 + Na_2CO_3 = CaCO_3 \downarrow + Na_2SO_4$$

能与金属原子或离子以配位作用生成螯合物的配体物质，称为螯合剂。金属离子螯合剂是清洗过程中用到的一类重要的化合物。螯合剂的作用就是防止钙、镁盐沉淀在清洗剂中形成不溶性的化合物[20]。螯合剂能承受高温，与四价氨基化合物共轭。常用的螯合剂包括三聚磷酸盐、多聚磷酸盐等聚磷酸盐和较适合作为弱碱性手工清洗液原料的EDTA（乙二胺四乙酸）及其盐类，以及葡糖酸及其盐类等，选择哪一种取决于洗液的pH值。此外，钙离子较容易与表面活性剂的亲水基结合而使其惰性化。当清洗剂在水中溶解时，螯合剂分子就会与钙离子结合使它们远离表面活性剂。

6.3.4.3 pH 调节剂

pH 调节剂是用以维持或改变洗液酸碱度的物质，又称为缓冲剂。酸性 pH 调节剂主要是一些酸和酸性盐，如硼酸钠、柠檬酸（钠）、酒石酸、磷酸和磷酸氢二钠，还有某些磺酸类也可以作为缓冲剂。碱性 pH 调节剂主要有碳酸盐（Na_2CO_3、$NaHCO_3$）、磷酸盐（Na_2HPO_4、NaH_2PO_4）等。

清洗剂的 pH 值由清洗配方决定，会影响清洗剂的防腐性、去污率等性能特征[21]。pH 调节剂大多在清洗剂配制后期加入，可以根据实际需要将清洗剂调整到最佳的pH 值。

6.3.4.4 杀菌剂

如果有抗菌清洗剂的需要，根据国标要求[22]，需要添加杀菌剂使洗液对细菌的杀灭率达到 90%。常用的无机杀菌剂有氯气、次氯酸钠、二氧化氯、臭氧等，常用的有机杀菌剂有氯酚类、季铵盐类、有机氯（溴、硫）化合物等。常用的天然杀菌剂有茶多酚、乳酸链球菌素、牛至精油等。

考虑到洗涤剂的稳定性，杀菌剂需要在表面活性剂的水溶液中具有一定的溶解度，且不能有刺激性气味[23]。另外，乳品工业清洗剂还要考虑使用的安全性。

6.3.4.5 酶制剂

酶类本身也是一种蛋白质，它可以选择性地作用于某种物质（作用底物）。酶的主要优点是多样性、高效性、专一性、生物降解性好，应用时能源和水的消耗与产生的残留物更少。应用于乳品工业清洗的酶制剂主要是能分解蛋白、脂肪的蛋白酶和脂肪酶等。清洗用酶从化学上分类属于水解酶。酶对脂肪、蛋白等有机污垢的分解有催化作用。酶促进有机污垢降解为可溶于水的或经过表面活性剂增溶后而溶解于水的小碎片，而被清洗。

脂肪酶和蛋白酶等已被研究作为实验室规模的污垢清洁剂并显示出高效率。长期以来酶的成本较高且一些反应机制尚不清楚,因而未得到广泛应用。近年来,酶的产量大规模增加,已将具有清洁特性的酶产品成本降低到具有市场竞争力的水平。以酶为主的环境友好型生物清洗剂,逐渐代替化学清洗剂成为未来清洗行业的发展趋势。

6.4 CIP 系统

传统乳品设备的清洗是靠人工用刷子和清洗剂溶液进行的。清洗工人必须拆开设备,钻进大罐才能清洗设备表面,这样不仅费时费力,也不卫生,而且产品也常常受到清洗不彻底设备的污染。在现代乳品加工过程中,清洗不单是清洗剂的作用,而且还要有一个完整的清洗工艺过程并借助清洗设备来实现。高效率的清洗剂和清洗设备加上合理的清洗工艺,才能取得良好的清洗效果。目前,适用于生产工厂各个部位的就地清洗(clean in place,CIP)系统在我国大中型食品企业已得到较为广泛的应用。

CIP 就是不拆除或不打开仪器设备,在没有或很少有人工操作干预的情况下,对循环管道等设备进行彻底清洗的系统。CIP 清洗系统无需分解设备而是连结成一个循环回路,它利用设备送入清洗液,清洗液以高速通过管路,利用清洗液的化学溶解性以及清洗液在流动时本身产生的机械冲刷作用,对清洗设备和管道进行清洗。随着加工技术的不断提高特别是灭菌手段的改进(使用板式或管式换热器)及管道式输送技术的应用,CIP 清洗系统可以实现良好的清洗和卫生效果,是现代乳品、饮料生产企业为提高劳动生产率,确保产品质量的关键设备之一,已被乳品企业广泛应用。

CIP 清洗系统具有如下优点:

① 清洗成本低,水、清洗液、杀菌剂及蒸汽的消耗量少;

② 安全可靠,被清洗设备无需拆卸;

③ 自动化水平高,节省劳动力,按设定程序进行,减少和避免了人为失误,并保证了操作安全;

④ 节约操作时间,清洗效率提高,清洗效果理想稳定。

6.4.1 CIP 系统组成

乳品生产企业一般采用酸、碱和水进行清洗。CIP 系统有单独的罐和连接管道,用于贮存和运输清洗用水和清洗剂。如图 6-4 所示,CIP 清洗系统一般由碱液罐、酸液罐、热水罐、浓酸罐、浓碱罐、隔膜泵、清洗泵、板式热交换器、自动阀门、清洗液浓度检测系统、控制柜等组成,连同待清洗的全套设备,组成一个清洗循环系统,根据所选定的最佳工艺条件,预先设定程序,输入电子计算机,进行全自动操作[24]。

① 碱液罐和酸液罐:用来盛装按清洗要求配制的一定浓度的碱性、酸性清洗液。

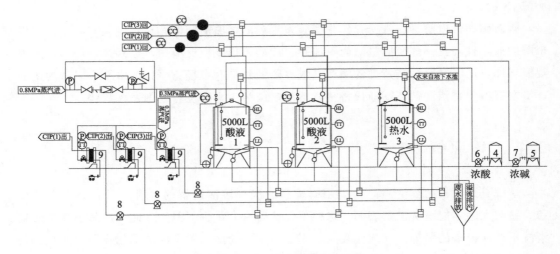

图 6-4 CIP 清洗设备示意

1—碱液罐；2—酸液罐；3—热水罐；4—浓酸罐；5—浓碱罐；6,7—隔膜泵；8—清洗泵；9—板式热交换器

② 热水罐：用于盛装水洗用的清洗热水。

③ 浓酸罐和浓碱罐：盛装用于配制酸性、碱性清洗液的液态高浓度酸、碱。

④ 隔膜泵：用于输送高浓度的酸、碱。

⑤ 清洗泵：用于配制好的一定浓度清洗液向被清洗设备的输送。

⑥ 板式热交换器：用于清洗液的加温处理，保证稳定、符合规定要求的清洗液温度。某些 CIP 不使用板式热交换器，而采用具有加热功能的碱罐和酸罐。

⑦ 自动阀门：按规定的程序要求，完成酸液、碱液、水的供给、回收和排出。

⑧ 清洗液浓度检测系统：自动检测酸、碱清洗液的浓度，以使系统保持规定的酸、碱清洗液的浓度。

⑨ 控制柜：CIP 控制部分，控制 CIP 自动完成清洗程序，在此可设定和调整清洗程序的参数，完成对设备的不同清洗要求。

6.4.2 CIP 清洗程序

CIP 程序通常包括用温水冲洗，用碱性和酸性溶液清洗，用温水清除残留的清洗剂。在乳品工厂中，由于生产设备、生产品种、生产工序等方面的差异，对不同的生产设备和生产线，在不同工艺时段采用不同的清洗程序[25]。

6.4.2.1 冷管路及其设备的 CIP 清洗程序

乳制品生产中的冷管路主要包括收乳管线、生乳贮存罐等设备。生乳在这类设备和连接管路中由于没有受到热处理，所以相对结垢较少。因此，建议的清洗程序如下。

① 水冲洗 3～5min。

② 用 75～80℃热碱液循环 10～15min（若用 NaOH，建议含量为 0.8%～1.2%）。

③ 用水冲洗 3～5min。

④ 建议每周用 65～70℃的酸液循环，一次 10～15min（如含量为 0.8%～1.0%的 HNO_3 溶液）。

⑤ 用 90～95℃热水消毒 3～5min。

⑥ 冷却 10min。

6.4.2.2 热管路及其设备的 CIP 清洗程序

这类设备与管路主要是指对物料进行加热的设备与管路装置，如发酵罐、巴氏杀菌系统、UHT 系统等。乳品生产中，由于各段热管路生产工艺目的的不同，液奶在相应的设备和连接管路中的受热程度也有所不同，所以要根据具体结垢情况，选择有效的清洗程序。

（1）受热设备的清洗

受热设备是指混料罐、发酵罐以及受热管道等。

① 用水预冲洗 5～8min。

② 用 75～80℃热碱性洗涤剂循环 15～20min。

③ 用水冲洗 5～8min。

④ 用 65～70℃热碱性洗涤剂循环 15～20min。

⑤ 用水冲洗 5min。

（2）巴氏杀菌系统的清洗

对巴氏杀菌设备及其管路一般建议采用以下的清洗程序：

① 用水预冲洗 5～8min。

② 用 75～78℃热碱性洗涤剂（如含量为 1.2%～1.5% NaOH 溶液）循环 15～20min。

③ 用水冲洗 5min。

④ 用 65～70℃酸性洗涤剂（如含量为 0.8%～1.0%的 HNO_3 溶液或 2.0%的 H_3PO_4 溶液）循环 15～20min。

⑤ 用水冲洗 5min。

（3）UHT 系统的清洗

UHT 设备生产后都应进行 CIP 清洗，还经常使用 AIC（aseptic intel-mediate cleaning）中间清洗。UHT 系统的最后清洗主要用于物料处理结束后 UHT 系统的清洗。UHT 清洗系统依据不同的设备和生产品种有不同的清洗程序，以下面的清洗程序为例：

① 温清水冲洗 10min。

② 高温碱循环，温度 137℃，时间 20～30min，NaOH 浓度 2.0%～2.5%。

③ 清水冲洗至中性。

④ 低温碱循环，温度 105℃，时间 20～30min，NaOH 浓度 2.0%～2.5%。

⑤ 清水冲洗至中性。

⑥ 低温酸循环，温度 85℃，时间 20～30min，HNO₃ 浓度 1.0%～1.5%。

⑦ 清水冲洗至中性。

（4）无菌灌装机的 CIP 清洗程序

① 温水冲洗，温度 50～60℃，时间 5～10min。

② 碱液循环，温度 80～85℃，时间 15～20min，NaOH 浓度 1.5%～2.0%。

③ 温水冲洗，温度 50～60℃，时间 10min。

④ 酸液循环，温度 70～75℃，时间 15～20min，HNO₃ 浓度 1.0%～1.5%。

⑤ 清水冲洗至中性，时间 10min。

以上仅仅是几例典型的 CIP 清洗程序。设备的清洗程序与酸、碱清洗液的浓度并不是固定不变的，应依据不同的生产设备、不同生产线、不同的生产品种、管路长短、设备使用情况等诸多因素，按实际情况来设定相应的 CIP 清洗程序和酸、碱清洗液的浓度。

6.4.3 CIP 清洗设备的种类

CIP 清洗设备有不同的分类方式。

6.4.3.1 按结构形式分类

按结构形式，分为连体式清洗系统和分体式清洗系统两种。连体式 CIP 清洗设备集各种罐于一体，占地面积小，主要用于小型乳品厂设备的清洗，如图 6-5 所示。

图 6-5 连体式 CIP 清洗设备

分体式 CIP 清洗设备各种罐体独立存在，常形成 CIP 清洗车间，用于大型乳品厂的清洗。大型乳品厂因生产需要，常有多个 CIP 清洗系统，有些热处理设备自身配置有 CIP 清洗系统。图 6-6 所示为分体式 CIP 清洗系统。

图 6-6　分体式 CIP 清洗系统

6.4.3.2　按清洗液分类

根据原地清洗系统（CIP）处理使用过的清洗液，CIP 又可分为全损、部分回收和全部回收三类。全损 CIP 也可称为单槽清洗，使用同一个泵来调节清洗剂和消毒剂的浓度，并且将其依次加入单个槽中清洗污垢，溶液在使用过后被全部倒掉。第二类部分回收 CIP，消毒剂在清洗过程中会快速失活，因此不可重复使用，但为节约成本可将使用过的消毒剂作为清洗用水利用。而且还将清洗液进行回收，并测定回收清洗液的电导率以控制其浓度和体积。第三类全部回收 CIP，是将已经完成清洗任务的清洗液全部回收，并将其用在新一轮清洗任务的预洗液中。由于溶液中存在清洗剂，会使预洗液的效果更好，而且还会减少水资源的耗费，节约成本。乳品企业会根据实际情况和不同的设备工艺选择合适的 CIP。如果该设备未被污垢严重污染，清洗液被污垢污染情况较轻，清洗液可再次使用，部分回收或全部回收 CIP 可酌情选择[26]。

6.4.3.3　其他分类

按操作方式，CIP 设备有全自动、半自动、手动三种形式。按加热方式，又可分为蒸汽加热 CIP 清洗系统和电加热 CIP 清洗系统。

6.4.4　影响 CIP 效率的因素

CIP 的清洗是由清洗时间、清洗温度、机械作用和化学作用等的组合来完成的。清洗是一项复杂的操作流程，其效率取决于许多因素，如需要去除污垢的类型、清洗时间、清洗剂的温度和清洗液体的水动力等。CIP 系统需要考虑的因素包括清洗剂种类、清洗液浓度、清洗温度、清洗流量、清洗时间、水质以及系统配置等。影响 CIP 系统清洗效果的主要因素有 4 个：温度、时间、化学成分和物理作用力。在实际操作中，还应考虑生产成本、生产效率以及质量要求，所以必须对上述 7 个要素进行控制，在成本、效率、质量之间寻找一个平衡点。其他影响清洗的因素包括封闭加工设备表面的光洁度、设备的几何形状和整体工艺设计等。

在改善乳制品生产过程中，原位清洗（CIP）系统清洗效率的提高功不可没。物理方法和化学清洗剂的协同使用，可以有效优化 CIP 清洗程序。然而研究表明，标准 CIP 程序完成后，一些细菌可能会残留在设备死角。不充分的清洗通常会导致效率降低，产品污染和能量损失。提高 CIP 效率的传统方法包括提高清洗液的整体速度、清洗化学品的浓度和温度以及延长运行时间，这导致了成本的增加，停机时间的延长和生产效率的降低，同时，过度清洗及清洗剂的多余消耗会对环境造成额外负担。因此 CIP 系统需要在这些清洗操作过程中具有更强的适应性，以确保清除所有污垢，最大限度地减少过度清洗。

6.5 新型清洗技术

近年来，我国的食品工艺设备清洗技术发展迅速，相关技术体系日趋完善，日益成熟，并逐步演变成为一个独立的新兴产业，从而衍生出了种类繁多的技术设备，物理清洗方式的使用量则逐渐加大，如脉冲流、超声波、高压水射流、蒸汽、冷热压水、臭氧等。传统 CIP 清洗技术能耗过高，需消耗大量水资源，这与国家提倡的"绿色发展"理念不符。而等离子体、激光、紫外线、超临界 CO_2、吸附剂和生物酶等新技术的引入，使得能耗过大这一问题可以得到有效解决。此外，新型清洗技术优势显著，使用范围更为广泛，其不仅能够应用于设备表面清洗，而且适用于食品原材料的清洁与消毒，在保障了食品安全性的同时，也在无形之中提高了生产效率。

本节着重介绍脉冲流、超声波、臭氧、等离子体、激光等新型物理清洗方式。

6.5.1 脉冲流清洗技术

脉冲流是一种节能环保、低成本、效率高的物理清洗方式，与乳品行业常用的稳态流相比，脉冲流在管道弯头部分等复杂几何形状部位的卫生处理以及生物膜的去除等方面优势明显，其可以消除卫生死角、解决清洗不彻底等问题。

6.5.1.1 脉冲流清洗技术原理

所谓脉冲，是指间歇性的冲击波。脉冲流的特征是在一个固定的基流之上叠加一个振荡的流体运动，如图 6-7 所示[27]。脉冲流对清洗的强化作用体现在两方面：首先是水动力。脉冲流产生周期性液体流动加速，流速越高，沉积速率越低，作用于污垢表面的剪应力越强，污垢层越容易破碎，从而减少污垢去除时间。其次是清洗剂的作用效果得到了增强。脉冲引起液体的局部扰动，液体流动的方向也随之改变，改变液体流动方向可以增强传质效果，在靠近管壁的区域和管道中心线区域之间产生湍流，从而促进清洗剂向沉积表面的传质。

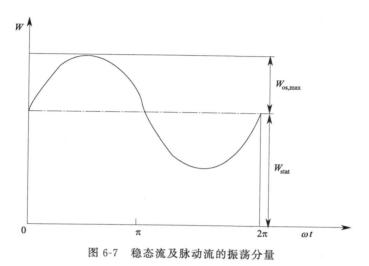

图 6-7　稳态流及脉动流的振荡分量

6.5.1.2　脉冲清洗技术的研究与应用

Gillham 等[28] 研究了脉冲流的清洗电位以及管道中清洗剂的浓度分布，发现脉冲流确实可以改善清洗过程。Yang 等[29] 在中试油罐上对 4 种清洗方式（不加预湿连续流、加预湿连续流、短周期脉冲流、长周期脉冲流）进行考察，发现脉冲流动可以改善清洗性能，在相同的清洗剂消耗量下，较短周期和较高频率的脉冲流可以去除更多的沉积物。Fysun 等[30] 报道了脉冲流的应用可以改善清洗剂的扩散过程，清洗剂在靠近壁面的区域实现了良好的混合。除了化学作用外，波纹度 $w > 1$ 的波（图 6-8）在壁面附近会出现暂时反转，导致壁面黏性层分离，并产生较大剪应力。Celnik 等[31] 证实，通过改变液体流动的流动方向，可以改善局部剪切应力。Augustin 等[32] 认为清洗过程受壁面剪切应力强度和黏性层中化学剂扩散的影响，靠近管壁的区域和管道中心线的区域之间存在良好的混合和流体交换。因此，在湍流区应用脉冲流能够改善化学剂的扩散现象。

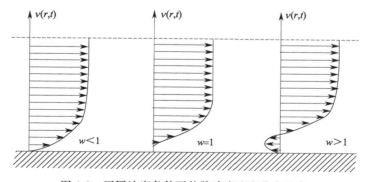

图 6-8　不同波度条件下的脉冲流速度分布示意

Silva 等[27] 使用 CIP 清洗程序，对被生牛奶污染的一个直的圆柱形管道和一个弯头管道进行消毒，采用计算机模拟的方法研究了稳态和脉冲状态下的流体动力学行为。结果与平稳流相比，脉冲流对生物膜的去除具有显著效果，且直管中菌落的减少比在弯管处更显著。脉冲流与计算流体动力学相结合，提高了清洗剂难以到达的管道部位的卫生处理效率，降低了能源消耗，缩短了清洗时间。

6.5.1.3 脉冲流清洗技术的优势

引入脉冲流可以产生周期性的液体加速而不需消耗额外能量。脉冲流可减弱清洗剂的扩散情况，使得清洗效率更高。引入脉冲流不需要额外增添设备，只需要在系统中加入变频设备即可。采用脉冲流时，与传统 CIP 清洗时间相比可缩短 50% 以上[33]。因此，脉冲流清洗技术拥有节能环保、低成本、高效清洗等优势。

6.5.2 超声清洗技术

超声清洗技术就是利用超声换能器向清洗液中辐射超声波，利用超声波的能量对浸在液体中的零部件进行洁净的过程。由于超声在液体中的空化作用可以获得突出的清洗效果，在一些清洗难度大而质量要求高的场合具有独特的地位。

6.5.2.1 超声清洗的原理

超声清洗的主要原理是超声空化效应，清洗过程主要是由清洗设备表面或附近的空化现象来实现。超声波如图 6-9 所示，换能器将超声频电能转换成机械振动向清洗液辐射超声波。超声波空化作用是指存在于液体中的微气泡（也称为空化核）在声波的作用下振动，当声压达到一定值时发生的生长和崩溃的动力学过程。气泡崩溃时产生的冲击压力能够击碎不溶性污垢使它们散落到清洗液中。冲击压力还可以驱使清洗液以极高的速度撞击工件表面，使设备表面的污垢受到侵蚀而脱落。而气泡振动引起的微冲流则具有搅拌作用，这两种作用都能够促进清洗液中的化学成分与污垢发生反应。可见，凡是液体能浸到、声场存在的地方都有清洗作用，而且清洗速度快、质量高。

如果能将超声清洗技术和化学清洗剂很好地结合起来定会取得更好的效果，因为超声清洗的主要物理机制是超声的空化现象，而空化强度除与超声功率密度、频率等有关外，还与清洗液的参数有关。

6.5.2.2 超声清洗效果的影响因素

超声波清洗效果取决于超声清洗设备的性能，以及清洗对象的材料、几何形状、污垢的理化性质等。超声清洗动力的主要来源是超声空化作用，而超声空化作用的强弱与清洗液的理化性质（黏滞系数、表面张力、蒸气压和温度等）和声学参数（声强、超声

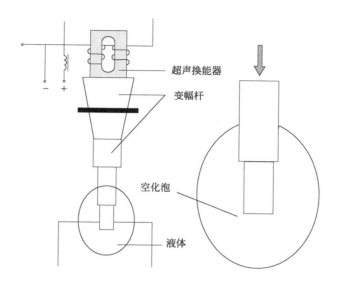

图 6-9　超声波结构图

波频率等）有关，因此要想得到好的清洗效果，必须选择合适的清洗液和声学参数[34]。

（1）清洗液的性质

清洗液的选择一般需要考虑两方面因素：a. 根据污染物的性质来选择清洗效果较好的化学清洗剂；b. 选择蒸气压、表面张力及黏度适宜的清洗剂，因为它们与超声空化的强弱有关。

（2）温度

温度升高，液体的表面张力系数和黏滞系数会下降，因而空化阈值下降，使空化易产生。但温度过高会导致空化泡中的蒸气压过大，降低空化强度。对每一种清洗液，存在一个最佳空化温度。水的最佳空化温度为 40～60℃。

（3）声强

声强是单位时间里通过单位面积的声能。声强越大，超声空化气核破灭时的半径也就越大，空化作用越强，有利于清洗。但声强过高，会在声源附近产生大量无用气泡，形成一道能量传播屏障，不利于波能的传播和超声清洗作用。

（4）频率

液体的空化阈值与所用超声波的频率密切相关，频率越高，液体产生空化所需要的声功率也就越大。工业清洗较多采用的范围是 20～ 40kHz。

（5）声场分布

为使清洗效果均匀，清洗液中的声场应当是一个混响场，但实际情况往往是一个驻波场。超声波由声源向各个方向传播时，在液体和气体以及液体和固体的交界面都会反射，由此可能形成驻波，驻波的存在会造成清洗不均匀现象。为避免驻波形成，声压分布不均匀，可以采用双频、多频和扫频工作方式以避免出现清洗死角。

（6）清洗液中的气体含量

若清洗液中存在大量体积较大的气泡（不是空化核），会削弱声波的传播效果及空化强度。

6.5.2.3　兆赫级超声清洗

兆赫级超声清洗技术是指采用频率 $700kHz \sim 1MHz$ 的超声波进行清洗。其特点是声波传播方向平行于被清洗表面，其机理一般认为是声压梯度、粒子速度及声流的作用，空化效应在此不起主要作用。与一般的 $20 \sim 40kHz$ 低频超声清洗比较，兆赫级超声清洗技术具有以下优点：a. 不会产生强烈的空化效应，因而避免了被清洗设备表面损伤；b. 能高效率地除去吸附在表面上小到 $0.15\mu m$ 的微小颗粒，这是一般的低频超声清洗和其他方法难以达到的；c. 清洗的方向性强，在低频超声清洗中，被清洗工件浸入清洗液的部分都能得到清洗，而在兆赫超声清洗中，浸入部分只有面向换能器、超声束直接辐射到的一边才能被清洗。

6.5.2.4　超声清洗的优势

Patricia McGrew Garcia 将超声空化用于管道清洗技术中，发现用超声清洗技术时，在停车过程中产品产量的损失是传统清洗方法的约 10%，而停车过程中水的使用量仅是传统清洗方法的 2% 左右。利用超声清洗技术将极大地减少由于化学清洗或其他清洗方法所带来的环境污染及对被清洗管路的腐蚀。此外，采用超声清洗技术可以极大地减少水的用量[35]。

与传统清洗以及化学剂清洗方式相比，超声清洗优势明显。

① 超声清洗适合清洗设备表面形状不规则的部位，例如生产设备的连接处、死角部位等，传统的洗刷方法难以清洗干净这些部位，而利用超声清洗则可以取得理想的清洗效果，同时，也不会损伤设备。

② 超声清洗安全高效，在很多情况下，完全可以用水作为清洗剂来进行超声清洗，从而减少对环境的污染，实现节能环保。

6.5.3　臭氧清洗技术

6.5.3.1　臭氧介绍

臭氧的分子式为 O_3，常温状态下为无色气体，有刺激性气味。通常以稀薄态存在于大气之中，主要分布在臭氧层和云层撞击处，雷击放电可以使空气中的氧气转化为臭氧。

臭氧是一种新型、高效、广谱的杀菌剂，臭氧的氧化还原电位很高，仅次于氟，具有强氧化性。臭氧的缺点主要源于它的不稳定性：臭氧在水中的分解速度比在空气中快；且在常温下，臭氧便可逐渐分解成一个活泼的单原子氧和一个稳定的氧气分子[36]。

臭氧可杀灭细菌、病毒、芽孢、真菌、破坏肉毒杆菌毒素等，还可以分解空气中、水中以及食物中的有毒物质；常见的金黄色葡萄球菌、大肠杆菌、绿脓杆菌、粪链球菌、霉菌等，只要置于臭氧环境中 15min，其杀灭率就可以达到 99% 以上。

6.5.3.2　臭氧清洗原理

臭氧不仅对细菌、病毒等微生物具有极强的杀灭作用，还对有机物质具有极强的分解能力。通常而言，臭氧水的灭菌作用是生物、化学、物理三方面综合作用的结果，其作用机理为：臭氧作用于细胞膜，破坏细胞膜对物质的选择透过性功能，造成细胞内物质大量外流，使细胞失去活性；使细胞新陈代谢活动必需的酶失去活性，这些酶既包括基础代谢所需的酶，也包括合成细胞重要成分所需的酶；破坏细胞内遗传物质，使其失去遗传功能而不能正常繁殖后代[36]。

6.5.3.3　影响臭氧作用效果的因素

臭氧杀菌效果主要受臭氧浓度、作用时间、微生物种类、温度、水的理化性质等因素的影响。通常情况下，臭氧浓度越大，杀菌效果越好；一般来说，臭氧作用时间越长，灭菌效果越好；臭氧对不同微生物的杀灭作用存在一定程度上的差异；对臭氧气体而言，温度越低、湿度越大，杀菌效果越好。

6.5.3.4　臭氧的技术优势

臭氧对于细菌、病毒等微生物的杀灭作用强，这是其可以被广泛应用于设备清洗的前提。在实际清洗过程中，臭氧又显现出巨大的技术优势。

① 臭氧的杀菌范围极广，几乎没有臭氧不能杀灭的微生物，它可在短时间内有效杀灭大肠杆菌、金黄色葡萄球菌以及肝炎病毒、流感病毒等多种微生物，杀菌具有广谱性。以杀灭大肠杆菌为例，当消毒剂浓度达到 0.9mg/L 时，欲实现 99.99% 的灭菌率，使用二氧化氯需要 4.9min，而使用臭氧仅需要 0.5min，两者作用时间相差近 10 倍，这是其杀菌的高效性。

② 臭氧极不稳定，在清洗时，多余的臭氧会逐渐自行分解成氧气，无任何有害物质残留，不会造成二次污染。

③ 无论是以气态还是液态形式存在，臭氧都具有良好的流动性，能迅速填满整个杀菌空间，从而高效地清洗所有与它相接触的地方，不会产生清洗死角。

④ 臭氧灭菌技术是一种全新的冷杀菌技术，利用其自身极强的氧化性而使菌体灭活死亡，不会破坏被清洗物质中的有益成分。

6.5.4　等离子清洗技术

在较低气压环境下，使用高频率电压电离某些气体后可产生等离子体，这种等离子体可作为清洗介质，辐射物体表面的污染物，直至污染物脱离，从而达到清洗的目的。这种方法被称为等离子清洗。等离子清洗是一种物理清洗方式，其不会在设备表面产生损伤层，不会污染环境，从而保证设备不被二次污染。由于该清洗方式特点显著，使其逐渐在食品加工设备清洗领域得到广泛应用。

6.5.4.1 等离子体介绍

等离子体是物质的第四种形态，气态物质温度不断上升时会发生电离，当电离达到一定程度后，物质的状态发生根本变化，发生变化后的这种形态称为物质的第四态，即等离子态。在等离子体中主要存在以下几种物质：电子、激发态的原子、分子和原子团（自由基）、离子（离子态原子、离子态分子）、分子解离反应过程中生成的紫外线、未反应的原子、分子等，但物质在总体上仍保持电中性状态，如图 6-10 所示。

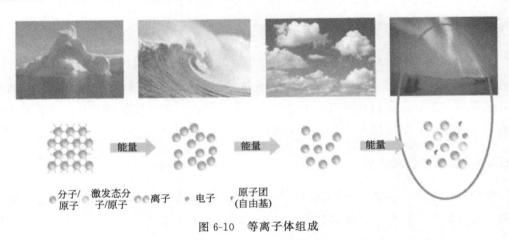

图 6-10　等离子体组成

6.5.4.2 等离子清洗机理

根据温度差异，等离子体可以分为高温等离子体和低温等离子体。高温等离子体对物质表面的作用太过强烈，因此基本不会将其用于清洗领域；而低温等离子体则不同，在其放电过程中，虽然电子温度很高，但是其他重粒子温度较低（具有低温特性），因此整体仍呈低温状态。低温等离子体内富含大量活性粒子，如气体离子、电子、激发态原子、分子、自由基等，这些活性粒子可以在极短时间内与有机化合物发生化学反应和物理反应，将有机物分解，因此可以将低温等离子技术应用到清洗领域[37]。

6.5.4.3 等离子发生设备

等离子发生设备由控制主机和直喷式喷枪组成：主机连接电源同时压缩空气，其由等离子控制模块、压缩空气控制模块、操作面板组成；等离子喷枪由中间电极、外部电极、绝缘区及喷头组成。两者通过柔性导管传输压缩空气和高压电能。主机具备过流保护、短路保护、断路保护、功率监控等功能，能够与工位 PLC 通信，同时可在操作面板上设置影响处理效果的功率参数、压力参数、温度参数等。等离子喷枪是生成等离子体的主要部件，其内部高压电极对压缩空气进行电离，从而生成等离子体，而后经喷嘴喷出。如图 6-11 所示。

图 6-11   等离子发生设备

6.5.4.4   等离子清洗的优势

等离子体清洗具有以下优势：a. 无需对清洗对象进行干燥处理，减少工序，提高整个工艺流水线的处理效率；b. 无需使用有害溶剂或液体清洗剂，减少对人体及清洗对象的损害，清洗后不会产生有害污染物，绿色环保；c. 等离子体的方向性不强，清洗时无需局限于清洗物体的构造及形状，清洗效果好；d. 清洗所需的条件及设备简单易得，清洗成本低；e. 适应性强，可处理各类材质不同的清洗对象；f. 采用数控技术，自动化及精细化程度高；g. 清洗时不会产生废液，清洗物体的表面质量得到保证；h. 附加优势多，改善材料本身的表面性能。

6.5.5   激光清洗技术

6.5.5.1   激光清洗技术原理

激光清洗技术是指当高能量密度、高重频激光束照射到设备表面时，设备表面的污渍吸收激光束所携带的能量后，二者之间的共价键、双偶极子、毛细管效应、范德华力遭到破坏，最后污垢脱离设备表面的过程。激光清洗如图 6-12 所示。

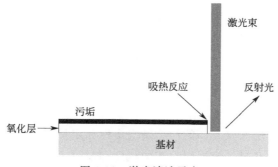

图 6-12   激光清洗示意

激光清洗是一个非常复杂的过程，它涉及烧蚀、熔化、气化、膨胀等物理过程，以及分解、电离、降解、燃烧等化学过程，而且在清洗过程中，多个机制有可能会同时存在。激光清洗技术主要可以分为3种典型的方法：激光烧蚀清洗法、激光液膜辅助清洗法和激光冲击波清洗法[38]。

6.5.5.2 激光清洗技术优势

与机械摩擦清洗、化学清洗剂清洗、高频振动清洗等传统清洗方法相比，激光清洗技术优势显著：a.激光清洗绿色环保，其不需要使用化学药剂，从而不会产生废液污染水体；b.激光不需要与基材接触，也不需要对基材施加任何机械作用力，因而对基材的损伤小；c.激光清洗具有高度的灵活性，可以方便快捷地实现自动化；d.选择不同波长、不同加工参量的激光器，可以很方便地清洗基材表面附着的各种不同污染物，对于基材的清洗效果极佳；e.采用扫描技术的激光清洗设备可将点光源转换成线或面光源，清洗速度以及效率大大高于传统清洗技术。

6.5.6 其他清洗技术

6.5.6.1 高压水射流清洗技术

高压水射流清洗技术的原理是利用水射流的冲击性，将污垢从设备表面脱离下来，起到清洗和除垢的作用。高压水射流清洗技术与传统的人工清洗、机械清洗、化学清洗方法相比，具有清洗效率高、环保无污染、成本低、不易损伤设备、易于实现机械化、自动化和智能化控制等优点，此外可以清洗形状多变设备，难以清洗的死角，并能在狭窄空间、复杂环境灵活进行。

6.5.6.2 超临界 CO_2 清洗技术

超临界 CO_2 的动力学性质与气态 CO_2 相似，具有黏度低、表面张力小和对溶解对象的传输速率大等特点，对有机物有一定的溶解能力，清洗过程中对各种清洗材料性能稳定，润湿性良好，极易渗入待清洗材料内部，可有效去除死区的污垢，清洗后无需干燥，无残留。该技术不仅有较高的清洗效率，而且可以对清洗使用的二氧化碳进行回收，降低成本。

6.6 清洗过程的监测

在清洗时，对被清洗对象表面的污垢做出定性和定量的分析，对清洗液成分随时间的变化进行跟踪监测，及时了解垢层溶解的程度和规律，对清洗效果进行评估具有积极的意义，可以及时发现清洗消毒过程中的不彻底，并把可能出现的质量问题消灭在事故之前，是制定科学的清洗方案、保证清洗过程正常进行和清洗质量所必须的。因此，清洗过程中的分析和监测工作是相当重要的，长期、合格、稳定的清洗效果为生产高质量产品提供了保证。

为完善评定程序，根据《中华人民共和国环境保护法》和《中华人民共和国清洁生产促进法》以及《清洁生产标准乳制品制造业（纯牛乳及全脂乳粉）》的标准，设定如下要求作为清洗消毒效果评定的参考标准：无不良气味；不锈钢罐、管道、阀门等表面应光滑，无积水，无奶垢和其他异样物；没有微生物污染，越接近无菌越好。

6.6.1　清洗程度术语

在评价清洗表面所要达到的清洁程度时，常用物理清洁度、化学清洁度、微生物清洁度、无菌清洁度等术语来表示。

6.6.1.1　物理清洁度

从被清洗表面上去除肉眼可见的污垢。

6.6.1.2　化学清洁度

不仅去除被清洗表面上肉眼可见的污垢，而且还去除了微小的、通常为肉眼不可见的，但可嗅出或尝出的沉积。

6.6.1.3　微生物清洁度

通过消毒杀死被清洗表面上大部分细菌，杀灭病原菌。

6.6.1.4　无菌清洁度

被清洗表面上所有微生物均被杀灭。

微生物清洁是乳品生产设备清洁所要达到的标准，达到微生物清洁的前提是物理清洁和化学清洁。

6.6.2　清洗过程中的分析与监测

6.6.2.1　化学成分的监测

整个化学清洗过程是由各个工艺步骤组成的。为了控制各个工艺步骤按规定的条件进行，必须对其进行化学监督。清洗前水冲洗要监测水的浊度；碱洗后水冲洗要监测水的 pH 值；酸洗后水冲洗要监测 pH 值与铁含量等。

① pH 值测定：pH 值测定可采用广泛 pH 试纸和精密 pH 试纸，如要求严格，可采用 pH 计测量。

② 浊度测定：浊度是水中悬浮物对光线透过时发生的阻碍程度。浊度测定一般采用比浊法。比浊法是将水样用硅藻土配制的浊度标准溶液进行比较，采用 1L 蒸馏水中含有 1mg SiO_2 为 1 个浓度单位。

浊度测量是一种跟踪食品工业清洗过程的简单工具。如通过分光光度法监测清洗溶液的实时浊度，可以测试在自动化 CIP 系统中去除蛋白质污垢的情况；测量漂洗步骤的浊度和电导率，可以表示清洗过程完成的效率。

③ 铁含量测定：酸洗液中的铁包括悬浮铁和溶液中的铁离子。悬浮铁采用快速定量滤纸过滤、烘干、称重。溶液中的铁离子利用磺基水杨酸与 Fe^{3+} 生成紫色络合物的显色反应来测定。

6.6.2.2　洁净度的监测

在清洗作业完成之后，经常需要对被清洗表面的洁净度进行评价。一般利用表面的各种性质作为评价的依据，但目前没有一种评价方法是万能的，只能根据具体需要选定最适合的评价方法。

（1）仪器测定方法

由于受到许多客观限制，仪器测定方法大都停留在实验室研究的范围。仪器测定主要有以下几种。

① 电子显微镜：用电子显微镜来研究清洗对象表面的细微状态和测定微小的污垢粒子（粒径）的数目。

② 激光散射：用氦-氖激光射线照射十分平滑的清洗对象的表面，利用激光散射原理测定表面上粒径在 $0.2 \sim 0.3 \mu m$ 的微粒状污垢粒子的数目。

③ 表面分析仪器：把各种电磁波、电子或离子束照射到清洗对象的表层，捕捉它们反射时所产生的各种光电信息，或利用所产生的分子和原子的能量分布状态进行研究分析，从而对污垢存在的情况进行定性及定量的测定。表面分析仪器很多，利用电磁波的仪器主要有红外线反射分光光度计（IRRS）、X 射线荧光分析仪（XFS）、X 射线光电子能谱（XPS）等，利用电子射线的分析仪器有俄歇电子能谱（AES）、电子 X 射线法（EPMA）等，利用离子束分析仪器有离子散射光谱仪（ISS）、二次离子质谱仪（SIMS）等。

④ 润湿性测试：固体表面润湿性是指一种液体在一种固体表面铺展的能力，清洁度与设备表面润湿性有关。达因值可以表征设备表面张力系数的大小，常用达因笔或达因液测试。接触角可以衡量设备表面的润湿性，通常使用水滴角测试仪测试，如图 6-13 所示。

（2）示踪法

把有标记特征的物质混入人工污垢中并附着在清洗对象表面，清洗后，利用标记物的残留情况进行清洗力和洁净度的评价。示踪法有同位素法和荧光染料法两种。

① 同位素法：把含有放射性同位素的物质（如含有放射性同位素的 ^{14}C 酰胺、烷烃等有机物）与其他污垢混和制成人工污垢，涂于物体表面，然后对比清洗前后放射性的程度变化。常用的放射性同位素有 ^{14}C、^{32}P、^{35}S、^{45}Ca 等。

② 荧光染料法：将荧光染料作为标记物，把绿色的油污性荧光染料加到油性污垢

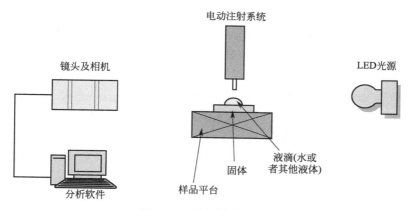

图 6-13　水滴角测试示意

中附着在物体表面进行清洗，清洗后检测物质表面的荧光强度间接评价表面的洁净程度。

（3）表面膜判定法

清洗后的表面加工处理可形成各种表面膜，形成的表面膜的强度和形态可作为判定洁净度的方法。常用的有真空镀膜法、硫酸铜溶液法等。

（4）生锈法

利用在某些条件下，洁净度高的金属表面不易产生锈斑的特点来判断。常用的有赤血盐法、乙酰替苯胺法等。

6.6.2.3　清洗中的腐蚀监测

在化学清洗过程中，意外的和过量的腐蚀常会使被清洗对象发生各种事故。因此，腐蚀监测是一个重要过程，是评定清洗效果的一个不可缺少的指标。

（1）表观检查法

清洗结束后，将腐蚀试片取出，用肉眼、放大镜或金相显微镜对试片的形态进行仔细观察和检查，判定腐蚀类型，确定腐蚀程度等。

（2）重量法

按《工业设备化学清洗中金属腐蚀率及腐蚀总量的测试方法　重量法》（GB/T 25147—2010），取标准腐蚀试片，清洗前后称重，按公式计算腐蚀速度和腐蚀量。

（3）电化学方法

① 线性极化法：线性极化法利用金属极化曲线的斜率与金属的腐蚀速度成反比这一原理，可快速测定在清洗过程中的瞬间腐蚀速度。

② 电阻探针法：电阻探针法利用腐蚀体系中探针电阻的变化与金属的腐蚀量成正比，周期性地准确测量这种电阻的增加，即可计算金属的腐蚀速率。

③ 氢探针：在酸洗过程中，阴极发生的反应为氢反应。氢探针有基于力学原理的压力型和基于电学原理的真空型，反映的是渗氢速度，实际上测定的是表征全部腐蚀的

总腐蚀量。

④ 电偶腐蚀探针：电偶探针测量浸于同一环境的偶接金属之间流过的电偶电流，根据电偶电流与金属的阳极溶解电流（腐蚀电流）之间的数学关系，得出电位较低的阳极金属的腐蚀速度。

⑤ 循环伏安法和方波伏安法：循环伏安法（cyclic voltammetry，CV）和方波伏安法（square wave voltammetry，SWV）是两种先进的探测方法，其被应用于检测基于铂基指状微电极的乳制品结垢和重建的乳制品乳液。检测原理为：与干净的微电极相比，结垢附着在微电极表面上会导致电流响应降低[39]。

6.6.3　实际生产应用评定方式

6.6.3.1　取样方式

在工业清洗工艺的现场要采用一些能提高测定准确性的取样方法，这些方法虽然简单但很实用，主要如下。

① 随机取样：当清洗对象是数目很多的同一种小型物品时，往往取出个别样品进行测定，来判定全体样品的污染情况和洁净度。随机取样的数目要达到一定数量才能够较准确地反映整体的情况。

② 选取某种特定污垢：该类方法选取影响最大的污垢类型进行测定。如机械部件的脱脂清洗，测试的重点是油性污垢，因此不必对其他类型的污垢也进行测定。

③ 选取污染最严重的部位：即选取表面污垢最多、附着最顽固的部位进行测定。如果该部位在清洗后达到了所要求的洁净度，其他部位肯定已达到更好的洁净度。在清洗大型设备时往往采用这种方法。

6.6.3.2　评估频率

① 乳槽车：生乳接收前和 CIP 清洗消毒后。
② 储乳罐（包括生乳罐、半成品罐、成品罐）、管道：每周检查 1 次。
③ 板式换热器：每月检查 1 次，或按供应商要求。
④ 净乳机、均质机、泵类：每周检查 1 次，如有异常情况应及时拆开检查。
⑤ 罐装机：每天罐装前检查 1 次，手工清洗的部分，安装前应仔细检查清洗效果，并避免安装时的再次污染。

6.6.3.3　记录并报告检测结果

化验室对每一次检验结果都要有详细的记录，遇到问题、情况时应及时将信息反馈给相关部门。

6.6.3.4　采取行动

发现清洗问题后应尽快采取措施，跟踪检查是必要的。同时也建议生产和品控人员及时总结，及时发现问题，防微杜渐，把问题解决在萌芽状态。

参考文献

[1] 朱剑,聂蕾,宋振坤,等. 航天产品绿色清洗工艺技术应用实践研究[J]. 机电工程技术,2021,50(8):4.

[2] 梁治齐. 实用清洗技术手册[M]. 北京:化学工业出版社,2000.

[3] 陈旭俊. 工业清洗剂及清洗技术[M]. 北京:化学工业出版社,2002.

[4] Ronald H. Schmidt,Gary E. Rodrick,施密特,等. 食品安全手册[M]. 北京:中国农业大学出版社,2006.

[5] Li,Guozhen,Tang Llewellyn,Zhang Xingxing,et al. A review of factors affecting the efficiency of clean-in-place procedures in closed processing systems[J]. Energy,2019,178:57-71.

[6] Blanpainavet P,Migdal J F. Chemical cleaning of a tubular ceramic microfiltration membrane fouled with a whey protein concentrate suspension—Characterization of hydraulic and chemical cleanliness[J]. Journal of Membrane Science,2009,337(1-2):153-174.

[7] Madaeni S S,Mansourpanah Y. Chemical cleaning of reverse osmosis membranes[J]. Desalination,2001,161(1):13-24.

[8] 张兰半. 常用的医疗器械清洗剂作用特点[J]. 饮食保健,2019,006(014):153.

[9] 云振义,杜月明,李俊. 一种高碱性泡沫复合清洗剂[P]. 中国专利:CN106675885A. 2016-12-30.

[10] 吕玲. 一种碱性清洗剂及其制备方法[P]. 中国专利:CN107099395A. 2017-03-29.

[11] 宋金武,张丽蓉,黎英文,等. 一种乳品饮料无菌加工设备的碱性清洗剂及其制备方法[P]. 中国专利:CN107955759A. 2018-04-4.

[12] 崔丽平,林俊彬,李洋,等. 牧场挤奶设备用酸性清洗剂[P]. 中国专利:CN104877813A,2015-9-2.

[13] 何云,赵宜华. 一种用于食品生产线的CIP酸性清洁剂及其制备方法[P]. 中国专利:CN106479705A,2016-09-22.

[14] 李洪阳,梁炜,徐文达. 一种无磷低碳酸性CIP清洁剂[P]. 中国专利:CN 108641822A,2018-06-04.

[15] 古学彪. 一种食品设备消毒清洗剂[P]. 中国专利:CN109135937A,2017-06-27.

[16] 付东,李鹏,张晓臣,等. 一种低泡绿色杀菌浓缩型清洗剂[P],中国专利:CN107937171A,2018-04-20.

[17] 游龙,孙法辉,薛明锴. 一种食品级工业清洗剂[P]. 中国专利:CN108913390A,2018-08-14.

[18] 李立芬. 环境友好型洗涤剂配方的研制[D]. 广州:华南理工大学,2011.

[19] 方银军. 我国阴离子表面活性剂的发展及展望[J]. 日用化学品科学,2020,43(1):5.

[20] Carel Wreesmann. 螯合剂在清洗工业中的应用[J]. 中国洗涤用品工业,2003,(2):30-31.

[21] Ye S,Xu X,Jiang W,et. al. Application of oxidized cornstarch as a nonphosphoric detergent builder[J]. Journal of Surfactants & Detergents,2012,15(4):393-398.

[22] 中华人民共和国国家质量技术监督局. QBT 2850—2007,抗菌抑菌型洗涤剂[M]. 北京:中国标准出版社,2007.

[23] 郁培云. 抗抑菌洗涤剂的研究与制备[D]. 天津:天津大学,2015.

[24] 李静,杨勇,李光明,等. CIP自动清洗系统[P]. 中国专利:CN209174491U. 2019.

[25] 李晓东. 乳品工艺学[M]. 北京:科学出版社,2011.

[26] 冷雪娇. 食品工业的清洗与消毒[J]. 安徽农业科学,2014,42(11):4.

[27] Silva L D,Filho U C,Emiliane Andrade Araújo Naves,et al. Pulsed flow in clean-in-place sanitization to improve hygiene and energy savings in dairy industry[J]. Journal of Food Process Engineering,2020, 44 (1): e 13590.

[28] Gillham C R. Enhanced cleaning of surfaces fouled by whey proteins[D]. Cambridge: University of Cambridge, 1997.

[29] Yang Jifeng, Kjellberg Kim, Jensen Bo Boye Busk, et al. Investigation of the cleaning of egg yolk deposits from tank surfaces using continuous and pulsed flows[J]. Food and Bioproducts Processing, 2019, 113:154-167.

[30] Fysun Olga, Kern Heike, Wilke Bernd, et al. Evaluation of factors influencing dairy biofilm formation in filling hoses of food-processing equipment[J]. Food and Bioproducts Processing, 2019, 113:39-48.

[31] Celnik M S, Patel M J, Pore M, et al. Modelling laminar pulsed flow for the enhancement of cleaning[J]. Chemical Engineering Science, 2006, 61(6):2079-2084.

[32] Augustin W, Fuchs T, Föste H, et al. Pulsed flow for enhanced cleaning in food processing[J]. Food & Bioproducts Processing, 2010, 88(4):384-391.

[33] Katharina Bode, Rowan J. Hooper, William R. Paterson, et al. Pulsed flow cleaning of whey protein fouling layers[J]. Heat Transfer Engineering, 2007, 28(3):202-209.

[34] 林仲茂. 超声清洗发展概况[J]. 化学清洗, 1998, 14(1):3.

[35] Patricia McGrew Garcia, Brooks Bradford, Sr. Hydro kinetic using the cleaning of exchanger tubes and pipes[C]. Proceeding of the 10th American Waterjet Conference, Houston, Texas, 14-17:569-578.

[36] 王宏延, 曾凯芳, 贾凝, 等. 臭氧水在鲜切蔬菜贮藏保鲜中应用的研究进展[J]. 食品科学, 2012, 33(21):4.

[37] 熊楚才. 等离子清洗技术(一)[J]. 洗净技术, 2003, 000(09M):41-44.

[38] 李浩宇, 杨峰, 郭嘉伟, 等. 激光清洗的发展现状与前景[J]. 激光技术, 2021, 45(5):8.

[39] Fysun O, Khorshid S, Rauschnabel J, et al. Detection of dairy fouling by cyclic voltammetry and square wave voltammetry[J]. Food Science & Nutrition, 2020, 8(7):3070-3080.

第 7 章

液奶的微生物控制技术

7.1 液奶生产中的微生物及其变化规律

液奶与乳制品是一类营养丰富的食品，是微生物生长繁殖的良好天然培养基。了解液奶中微生物的来源及污染渠道，对防止和控制液奶中微生物的污染，提高原料奶和奶制品的质量至关重要。

刚挤出的液奶中含细菌量较多，特别是前几把挤出的乳中细菌数很高，但随着液奶不断被挤出，乳中细菌含量逐渐减少。然而，挤出的液奶在进入乳槽车或贮乳罐时经过了多次的转运，期间又会因接触相关设备、人员手及暴露在空气而多次污染。同时在此过程中没有及时冷却还会导致细菌大量繁殖。在不同条件下，液奶中微生物的变化规律是不同的，主要取决于其中含有的微生物种类和液奶固有的性质。

7.1.1 液奶中微生物的来源

7.1.1.1 乳房内微生物的来源

乳头周围的微生物沿着乳导管进入乳房内，虽然乳房组织对侵入的特异性物质有防御和立即杀灭的作用，但仍有抵抗力强的微生物在乳房中生存繁殖，因此乳房是乳中微生物不可避免的来源。最先挤出的奶中微生物含量最多，约为 6×10^3 CFU/mL，中间挤出的奶中微生物含量约为 5.5×10^2 CFU/mL，最后挤出的奶中微生物含量最少，约为 4×10^2 CFU/mL。但也有的奶牛与上述情况相反，这与个体对微生物的防御作用和健康状况有关，如患乳房炎的奶牛不但乳房内微生物数量增加，而且带有病原菌。

7.1.1.2 乳房炎的病原学特点

引起乳房炎的病原有细菌、真菌、病毒和霉形体等，这些病原可分为主要的或最常见的和次要的，通常主要的病原是链球菌属细菌、金黄色葡萄球菌、大肠杆菌和霉形体。前两者占病原菌的 90%～95%。这些病原还可以分为接触传染性的（如无乳链球菌、金黄色葡萄球菌和霉形体）和环境性的（如乳房链球菌、停乳链球菌和大肠杆菌）。

引起奶牛乳房炎的最主要的病原菌是无乳链球菌和金黄色葡萄球菌，在舍饲的集约化奶牛场中，大肠杆菌也越来越重要。此外，已见报道的病原菌还有：乳房链球菌、停乳链球菌、兽疫链球菌、粪链球菌、化脓链球菌、空肠变形杆菌、嗜血昏睡杆菌、肺炎链球菌、化脓棒状杆菌、溃疡棒状杆菌、克雷伯氏杆菌、产气肠杆菌、牛分枝杆菌、乳分枝杆菌、意外分枝杆菌、蜡样芽孢杆菌、多杀性巴氏杆菌、溶血性巴氏杆菌、绿脓假单胞菌、类杆菌、黏质沙雷菌、牛霉形体、加拿大支原体、牛生殖器支原体、微碱支原体、莱氏无胆甾原体、星形诺卡氏霉菌、巴西诺卡霉菌等。引起乳房炎的厌氧菌并不多见，它们多与一些条件性病原菌混合感染而发病，主要有吲哚消化球菌、黑素类杆菌、产芽孢梭状芽孢杆菌和坏疽梭杆菌。

引起乳房炎的真菌主要有毛孢子菌、烟曲霉、构巢曲霉及毕赤曲霉，酵母菌中有些也能引起牛的乳房炎，如假丝酵母菌、新型隐球酵母菌和球拟酵母等。

7.1.1.3　挤奶后乳中微生物的污染渠道

（1）牛体的污染

牛体的污染主要由卫生管理不善或疏忽导致，使牛体特别是皮肤、乳房处附着尘埃、泥土及粪便等，这是奶中微生物的主要来源。尘埃的含菌量为 $10\times10^7\sim10\times10^9$ CFU/g，牛粪含菌量可达 $10\times10^7\sim10\times10^{10}$ CFU/g，湿牛粪含菌量可达 $10\times10^4\sim10\times10^9$ CFU/g，主要是带芽孢的有害杆菌和丁酸菌等。

（2）空气的污染

挤奶过程及挤出的奶不可避免地接触牛舍内空气，因此牛舍内空气的清洁状况将直接影响奶中微生物的含量。通常牛舍内空气中的含菌量为 50～100 CFU/mL，尘埃多时可达 1000 CFU/mL，主要是带芽孢的杆菌和球菌属细菌，其次为霉菌及酵母菌等。另外，牛舍内蚊蝇、昆虫也是奶中微生物的重要来源，苍蝇身上带菌可多达 6×10^6 CFU/只以上。

（3）挤奶用具和装奶容器的污染

用清水洗过的奶桶盛奶，奶中细菌含量可达 2.5×10^6 CFU/mL 以上，而用蒸汽消毒过的奶桶盛奶，细菌含量降至 2.3×10^4 CFU/mL。细菌多数为耐热球菌，约占 70%，其次为八叠球菌及杆菌等。

（4）操作人员的卫生状况

饲养员和生产操作人员的卫生状况和身体健康情况也直接影响奶中微生物的含量。一般人的指甲和皮肤皱纹处带有大量细菌，这些人员如患有伤寒、白喉、猩红热、结核病等传染病，其病原菌即可将液奶污染，通过液奶再传播给人，使人患病。

（5）生产工艺过程中的污染

未经彻底清洗消毒的运输工具、生产设备、管道容器、操作用具等都会使液奶受到微生物的污染。另外，液奶在冷却、贮藏、加工和包装等生产工艺过程中，如果温度和时间控制不严，杀（灭）菌达不到要求，使原料奶中残留微生物数量超过国家卫生标准，这样的消毒（灭菌）奶和奶制品本身就带有微生物。

（6）饲料、垫草、土壤及添加物的污染

饲料、垫草和土壤中，特别是霉烂多灰尘的垫草中含有大量微生物，主要是芽孢型杆菌和枯草杆菌等，它们随着灰尘附在牛体上，挤奶时落入奶中，或直接散落在盛奶桶内。另外，各种生产用的原辅材料、添加物等因杀（灭）菌不彻底，都会使液奶受到微生物的污染。检验液奶样品中细菌的种类不仅有利于提高乳品的卫生质量，而且对奶牛的常发病也有监测和检疫的作用。

智研咨询发布的《2020—2026 年中国牛奶行业市场竞争模式及未来趋势预测研究》[1] 显示，2019 年全球约有 14207.8 万头奶牛，其中大部分的奶牛患有各类型乳房炎。奶牛乳房炎已成为影响奶牛养殖业发展的最严重疾病之一。

7.1.2　液奶中主要微生物的种类及其性质

生乳在健康的乳房中已有某些细菌存在，加上收集和处理过程中外界的微生物不断侵入，因此液奶中微生物的种类很多。根据微生物对液奶所产生的变化，可分为以下几种。

7.1.2.1　产酸菌

产酸菌（acid-producing bacteria）主要为乳酸菌。凡能分解糖形成乳酸的细菌统称为乳酸菌，包括正型乳酸发酵和异型乳酸发酵的细菌。

7.1.2.2　产气菌

产气菌（aerogen）在液奶中发育时能生成酸和气体，如大肠杆菌（*Escherichia coli*）和产气杆菌（*Aerobacter aerogenea*）是常出现于液奶中的产气菌。由于产气菌能在低温增殖，故是液奶低温贮藏时能使液奶变酸败的一种重要菌种。另外，丙酸菌也能产气，它是一种分解碳水化合物和乳酸而形成丙酸、醋酸和二氧化碳的革兰氏阳性短杆菌。从液奶和干酪分离出来的有副氏丙酸杆菌（*Prop. Freudenreichii*）、薛氏丙酸杆菌（*Prop. shermanii*）。用丙酸菌生产干酪时，可使产品具有气孔和特有的风味，其在15～40℃条件下生长。

7.1.2.3　肠道杆菌

肠道杆菌（*Bacterium entericum*）是一群寄生在肠道的革兰氏阴性短杆菌。在乳制品生产中是评定乳制品污染程度的指标之一。其中主要有大肠菌群和沙门氏杆菌群。

7.1.2.4 芽孢杆菌

芽孢杆菌（spore-forming bacillus）因能形成耐热性芽孢，故杀菌处理后仍残存在乳中，分为好气性杆菌属和嫌气性的梭状菌属两种。

7.1.2.5 球菌

球菌类一般为好气菌，能产生色素。液奶中常出现的有小球菌属和葡萄球菌属。小球菌属中的代表菌有费氏小球菌、黄色小球菌、变异小球菌、溶乳酪小球菌等，能形成白、黄、红等各种色素而污染液奶。有的球菌（如变异小球菌）能耐65℃、30min的杀菌作用。而溶乳酪小球菌对蛋白质分解能力很强，该菌在液奶或干酪中均有，并能使干酪表面形成被膜。葡萄球菌，菌体呈葡萄状排列，多为乳房炎、食物中毒和皮肤炎症的病原菌，主要的菌种有金黄色葡萄球菌和表皮葡萄球菌等。

7.1.2.6 低温菌

凡是在0～20℃下能够生长的细菌统称低温菌（Psychrophilic bacteria）。国际乳品协会进一步提出凡是7℃以下能生长繁殖的细菌称为低温菌；20℃以下能繁殖的为嗜冷菌。低温菌属于假单胞菌目，呈直状或弯曲状的革兰氏阴性杆菌。乳中常见的有假单胞菌属和醋酸杆菌属。

7.1.2.7 高温菌和耐热性细菌

高温菌或嗜热性细菌是指在40℃以上能正常发育的菌群，如乳酸菌中的嗜热链球菌、保加利亚乳杆菌、好气性芽孢菌（如嗜热脂肪芽孢杆菌）、嫌气性芽孢菌（如好热纤维梭状芽孢杆菌）和放线菌（如干酪链霉菌）等。特别是嗜热脂肪芽孢杆菌，最适发育温度为60～70℃。

7.1.2.8 蛋白分解菌和脂肪分解菌

（1）蛋白分解菌

蛋白分解菌指能产生蛋白酶而将蛋白质分解的菌群。生产发酵乳制品时的大部分乳酸菌能使乳中蛋白质分解成氨基酸，属于有用菌。

（2）脂肪分解菌

脂肪分解菌指能使甘油酯分解生成脂肪酸的菌群。脂肪分解菌中，除一部分在干酪生产方面有用外，一般都是使液奶和乳制品变质的细菌。液奶中如有脂肪分解菌存在，即使进行冷却或加热杀菌，也往往有意想不到的脂肪分解味。

7.1.2.9 放线菌

放线菌（*Actinomycetes*）是呈分枝状形态，并依靠细胞分裂产生分生孢子或断裂生殖方式进行增殖的菌群。与乳制品方面有关的有分枝杆菌科的分枝杆菌属、链霉菌属。

影响原料奶卫生质量的主要因素是致病菌的污染问题。根据不同季节原料奶中致病菌种类、污染的途径及主要致病菌（经常出现）种类，确定出不同季节、来自不同地区的原料奶应该控制和检验的代表性致病菌，以及该致病菌的来源，以此来有效控制原料奶中致病菌的污染，保证原料奶的卫生质量和安全性。原料奶中如果含有数量多的体细胞和致病菌及抗生素残留，则会对人类健康产生很大危害[2]。沙门氏菌属（*Salmonella*）是引起食物中毒的一个最常见的原因，沙门氏菌可被巴氏杀菌杀死，但它们在环境中存在，因此在产品热处理后仍然可能二次污染产品。沙门氏菌可能出现在原料乳中，鸟类和啮齿动物是它们的最初来源，即通过它们的粪便等存留于土壤或水中，导致牛体的污染。金黄色葡萄球菌（*Staphylococcus aureus*）本身可在热处理过程被杀死，但会产生出一种耐巴氏杀菌的耐热毒素，依然会造成食物中毒。热处理前金黄色葡萄球菌生长可能导致毒素的分泌，即使不存在活菌仍可能造成食物中毒，但通常要有大量的金黄色葡萄球菌（10^6 CFU/mL）才会产生毒素。这类微生物在低温下难以生长，如果严格控制生产过程的卫生和温度条件可以使这种菌的危害性降到最低。李斯特菌（*Listeria monocytogenes*）是能够在0℃以下生长的致病菌，一般认为李斯特菌是热敏性的，可被巴氏杀菌杀死，如果在经热处理的产品中出现，则是由于杀菌后的二次污染。乳品工业中有两种急性致病菌日益受到重视，即蜡样芽孢杆菌（*Bacillus cereus*）和大肠杆菌O157（*Escherichia coli* O157）。多年前人们就了解到蜡样芽孢杆菌的产毒素能力，为了改善生产卫生状况以大幅度提高产品的货架期，对乳品中这种微生物的研究越来越受到重视。蜡样芽孢杆菌在生长中会产生潜在的毒素，一旦摄入毒素，人会在 $10\sim60$min 内发生呕吐。低温下，革兰氏阴性嗜冷菌的生长速度会超过蜡样芽孢杆菌，但当不存在革兰氏阴性嗜冷菌时，蜡样芽孢杆菌会大量生长。20 世纪 80 年代发现，大肠杆菌O157 是一种重要的致病菌，这种菌株以及其他一些产毒菌株会造成儿童溶血性结肠炎和溶血性尿毒综合征（HUS），HUS 是一种严重的肾脏疾病，可引起肾衰竭直至死亡。这种微生物是在牛体中发现的，并通过粪便污染进入液奶，它是热敏性的，不能耐受巴氏杀菌。还有几种微生物可能使人发生饮食疾病，常见的有可导致急性肠炎的空肠弯曲菌（*Campylobacter*）和小肠结肠炎耶尔森氏菌（*Yersinia enterocolitica*）。这两种菌都可被巴氏杀菌杀死，如果在热处理后的产品中出现，说明产品受到了环境污染。耶尔森氏菌可在低温下的乳制品中生长，可能对长保质期的产品造成危害。因此，从原料奶的产出源头对这些致病菌进行分析和来源追溯，有利于对这些致病菌进行有效预防和控制，同时也可以验证《奶牛场卫生管理规范》和《榨乳间卫生操作规范》的实施对预防和控制致病菌的有效性。对今后在奶牛场和奶站（榨乳间）推广和实施这两项规范标准，保证原料奶的卫生质量具有重要的意义。

目前，影响我国超高温液态奶制品保质期质量的主要因素是原料奶中耐热芽孢的残留引起的变质，以及嗜冷菌（psychrophile），主要是假单胞菌属（*Pseudomonas*）和黄杆菌属（*Flavobacterium*）在原料乳贮藏期内生长产生的蛋白质分解酶和脂肪分解酶可耐受巴氏杀菌，假如热处理前嗜冷菌数量达到 10^7 CFU/mL，其产生的酶就足以对贮藏（销售）过程中的热处理产品产生变稠和风味改变等问题。因此，研究原料奶中耐热芽孢和嗜冷菌来源，并找出控制耐热芽孢和嗜冷菌数量的有效方法是保证原料奶和超高温成品品质的关键。这项研究为液态奶生产全程质量保证体系在乳品生产企业的建立提供了基础研究根据及 HACCP 和 QACP 计划关键控制点的判定依据。

7.1.3 液奶中微生物贮藏中的变化

7.1.3.1 室温条件

液奶在杀菌前期都有一定数量的不同种类的微生物存在，如果放置在室温（10～21℃）下，液奶会因微生物的活动而逐渐变质。室温下微生物的生长过程可分为以下几个阶段。

（1）抑制期

新鲜液奶中均含有多种机制不同的天然抗菌或抑菌物质，在 13～14℃下，其杀菌或抑菌作用在含菌少的液奶中可持续 36 h；在污染严重的乳液中可持续 18 h 左右。在此期间，液奶含菌数不会增高，若温度升高，则抗菌物质的作用增强，但持续时间会缩短。另外，维持抑菌的时间也与乳中微生物含量有直接关系，细菌数越多则持续时间越短。

（2）乳酸链球菌期

液奶中的抗菌物质减少或消失后，存在乳中的微生物随即迅速繁殖，占优势的细菌是乳酸链球菌、乳酸杆菌、大肠杆菌和一些蛋白分解菌等。这些细菌能分解乳糖产酸，有时产气，并伴有轻度的蛋白质水解，这一反应又促使乳球菌大量繁殖，酸度不断升高。其中以乳酸链球菌生长繁殖尤为旺盛。由于乳的酸度不断上升，其抑制了其他腐败菌的生长。当酸度升高至一定值时（pH＝4.5），乳酸链球菌本身生长也受到抑制，并逐渐减少，这时有乳凝块出现。

（3）乳酸杆菌期

当液奶的 pH 值下降至 6.0 左右时，嗜酸性的乳酸杆菌的活动力逐渐增强。当 pH 值继续下降至 4.5 以下时，由于乳酸杆菌耐酸力较强，尚能继续繁殖并产酸。在此阶段乳液中可出现大量乳凝块并有大量乳清析出。同时，一些耐酸性强的丙酸菌、酵母和霉菌也开始生长，但乳酸杆菌仍占优势。

（4）真菌期

当酸度继续升高，pH 值降至 3～3.5 时，绝大多数微生物被抑制甚至死亡，仅酵母和霉菌尚能适应此高酸性的环境，并能利用乳酸及其他一些有机酸。由于酸被利用，乳液的酸度会逐渐降低，使乳液的 pH 值不断上升并接近中性。此时优势菌种为酵母和霉菌。

（5）胨化菌期

液奶中的乳糖被大量消耗后，残留量已很少，此时 pH 已接近中性，蛋白质和脂肪是主要的营养成分，适宜分解蛋白质和脂肪的细菌的生长繁殖。同时乳凝块被消化，乳液的 pH 值不断提高，逐渐向碱性方向转化，并有腐败的臭味产生。这时的腐败菌大部分属于芽孢杆菌属、假单胞菌属以及变形杆菌属。

上述各阶段的间隔不是十分明显，是没有严格界限的持续发展过程。具体变化见图 7-1。

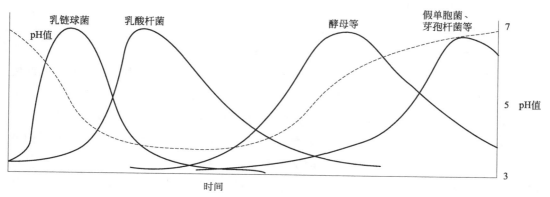

图 7-1　液奶在室温下贮藏期微生物的变化情况

7.1.3.2　冷藏条件

液奶挤出后应在 30min 内快速冷却至 0～4℃，并转入具有冷却和良好保温性能的保温缸内贮存。在冷藏条件下，液奶中适合于室温下繁殖的微生物的生长被抑制；而嗜冷菌却能生长，但生长速度非常缓慢。这些嗜冷菌包括：假单胞杆菌属、产碱杆菌属、无色杆菌属、黄杆菌属、克雷伯氏杆菌属和小球菌属。

冷藏乳的变质主要在于乳液中蛋白质和脂肪的分解。多数假单胞杆菌属中的细菌均具有产生脂肪酶的特性，这些脂肪酶在低温下活性非常强并具有耐热性，即使在加热杀菌后的乳液中，还残留脂酶活性。而低温条件下促使蛋白分解胨化的细菌主要为产碱杆菌属和假单胞杆菌属。

7.1.4　液奶中的微生物及其影响因素

7.1.4.1　液奶中微生物的种类和特性

乳和乳制品在生产过程中很容易遭到微生物污染。这些微生物在适宜条件下会迅速繁殖，影响乳和乳制品的质量。微生物在代谢过程中产生各种代谢产物，引起乳与乳制品变质或食物中毒。常见的微生物有细菌、酵母菌和霉菌等。这些微生物一般可分为两类：一类是病原微生物，它不改变乳和乳制品的性质，但对人、畜健康有害，可以通过乳传播各种流行病，如溶性链球菌、布鲁氏杆菌、乳房炎链球菌及沙门氏菌、痢疾杆菌等；另一类是有害微生物，这些微生物可以引起乳和乳制品的腐败变质，如低温细菌、蛋白分解菌、脂肪分解菌、产酸菌、大肠杆菌等。此外，还有一些是乳制品生产中有益的微生物，可用来制造一些发酵乳制品。如乳酸菌在干酪、酸性奶油等乳制品的制作方面起到重要作用，酵母是生产液奶酒和马乳酒不可缺少的微生物，青霉菌可用于生产特殊风味的干酪。因此我们必须了解乳中微生物的种类和特性，防止致病微生物和有害微生物侵入乳和乳制品中，而利用有益微生物生产各种发酵乳制品。但即使是有益微生物，某些情况下其也能使乳发生酸败，而不利于乳品加工生产。

（1）细菌

按照细菌的作用划分，大致分为三类：致病菌、腐败菌和益生菌。

① 致病菌（pathogenic bacteria）：致病菌也称病原菌，通常不改变乳与乳制品的性质，但可通过乳传播流行病，对人畜的健康有害，甚至危及生命，如溶血性链球菌、布鲁氏杆菌、沙门氏菌、结核杆菌等。一般致病菌都产生毒素，包括内毒素、外毒素和其他一些有害物质。外毒素是细菌细胞内释放出的一种毒性蛋白，通常由革兰氏阳性菌产生。内毒素是由于细胞自溶或其他原因破坏细胞，而从细胞壁上释放的毒性脂多糖，一般由革兰氏阴性菌产生。微生物产生的毒素非常耐热，当热处理杀灭致病菌菌体后，其产生的毒素仍然具有活性，仍会危及人体健康和生命。在我国的国家标准中，致病菌一般指"肠道致病菌和致病性球菌"，主要包括沙门氏菌、志贺氏菌、金黄色葡萄球菌、致病性链球菌四种，致病菌不允许在食品中检出。

② 腐败菌（spoilage bacteria）：腐败菌也是一大类有害微生物，主要分解乳中糖、蛋白质、脂肪等营养物质而产酸、产碱、产气、产色素、产毒等，从而导致乳制品出现不正常酸凝固、色泽风味异常等现象，大大降低乳品的品质和卫生状况，甚至失去食用价值。腐败菌包括蛋白分解菌、脂肪分解菌、产酸菌、产碱菌、产气菌、大肠杆菌等。

乳与乳制品中常见的变质类型及相关微生物见表 7-1。

表 7-1　乳制品的变质类型与相关微生物

乳制品类型	变质类型	微生物种类
鲜乳与市售乳	变酸及酸凝固	乳球菌、乳杆菌属、大肠菌群、微球菌属、微杆菌属、链球菌属
	蛋白质分解	假单胞菌属、芽孢杆菌属、变形杆菌属、无色杆菌属、黄杆菌属、产碱杆菌属、微球菌属等
	脂肪分解	假单胞菌、无色杆菌、黄杆菌属、芽孢杆菌、微球菌属
	产气	大肠菌群、梭状芽孢杆菌、芽孢杆菌、酵母菌、丙酸菌
	变色	类蓝假单胞菌(灰蓝至棕色)、类黄假单胞菌(黄色)、荧光假单胞菌(棕色)、黏质沙雷氏菌(红色)、红酵母(红色)、玫瑰红微球菌(红色下沉)、黄色杆菌(变黄)
	变黏稠	黏乳产碱杆菌、肠杆菌、乳酸菌、微球菌等
	产碱	产碱杆菌属、荧光假单胞菌
	变味	蛋白分解菌产生腐败味，脂肪分解菌产生酸败味，球拟酵母(变苦)，大肠菌群(粪臭味)，变形杆菌(鱼腥臭)

续表

乳制品类型	变质类型	微生物种类
酸乳	产酸缓慢、不凝乳	菌种退化，噬菌体污染，抑菌物质残留
	产气、异常味	大肠菌群、酵母、芽孢杆菌
干酪	膨胀	成熟初期膨胀：大肠菌群（粪臭味） 成熟后期膨胀：酵母菌、丁酸梭菌
	表面变质	液化：酵母、短杆菌、霉菌、蛋白分解菌 软化：酵母、霉菌
	表面色斑	烟曲霉（黑斑）、干酪丝内孢霉（红点）、扩展短杆菌（棕红色斑）、植物乳杆菌（铁锈斑）
	霉变产毒	交链孢霉、曲霉、枝孢霉、丛梗孢霉、地霉、毛霉和青霉
	苦味	成熟菌种过度分解蛋白，酵母、液化链球菌、乳房链球菌
淡炼乳	凝块、苦味	枯草杆菌、凝结芽孢杆菌、蜡样芽孢杆菌
	胖听	厌氧性梭状芽孢杆菌
	黏稠	芽孢杆菌、微球菌、葡萄球菌、链球菌、乳杆菌
甜炼乳	胖听	炼乳球拟酵母、球拟贺酵母、丁酸梭菌、乳酸菌、葡萄球菌
	纽扣状物	葡萄曲霉、灰绿曲霉、烟煤色串孢霉、黑丛梗孢霉、青霉等
奶油	表面腐败酸败	腐败假单胞菌、荧光假单胞菌、梅实假单胞菌、沙雷氏菌酸腐节卵孢霉（酯酶作用）
	变色	紫色色杆菌、玫瑰色微球菌、产黑假单胞菌
	发霉	枝孢霉、单孢枝霉、交链孢霉、曲霉、毛霉、根霉等

③ 益生菌（probiotics）：益生菌则是对乳品生产有益的微生物。益生菌是通过改善宿主肠道微生物菌群的平衡而发挥作用的活性微生物制剂，又称微生态调节剂、生态制品、活菌制剂。它具有改善肠道菌群结构，抑制病原菌，生成营养物质，提高机体免疫力，消除致癌因子，降低胆固醇和血压，改善乳糖消化性等功能。因此，益生菌对于人类的营养和健康具有重要的意义。

随着研究的不断深入，益生菌的应用日益广泛。在酸奶中，益生菌酸奶约占全球益生菌业务总体量的78%，我国发酵乳制品的消费规模占国内益生菌整体市场的78.4%，是国内益生菌产业重要增长动力之一；在益生菌婴幼儿配方食品中，除了奶粉，如米粉、谷物等辅食中也有添加益生菌的产品；在特医用途配方益生菌食品中，国内外特医产品中也有以益生菌为主要功能原料的产品；在益生菌膳食补充剂中，益生菌膳食补充剂具有维持肠道功能、预防便秘、增强免疫力等功效[3]。在乳制品中，它主要用于酸乳、奶酪、奶油、干酪、微生态制剂等的生产。目前，国内外常用的益生菌菌种多为乳酸细菌，包括双歧杆菌（*Bifidobacterium*）、乳酸杆菌（*Lactobacillus*）和一些球菌等。此外，还有明串珠菌属（*Leuconosta*）、足球菌属（*Pediococcus*）、丙酸杆菌属（*Propionibacterium*）、芽孢杆菌属（*Bacillus*）的一些菌种也可用作益生菌。

（2）酵母菌

薪鲜液奶中的酵母主要为酵母属、毕赤氏酵母属、球拟酵母属、假丝酵母属等菌属。常见的有脆壁酵母菌、洪氏球拟酵母、高加索乳酒球拟酵母、球拟酵母等。其中，脆壁酵母与假丝酵母可使乳糖发酵而用以制造发酵乳制品。但使用酵母制成的乳制品往往带有酵母臭，有风味上的缺陷。

（3）霉菌

霉菌常导致能直接观察到的不同程度的食品败坏和分解。其生长可通过腐烂点、斑点、黏液、棉花状菌丝体或有色的产孢子的霉菌来鉴别。霉菌能导致食品中碳水化合物、脂肪和蛋白质的酶作用，引起发酵、脂肪水解和蛋白质分解等变化，并因此产生不良的风味和气味。

液奶中常见的霉菌有乳粉胞霉、乳酪粉胞霉、黑念珠霉、变异念珠霉、蜡叶芽枝霉、乳酪青霉、灰绿青霉、灰绿曲霉和黑曲霉，其中的乳酪青霉可制干酪，其余的大部分霉菌会使干酪等污染腐败。

（4）噬菌体

对液奶和乳制品的微生物而言，最重要的噬菌体为乳酸菌噬菌体。乳酸菌噬菌体污染是目前发酵工业极为严重和普遍的问题。在酸乳和干酪制造过程中，噬菌体感染作为发酵剂的乳酸菌后，会导致产酸速率严重下降，从而影响产品的得率和品质，造成巨大经济损失。现将具代表性的乳酸菌噬菌体介绍如下。

乳酸球菌噬菌体的头部的直径为 70nm，尾部长 150～160nm，宽 7nm，其全长为 220～230nm。当其侵袭乳酸球菌 60～80min 后即产生溶菌，增殖 50～150 个新噬菌体后即放出。该噬菌体在 500 mg/L 的次氯酸钠溶液中于 62～68℃下加热 30min 后即死亡，在 pH＝3 或 11 时仍具有活性。

7.1.4.2 微生物的生长繁殖及其影响因素

微生物生长必须从菌体外取得必需的营养物质与足够的能量来合成菌体，以使菌体数目成指数形式增加。单细胞微生物的生长可分为四个阶段，即迟滞期、对数期、稳定期和衰亡期，其典型生长曲线见图 7-2。在迟滞期（lag phase），菌种生长刚开始一段时间，菌体数目并不增加，甚至稍有减少，但是菌体细胞的代谢却很旺盛，菌体细胞的体积增长很快，对不良的环境因素如高温、低温和高浓度的盐溶液等比较敏感，容易死亡。

经迟滞期之后，菌体细胞分裂程度剧烈上升，菌体数目以几何级数增加，所以称为对数期（log phase）。工业生产上采用各种措施尽量延长对数期以提高发酵生产力，这就是连续发酵的基本原理。

对数期后，当培养液中菌体的增多数和死亡数几乎相平衡时，即为稳定期（stationary phase）。由于营养物质的减少，菌体有毒代谢产物的积累，促使菌体加速死亡。当菌体死亡速度大大超过繁殖速度时，就进入衰亡期（decline phase），并出现菌体变形、自溶等现象。

影响液奶微生物生长的因素主要有物理因素、化学因素以及生物因素。

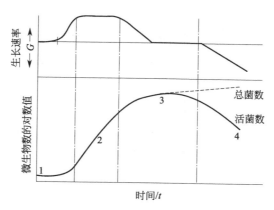

图 7-2　微生物的生长曲线

1—迟滞期；2—对数期；3—稳定期；4—衰亡期

（1）物理因素

① 温度：在影响微生物生长繁殖的各种物理因素中，温度起着最重要的作用。适宜的温度可以促进微生物的生命活动，不适宜的温度会减弱微生物的生命活动，或引起微生物在形态、生理特性等方面的改变，进而导致死亡。按照微生物适宜生长的温度范围，可大致将微生物分为：a. 低温菌（psychrotrophs），最适生长温度 10～20℃，能在7℃以下生长繁殖；b. 中温菌（mesophiles），最适生长温度 30～40℃，在冷藏条件下停止生长；c. 高温菌（thermophiles），最适生长温度 55～65℃。绝大多数微生物繁殖的最适温度在 14～40℃ 之间，有少量微生物可在 0℃ 以下生长，也有些可在高于 100℃的环境中生长。

当环境温度低于微生物最低生长温度时，细胞膜的流动性减小，酶的活性降低，正常的代谢和 DNA（脱氧核糖核酸）复制表达功能受到抑制或终止，导致微生物生长缓慢甚至死亡。对于液奶而言，挤乳时的清洁度对细菌的原始菌数有很大影响，而贮藏温度对细菌数的增加则至关重要。温度越高，细菌数增加越快。根据低温抑菌的原理，液奶的贮藏运输应尽量保持冷链控制，使细菌生长受到抑制。一般贮存温度应在 4℃ 左右。

微生物对高温十分敏感，当环境温度超过某种微生物的最高生长温度后，会引起细胞内蛋白质、核酸等生命物质的不可逆变性，破坏细胞结构，从而抑制微生物的生长，甚至导致死亡。这就是热杀菌的基本原理。绝大多数细菌、酵母和霉菌的营养体细胞以及酵母、霉菌的孢子，在 60～70℃ 下处理短时间即可杀灭。致病菌中以结核菌的耐热性最强，因此液奶的巴氏杀菌条件均以结核菌的灭活为准。微生物中耐热性最强的当属细菌的芽孢，一般湿热条件下完全杀灭芽孢的条件需达到 100℃/（2～4 h），120℃/30min 或 121℃/（15～20min）。

②水分：微生物生长需要水，水分在某种极限以下时微生物则无法生长。将微生物冷冻干燥后其生长停止，可将此原理用于菌种的保存。乳粉含水量低于 5% 时，在密封

状态下，不会引起微生物的生长发育。

在微生物对水的需求中，影响最大的是水的可利用性，常用水分活度 a_w 表示，即环境中的水蒸气分压与同温度下纯水的水蒸气压之比。纯水的 a_w 为 1.00。a_w 越低，微生物就需要消耗越多的能量并从基质中吸收水分。当 a_w 低至一定程度，微生物无法继续生长。表 7-2 列举了一般微生物生长的最低 a_w 值。

表 7-2　重要微生物类群生长的最低 a_w 值范围

类群	最低 a_w 值范围
细菌	0.99～0.94
霉菌	0.94～0.73
酵母	0.94～0.88

③ 相对湿度：微生物为了维持其生长和活力，对水分要求很高，较高的相对湿度导致水分在食品、设备、墙壁和天花板上冷凝。冷凝导致表面潮湿，有助于微生物的生长并引起腐败。细菌所要求的湿度比酵母和霉菌高，其最适相对湿度为 92% 或更高；酵母的最适相对湿度为 90% 或更高；霉菌的最适相对湿度为 85%～90%。

④ 干燥：干燥法常用于保存食物。用浓盐或糖渍食品，可使细菌体内水分逸出，造成生理性干燥，使细菌的生命活动停止。

（2）化学因素

微生物生长受到 pH 值、氧气、营养物质、生长促进因子及生长抑制因子等化学因素的影响。

① pH 值：每一种微生物生长繁殖都有一定的适宜 pH 值范围，超出该范围，生长就会受到抑制，甚至导致死亡。大部分细菌的生长最适 pH 值为 5.6～7.5。乳酸菌、霉菌、酵母在微酸性条件下易生长。大肠菌、蛋白分解菌在碱性环境中易生长，酸性条件下则受到抑制。

② 氧气：与温度一样，环境中是否存在氧气决定了体系中能生存的微生物种类及其数量。需要游离氧的微生物称为需氧菌（如假单胞菌），能在无氧条件下存活的微生物称为厌氧菌（如梭状芽孢杆菌），在两种环境中都能生长的微生物称为兼性微生物（如乳杆菌）。

③ 营养物质与生长促进因子：许多微生物需要外源性氮源、能源（碳水化合物、蛋白质或脂肪）、矿物质和维生素来维持其生长。氮通常从氨基酸及非蛋白质氮源获得，但也有些微生物能利用多肽和蛋白质。霉菌利用蛋白质、复杂碳水化合物和脂肪的效率最高，因为它们含有的酶能将这些分子水解成比较简单的成分。大部分酵母则要求结构简单的化合物。所有微生物都需要矿物质，但对维生素的要求各异。霉菌和某些细菌能合成其生长所需的维生素 B，而其他微生物则要求外界供给维生素 B。

④ 生长抑制因子：是否存在抑制性物质对微生物繁殖有较大的影响。能抑制微生物生长的物质或试剂称为抑菌剂，能破坏微生物的物质或试剂称为消毒剂。对微生物具

有杀伤效应的有机化合物种类极多，酚类、醇类、醛类、染料、表面活性剂、抗生物质等是常用的杀菌剂或抑菌剂。一般阳离子量多时对微生物有抑制作用，二价阳离子比一价阳离子更具毒性，尤以汞、铅、镉为甚。卤素阳离子也有影响。另外，低级脂肪酸对微生物发育具有抑制作用。乳酸菌生成的乳酸可阻止大肠菌及病原菌的生长。安息香酸、水杨酸对微生物发育有抑制作用，故可作为防腐剂。

⑤ 抗生素：抗生素对液奶的影响尤为重要。治疗奶牛乳房炎时，常在饲料中添加抗生素。如果青霉素污染了液奶，则对乳酸发酵有抑制作用。乳酸菌对抗生素的感受性，一般以青霉素最大，其次为四环素、链霉素、氯霉素。

（3）生物学因素

微生物会受微生物的相互作用及其他生物体的影响。

① 共生（symbiosis）：两种或两种以上不同菌种的微生物共存时，比单独存在时更有利于生长的现象称为共生。例如生产酸乳时如用混合菌种发酵，其产酸速率明显高于唾液链球菌嗜热亚种和德氏乳杆菌保加利亚亚种的单独发酵产酸。

② 拮抗（antagonism）：一种生物在生命活动过程中，产生了不利于其他生物生长的条件，促使其他生物的生命活动受到抑制，甚至死亡，这种关系就是拮抗。例如青霉属的霉菌可生产阻碍金黄色葡萄球菌生长的物质，由此而发现了青霉素。

从乳酸链球菌样中分离出的乳链球菌素（nisin）又称尼生素，是一种对人体无害的多肽抗菌素。乳链球菌素是乳链球菌的代谢产物，因此，以乳链球菌作为发酵剂所制造的发酵乳制品如干酪、酸乳等中，就会有乳链球菌素，它对葡萄球菌、链球菌、梭状芽孢杆菌、棒状杆菌等革兰氏阳性菌以及奈瑟氏球菌（neisseria）有抗菌作用，但对革兰氏阴性菌无抗菌效能。目前很多国家已允许使用乳链球菌素来保藏食品。

7.2 液奶生产中微生物污染杀菌技术

7.2.1 热杀菌技术

热杀菌是指以蒸气、热水为热介质，或直接用蒸汽喷射式加热的杀菌法，分为干热杀菌和湿热杀菌。热处理条件主要有加热温度和处理时间，通常由 D 值（在恒定标准温度下，杀灭90%微生物所需的时间）和 F 值（在恒定的加热温度下，杀灭一定数量细菌或芽孢所需的时间）反映灭菌效果。

目前，工业上广泛应用的热杀菌技术包括：低温长时间巴氏杀菌（low temperature long time，LTLT）、高温短时巴氏杀菌（high temperature short time，HTST）、超巴氏杀菌（ultra-pasteurization，UP）、超高温杀菌（ultra-high temperature，UHT）。人们日常饮用的商业奶主要是巴氏杀菌奶和超高温奶。低温长时间巴氏杀菌（LTLT）一般温度控制在65℃，处理时间为30min。高温短时巴氏杀菌（HTST）温度控制在72～75℃下处理10～15s，然后迅速冷却到4～5℃。由于温度较低不能杀灭耐热性强的细菌芽孢和嗜热脂肪杆菌，食品保质期相对较短，主要起到对食品的消毒目的。但是国际公认巴氏杀菌工艺可以极大限度地保护奶中活性物质，低温巴氏杀菌奶味道纯正、营养保留全面，在发达国家乳制品产品中占主导地位。近年来，我国非常重视巴氏杀菌奶的生产并且逐年增长，是乳制品行业中重要的产品类别。然而低温巴氏奶保质期短，不便长途运输，只适合在当地销售。超高温杀菌在135～150℃的温度下保温2～8s后，再迅速冷却到30～40℃。这个过程中微生物细菌的死亡速度远比食品质量受热发生劣变的速度快，因此，UHT能够实现对食品的灭菌，且对食品的质量影响较小，几乎能完全保留食品原有的品质与风味。王凤芳[5]的研究证实生牛乳巴氏杀菌和质量最佳条件是72～75℃处理15s。庞全岭等[6]设计的生牛乳巴氏杀菌装置可从多方向对生牛乳进行加热杀菌，有效提高了杀菌的效率，弥补了单向加热杀菌效率低的缺陷。

7.2.2 超高压杀菌技术

7.2.2.1 超高压杀菌概述和发展

超高压（ultra high pressure，UHP）杀菌是利用100～800MPa的压力杀灭食品或药品等物品的细菌、酵母菌和霉菌等微生物的杀菌方法，可用于酱、果汁、肉制品、药品等产品的杀菌。UHP的杀菌原理是超高压的环境下，分子中的氢键、硫氢键、水化结构等发生变化或破坏，从而引起蛋白质变性、酶失活，最终导致微生物死亡。高压处理后细胞膜变化如图7-3所示。

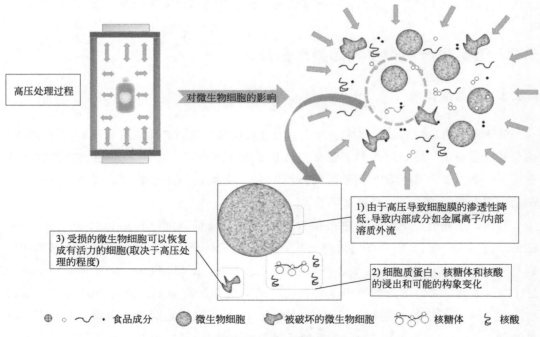

高压处理过程

对微生物细胞的影响

1) 由于高压导致细胞膜的渗透性降低,导致内部成分如金属离子/内部溶质外流

3) 受损的微生物细胞可以恢复成有活力的细胞(取决于高压处理的程度)

2) 细胞质蛋白、核糖体和核酸的浸出和可能的构象变化

⊕ ○ ∼ · 食品成分　　微生物细胞　　被破坏的微生物细胞　　核糖体　　核酸

图7-3 高压处理后细胞膜变化示意

　　超高压杀菌效率取决于压力强度、微生物种类和生长阶段、温度、pH 值、水活性、食物组成等因素。开始研究超高压杀菌技术大约有一个世纪。所谓超高压杀菌，就是将食品物料以某种方式包装以后，置于超高压装置中加压处理，使之达到灭菌要求的目的。超高压杀菌的基本原理就是压力对微生物的致死作用。超高压导致微生物的形态结构、生物化学反应、基因机制以及细胞壁膜发生多方面的变化，从而影响微生物原有的生理活动机能，甚至使原有功能破坏或发生不可逆变化。在食品工业上，超高压杀菌技术的应用旨在利用这一原理，使超高压处理后的食品得以安全长期保存。

　　超高压杀菌特别适用于低酸度食品的杀菌，超高压杀菌具有保持食物的完整风味、不会引起焦味、保持食物本色、保持蔬菜等食物脆嫩的组织状态等优点，所以超高压杀菌的应用范围已经越来越广泛，现在已经用于通心粉、奶酪、鸡翅、饺子类点心、汤、柔和海鲜等食品的杀菌。Porretta 等[7] 发现用超高压对番茄汁进行杀菌，不仅杀灭了产品所有的微生物，而且相比传统的热杀菌，超高压杀菌改善了产品的黏度和色泽，对酶的影响也较热处理的弱。

　　虽然超高压杀菌起初用于食物杀菌，但现在逐渐用于医学和药学杀菌。超高压可以稳定酶的性质和活性，在超高压作用下酶催化可合成非常精确的化学物质；并且同时进行杀菌；超高压灭活的一些细菌或病毒可用作疫苗；借助超高压还可将细胞、动物组织、血细胞、移植器官等储存在 0℃以下的环境中。

　　阴性菌、霉菌、酵母菌和单核细胞增生李斯特菌（*Listeria monocytogenes*）对超高压更加敏感，300～400MPa 基本就能全部杀死这些菌[8]。现在已经明确知道超高压可以导致微生物失活，显著影响酶反应动力学，以及如美拉德反应、油脂自动氧化和两者间可能发生的反应等重要的化学反应。此外，如蛋白质、淀粉和其他多糖类、脂肪和它们的混合物等生物大分子的结构和功能都对压力敏感。因此可以用压力来开发品质新颖的产品。这项技术的主要优点在于超高压导致微生物失活，而不存在热处理带来的各种化学变化。Ledward 等[9] 认为，食品体系中超高压产生的效应包括：微生物失活、酶动力学改变、一些化学反应、生物分子结构变化等。

　　近年来，超高压杀菌技术在乳制品加工中的研究与应用逐渐增多。沈梦琪等[10] 以作用压力、时间和保温时间为变量，研究了不同压力条件处理的杀菌效果。研究发现，超高压处理对牛乳中的微生物具有很强的杀灭作用，杀菌效果与作用压力和时间呈正相关，然而延长保温时间不会显著提高杀菌效果。通过优化参数得出超高压处理牛乳的最佳工艺为在压力 600MPa 下保持 15min，然后保温 30min，牛乳保质期可达 30d。田晓琴等[11] 以新鲜生牛乳为主要原料，同样也研究了不同压力和时间下超高压对新鲜生牛乳的杀菌作用。发现超高压处理生牛乳杀菌效果的因素排序为：杀菌压力＞处理时间。马莉等[12] 在 100～600MPa 压力下对生牛乳采用连续式加压和交变式加压方式处理，结果表明，当低压 200MPa，低压保压时间 5min，高压 500MPa，高压保压时间 30min 时，大肠菌群全部被杀灭，菌落总数致死率达 99.91%。多数研究已经证明牛乳中一般的细菌和酵母菌在 100～600MPa、5～10min 下可以被有效灭活，但是芽孢和孢子可以抵御一定的高压处理，当压力为 600MPa 时联合 50℃ 热处理作用可以实现芽孢和孢子的完全灭活[13]。

超高压可导致疏水反应、氢键和静电效应的改变，而对共价键的影响很小。压力对生物多分子中这些弱的相互作用的影响意味着在充足的压力下，蛋白质分子将彻底或部分展开而导致变性，在许多情况下聚集成凝胶网状结构或沉淀。实验已经证明超高压下，鸡蛋白像热处理中一样容易胶凝。但这两种情况下的凝胶有很大的不同，键被打断和形成的顺序和程度都有很大的不同。因此超高压在处理食品的质构时是非常有用的工具，这也正是这方面研究开始增多的原因之一。

超高压杀菌分为两种方式：一种是静态超高压杀菌，即始终、不间歇地使用一个恒定压力（加热或不加热）对产品进行超高压灭菌的方法；另一种是间歇式超高压杀菌，即反复利用超高压（恒定或非脉冲变化，加热或不加热）进行超高压杀菌的方法。

7.2.2.2 超高压杀菌和微生物

表 7-3 是目前常用的防止和减缓食品中微生物增长的防腐技术。其中热处理技术是较广泛使用的，而其他技术应用相对较少。从食品安全性和提高保藏性的角度来说，使食品中微生物失活或活性降低的技术更优于那些只是防止或减缓已存在的微生物生长的技术。特别就安全的角度而言，如果未来食品污染显著减低，则更必须发展新的或改善降低食品中微生物的方法。作为一种新型的"降低"微生物的方法，超高压技术有极大的潜力。

表 7-3 常用的防腐技术

防腐目的	防腐技术
防止或减慢微生物的生长	低温（冷藏或冷冻贮藏） 低水分活度（干燥，添加盐类、糖或混合溶质） 低氧（真空或充氮包装） 更多的 CO_2（气调包装） 降低 pH 值（加酸或发酵） 加防腐剂（亚硫酸盐、硝酸盐、山梨酸酯、苯甲酸盐、乳链菌肽等） 区域化（在油包水乳化食品中）
使微生物失活	加热（巴氏杀菌或灭菌） 紫外杀菌 压力杀菌 电场杀菌
防止再污染	无菌的加工和包装过程

食品中主要污染的微生物见表 7-4，它们在低温下繁殖的能力和对热的敏感性对冷冻食品、消毒食品很重要。考虑到压力的敏感性，最重要的是微生物的营养体细胞和孢子。同时许多环境因素也影响着压力的敏感性。通常情况下，在 4～6kbar 的压力下，营养体细胞失活，而某些种类的孢子至少在低温或室温时，在超过 10kbar 的压力下仍保持活性。对压力的相对敏感性使微生物的营养体细胞成为超高压杀菌过程中的第一个

目标，特别是对于低 pH 值的食品和那些具有天然保护作用的产品，确保压力可以破坏食品中污染的孢子或破坏可能存活的孢子是非常重要的。如果将超高压技术与其他发展完善的抑菌技术相结合会有更好的效果。如果对天然保护性差的产品，如近中性 pH 或高水分活度进行超高压杀菌，则需要进一步考虑以下两个重要因素：第一，失活的动力学；第二，孢子的抗受性，特别是产生毒素的孢子。目前关于微生物失活的动力学还有待进一步研究，相关报道很少，下面着重讨论孢子的抗受性。

表 7-4　食品中主要污染的微生物

中等生长温度	抗　热　性		
	低	中	高
	营养体	芽孢	
低	单核细胞增生李斯特菌 (*Listeria monocytogenes*)[①] 小肠结肠炎耶尔森菌 (*Yersinia enterocolitica*)[①] 副溶血性弧菌 (*Vibrio parahaemolyticus*)[①] 嗜水汽单胞菌 (*Aeromonas hydrophila*)[①] 类志贺邻单胞菌 (*Plesiominas shigelloides*)[①]	肉毒梭状芽孢杆菌 (非水解蛋白菌株) (non-proteolytic *Clostridium botulinum*)[②]	肉毒梭状芽孢杆菌(水解蛋白菌株) (*Clostridium botulinum* proteolytic strains)[②]
中	沙门氏菌 (*Salmonella species*)[①] 大肠杆菌 (*Escherichia coil*)[①] (Onteropathogenic strains) 金黄色葡萄球菌 (*Staphylococcus aureus*)[②]	蜡样芽孢杆菌 (*Bacillus cereus*)[②] 枯草芽孢杆菌 (*Bacillus subtilis*)[②] 产气荚膜梭菌 (*Clostridium perfringens*)[②]	
高	空肠弯曲菌和大肠弯曲菌 (*Campylobacter jejuni* 和 *Campylobacter coli*)[①]		

① 传染性微生物。

② 有毒微生物。

不同种类的孢子对压力的抗受性不同，肉毒梭状芽孢杆菌（*Clostridium botulinum*）的孢子的耐压性最强。为了杀死孢子，通常仍采用超高压技术和其他技术相结合的方法。同时，非常高的压力可能直接使孢子失活，低压使孢子失活在分子水平上似乎还不能完全解释，但至少失活有两个阶段。第一个阶段，孢子发育，某些特殊种类的孢子的普通营养性发育促进了这一阶段，如 L-丙氨酸、腺苷、次黄（嘌呤核）苷等，在较低的压力范围内这种效果更明显。第二个阶段，如果压力和温度足够高，已发育的孢子失活。与压力对营养体细胞的效果相反，在某些温度和压力范围内，营养体细胞的失活随温度降低而增加；压力促进发育的效应随温度上升而显著增加。因此压力-温度-发育的结合理论是一个合理的解释，但仍需要很可靠的证据来证明孢子失活，以确保食品的安全性。

微生物的营养体细胞对压力的相对敏感性使其成为食品超高压杀菌时的第一目标，而低 pH 值和其他的一些食品，在此条件下孢子不能生长，因此是最有吸引力的目标食品。在大范围的食品加工中使用最小的有效的超高压技术依赖于大量种类食品微生物的合理的失活动力学，考虑到所有主要的食品污染微生物和食品破坏微生物，必须获得可靠的数据来评价所有主要食品微生物的失活速率。

De Ledward 等认为与营养体细胞相反，微生物的孢子内壁的超高压失活情况特殊。在这些细胞的特殊休眠期，它们对外界刺激的耐受性，如热和离子辐射等，很多都因失水产生，或甚至可能由孢子原生质体的玻璃化产生。但这些最耐受压力的孢子不一定是最耐热的，反之亦然。尽管孢子具有耐压性，但某些条件下压力将引发孢子发育，发育的孢子变得对热、压力和其他可以杀死微生物的非孢子形态的加工过程敏感，因此可以应用于食品业，这也许可以解决超高压杀菌时孢子的杀死问题。如果希望继续研究高 pH 值、高水活性的食品的超高压杀菌，则需要进一步的动力学数据，这些数据须涵盖许多种类，并与可靠的食品热加工的数据相吻合。

Da Ledward 等选用大肠杆菌为对象进行超高压杀菌研究，并以沙门氏菌属和李斯特菌属为参照。在不同压力、温度和时间下测定液奶中的大肠杆菌和菌落总数的残存曲线，结果如图 7-4 所示，其中（a）为全奶中大肠菌群 $\lg N_0/N_s$ 与保持时间的关系；（b）为大肠杆菌在 4kbar 压力下分别处理 0min、5min、10min、15min、20min 后的计数；（c）为 3kbar 和 4kbar 压力处理不同时间的处于静止期的大肠杆菌；（d）为 2kbar 压力处理静止期的大肠杆菌 5min、10min、15min、20min、30min、40min、50min 后的效果。

通常在 2～5kbar 的压力范围内对细菌失活是有效的。实验结果表明对于不同的菌群、甚至可能同一种的不同菌株、微生物的不同生长时期的耐压性都有所不同。增加压力通常都导致死亡速率增加 [图 7-4(a)和(c)]，升高温度也增加了压力的杀菌效果。由于孢子具有较强的耐压性，因此不包括在此实验中。在固定的温度和压力条件下，菌落总数随时间变化的曲线并不符合一级衰减曲线 [图 7-4(a)和(b)]，衰减的速率越来越低。残存者长长的尾部是一个很重要的发现，但不同个体间产生耐高压性的差异的原因尚不清楚。图 7-4(c) 和(d)的结果都以处于静止期的大肠杆菌为研究对象，在生长循环中的其他两个阶段作为对照样。刚接种的微生物（半对数期）比达到静止期的微生物对压力更敏感 [图 7-5(a)和(b)]。其中，（a）为 2kbar 压力下处理不同时间对静止期和对数中期的大肠杆菌的影响；（b）为压力对静止期和对数中期的大肠杆菌的影响和时间的函数。处于静止期的微生物比快速生长的微生物更小，更趋于球状；而快速生长的微生物呈棒状，新陈代谢速率更高。当新陈代谢减缓时，较强的耐压性反映了细胞组分的聚集，而减少了压力对于如蛋白质等原料的影响。此外，一些糖类有能力降低耐压性。

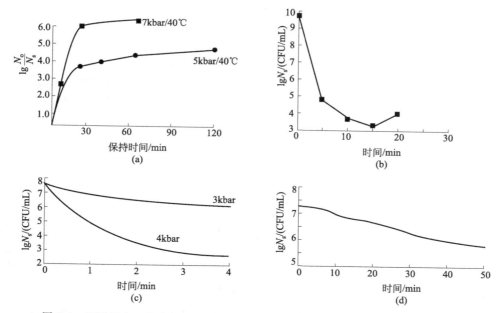

图 7-4　不同压力、温度和时间下测定液奶中的大肠杆菌和菌落总数的残存曲线
（N_o 为起始数量，N_s 为最终数量）

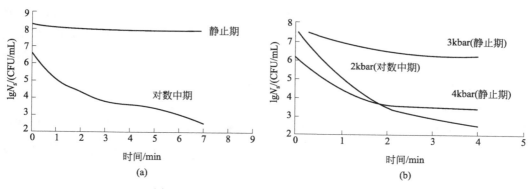

图 7-5　不同压力和时间对大肠杆菌的影响

　　采用平板检测时不能检出残余菌落的原因可能是受压后立即铺平板，菌落不能马上开始生长；如果给予适当的条件，修复机制未受破坏时，它们还可以传代。食品加工者必须确认菌落的恢复程度以保证食品的安全性。采用两种培养基进行对照实验，一种是非选择性培养基（色氨酸大豆琼脂），一种是选择性培养基琼脂，伊红美蓝琼脂（大肠杆菌选择性），结果如图 7-6 所示。在含有抑制物的选择性培养基中，微生物的残活率低于非选择性培养基中的残活率。这表明受压后存在一定比例的微生物可以修复压力导致的破坏而重新繁殖，但在选择性培养基中培养却会抑制这种修复过程。

　　改变膜通透性的实验能检查从细胞漏出的液体的情况。在一组实验中，先将大肠杆菌细胞进行离心处理，冲掉生长介质后悬浮在纯水中。施压后，离心法除去微生物，用

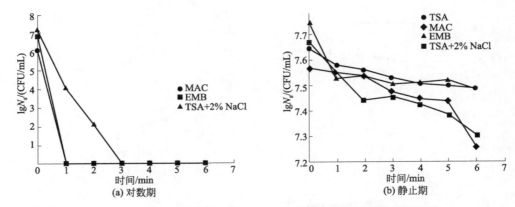

图 7-6 200MPa 处理大肠杆菌 0 ～6min 后采用不同选择性琼脂培养
对数期和静止期大肠杆菌的效果

紫外分光光度法检测上清液。结果发现随着加压时间延长，260nm 的吸光度也增加，与施加的实际压力（2～4kbar）的依赖关系相对较小（图 7-7）。进一步的实验表明，处于静止期的微生物比处于对数生长期的微生物的细胞漏出液在 260nm 的吸收较小。数据还表明液体渗出有两个阶段，先是一个较快的渗出阶段，然后是一个相对稳定的由细胞组分二级降解产生的流失阶段。残活曲线和紫外吸收物质的流失之间可能存在某种相关性，见图 7-7(c)。紫外吸收的物质可能包括一些蛋白质，其中含有如苯丙氨酸、色氨酸、酪氨酸等含芳香基的氨基酸和一些核苷酸。其他研究者对这类研究的后续工作也表明细胞外的物质也可以渗漏到细胞内，如可以是 DNA 染色的溴化二氨乙苯啡啶。但现在还不清楚细菌的细胞膜在压力下是否变得通透，还是被永久的破坏。

通过测试呼吸循环中一个很重要的酶——异柠檬酸脱氢酶的活力可以初步检查实际细胞成分的完整性。受压前后的完整细胞在超音频的作用下释放出细胞组分，然后测试活性。图 7-7(d) 显示，仅 2min 后，酶活力仅剩余 10%，这个比例与微生物存活率相符。

采用透射电子显微镜法观察微生物受压前后的变化，从而发现细胞结构上肉眼不可见的变化。单核细胞增生李斯特菌（*Listeria monocytogenes*）的细胞在 2.5kbar 处理后，在临近细胞质膜的地方有不寻常的对称"干净"区域。这些区域中缺乏核糖体，可能是由于膜的短暂反折而形成的外形，但并没有和膜相连（图 7-8）。形成此区域的原因还不清楚，也许是由于相变或其他构象的改变或其他原因破坏了核糖体而引起的。经过压力处理的细胞中 DNA 纤维区域的增大是明显的。在 5kbar 压力下形成的干净区域和纤维区域的数量和大小增加。

将鼠伤寒沙门氏菌（*Salmonella typhimurium*）暴露在 2.5kbar 的压力下，产生不含核糖体的散射光区域，与含核糖体的区域和稠密的区域相比，此区域可能代表变性的蛋白质。DNA 的纤维区域是可见的并有空出核糖体部分。暴露在 5kbar 压力下导致细胞质彻底的浓缩，同时仍然保留细胞的轮廓（图 7-9）。De Ledward 等还发现单核细胞

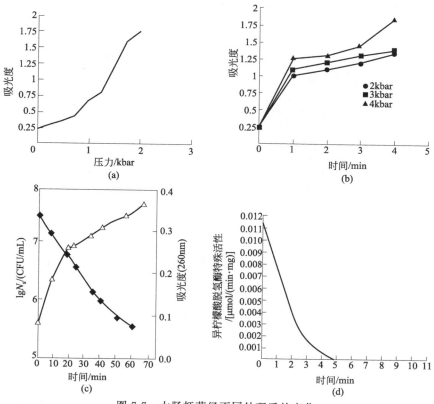

图 7-7　大肠杆菌经不同处理后的变化

（a）以 250bar 的间隔用 0～2kbar 的压力处理大肠杆菌后上清液的 260nm 的吸光度；

（b）用不同压力分别处理大肠杆菌 1～4min 后上清液的 260nm 的吸光度；

（c）2kbar 处理大肠杆菌 0～50min 后，漏出液的紫外吸收和静止期计数间的关系；

（d）大肠杆菌在 4kbar 下处理 0～10min 后，异柠檬酸脱氢酶的特殊活性

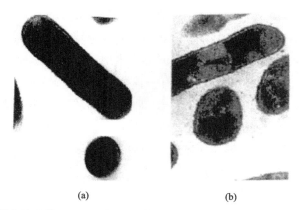

图 7-8　5kbar 压力处理前（a）和后（b）单核细胞增生李斯特菌在电子显微镜下的形态

增生李斯特菌和鼠伤寒沙门氏菌表现出不同的压力敏感性，在接下来的压力处理下表现出不同的超结构变化。超高压会导致核糖体分裂，进而影响到蛋白质合成，最终导致细

胞死亡，有试验证明了超高压能破坏细菌细胞的核糖体形成，导致细胞死亡。

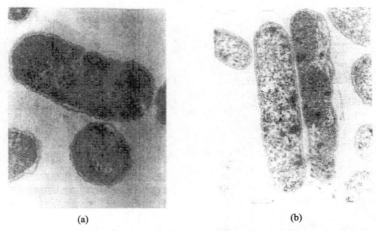

(a)　　　　　　　　　　　　　　　(b)

图 7-9　5kbar 压力处理前（a）和后（b）鼠伤寒沙门氏菌在电子显微镜下的形态

与其他非热杀菌技术一样，UHP 和热加工结合有协调增效作用。对于液奶杀菌，UHP 可等效于不同程度的热处理：预杀菌、巴氏杀菌、高温巴氏杀菌或延长保质期处理，这可以通过设置不同的超高压处理的参数来实现。有研究采用 300MPa 压力处理液奶，可将细菌数量降低 4 个对数单位，并将 5℃和 10℃的保质期分别延长至 18 d 和 12 d，其杀菌效果相当于热处理中的预杀菌；在室温下采用 400MPa 保持 15min 或 500MPa 保持 5min 的超高压处理液奶，对细菌的杀死效果与巴氏杀菌热处理相似，但产品的风味更新鲜。在 55℃下采用 586MPa 保持 3min 或 5min 的超高压处理则等效于超巴氏杀菌，产品在冷藏条件下的保质期可延长至 45 d 以上。由于细菌芽孢的耐压性，单靠采用超高压处理无法生产出相当于 UHT 乳的常温液奶产品。然而，如果采用超高压和热处理结合的压力辅助热杀菌（pressure-assisted thermal sterilization，PATS 杀菌）方式，则可以产生出比传统的 UHT 乳品质更佳的常温液奶产品。

当热处理与 UHP 联合使用时，处理的温度会影响杀菌效果。例如，Scurrah 选取来自 8 个芽孢杆菌种的 40 株菌，在 72~95℃下采用 600MPa 保持 1min 的超高压处理，可降低细菌数量 0~6 个对数单位；其中有一株菌的活力不受影响[14]。一般情况下，超高压处理的温度越高，杀菌效果就越好，较高杀菌率的例子是：将地衣芽孢杆菌（Bacillus licheniformis）和蜡状芽孢杆菌（Bacillus cereus）的芽孢数量降低 5~6 个对数单位。菌株对 UHP 的耐受性因处理温度不同而异。

另一项关于超高压和热处理联用的研究，将 4 株蜡状芽孢杆菌的芽孢，接种在 UHT 脱脂液奶中，浓度分别是 10^6 CFU/mL 和 10^8 CFU/mL，采用了两种不同的杀菌方式：a. 一段式杀菌处理，即在 60℃下采用 600MPa 保持 30min；b. 两段式杀菌处理，先是进行 45℃、200MPa 保持 30min，随后进行 60℃保温 10min 的热处理。这两种方法均将芽孢数降低了 6 个对数单位以上。两段式杀菌处理采用的思路是，先用低压力和温度诱导芽孢萌发，然后用较温和的热处理将其杀死。这项研究发现在芽孢萌发阶段，压力和 UHT 液奶中存在的游离氨基酸具有协同增效的杀菌作用。

细菌素与 UHP 联合使用也具有协同增效的杀菌作用，可以大幅度降低液奶中病原体和细菌芽孢的数量。Black 等[15] 将 UHP 和乳酸链球菌素联合使用，作用于液奶中的大肠杆菌（*Escherichia coli*）、荧光假单胞菌（*Pseudomonas fluorescens*）、无害李斯特氏菌（*Listeria innocua*）、绿色乳杆菌（*Lactobacillus viridescens*），结果表明两者具有协同增效作用。在室温下采用 500MPa、5min 的超高压处理，乳酸链球菌素使用浓度为 500 IU/mL，结果发现在此试验条件下，所有试验细菌均大幅度减少，其数量降低至少 8 个对数单位。然而，甚至采用较低的压力（400MPa 或 250MPa）保持 5min，与浓度为 500 IU/mL 的乳酸链球菌素进行联合杀菌，也可将大肠杆菌和荧光假单胞菌的数量降低 8 个对数单位。革兰氏阳性菌的耐受性优于革兰氏阴性菌。

Masschalck 等[16] 研究了 UHP 和液奶来源的乳铁蛋白、乳铁蛋白肽和乳铁蛋白水解产物的联合使用，在室温下对 2 株大肠杆菌、肠炎沙门氏菌、鼠伤寒沙门氏菌、宋内氏志贺氏菌、福氏志贺氏菌、荧光假单胞菌和金黄色葡萄球菌 8 株细菌的杀灭效果。研究结果表明：单独使用乳铁蛋白及其水解产物的，在试验所用的剂量范围内没有杀菌作用，但与 UHP（155～400MPa，在没有抗菌剂存在的情况下，单独使用该压力可导致每种细菌数量下降 1～3 个对数单位）联合使用则有协调增效作用；革兰氏阳性葡萄球菌是不受影响的；乳铁蛋白肽的杀菌效果比乳铁蛋白好得多，它可以减弱大肠杆菌除外的所有革兰氏阴性菌的防御能力；一些细菌对抗菌剂易感性的增加似乎是暂时的，而且它只发生在超高压处理过程中。这一结论与 Black 等的研究结果有所不同，Black 等研究发现某些细菌对超高压的易感性是一直存在的，乳酸链球菌素在超高压处理后添加到细胞悬液中仍然有效。在 25℃下 600MPa 保持 2 h 的超高压处理，能够将耐热乳球菌噬菌体数量降低 5 个对数单位。高钙含量磷酸缓冲液中的噬菌体，经 550MPa 保持 2 h 的处理后数量下降 2 个对数单位，而采用 450MPa 则数量没有改变。

UHP 尽管能够起到延长液奶保质期的作用，但仍存在如下问题需要关注。

① 一些致病菌，如单核细胞增生李斯特氏菌和金黄色葡萄球菌，具有很好的耐压性，不会被 UHP 全部杀死。另外，一些大肠杆菌的突变菌株特别耐压，经 700MPa、15min 的超高压处理后数量仅降低 0.4 个对数单位。

② UHP 对部分细胞会造成亚致死损伤，它们在冷藏条件下仍可能会缓慢生长。因此，建议在将 UHP 杀菌技术应用于商业化生产之前，应进行严格的产品保质期试验。

7.2.2.3　微生物超高压失活的机制

超高压杀菌能杀灭细菌、酵母菌和霉菌等微生物，但不会影响食品的有机成分。其杀菌的机制主要包括：增加细胞膜通透性和有选择性地钝化酶的活性。Hoover 等[17] 认为超高压对微生物失活的效应并不反映温度的影响。对压力敏感的微生物相对具有抗热性；而热敏性的微生物则对压力不敏感。对于某些食品加工体系而言，希望同时应用压力和温度达到使微生物失活的目的。室温下，超高压可能杀死营养体细胞，而孢子相对抗压性较强；若与温和的热处理条件相结合，则两者都被杀死。超高压对微生物的破坏可能是由于细胞膜上的分子变性而导致通透性增加。超高压能破坏细胞膜结构，增加膜的通透性。250MPa、数分钟使植物乳杆菌（*Lactobacillus plantarum*）细胞膜的DNA聚集，恢复常压后有86%的细胞恢复常态；但350MPa、10min处理后细胞恢复常态的比例仅为0.05%。250MPa、15min可以导致酵母菌细胞不可逆地萎缩35%，这种萎缩主要是因为细胞内的Na^+、K^+、Ca^{2+}和甘油不可逆地渗出细胞。

正是因为超高压能破坏细胞膜结构，所以超高压结合化学试剂的杀菌效果明显比这两种杀菌方式单独使用效果好。例如400MPa、20℃、15min可减少大肠杆菌和英诺克李斯特氏菌的数量级2~5个单位，而乳过氧化物酶只能抑制这两种菌的生长和繁殖，两种杀菌方法同时使用则可使菌的数量级下降7个单位。10℃或25℃下500MPa、30min不能大量杀死肉葡萄球菌，但500MPa、50℃、5min能导致该菌下降10^7CFU/g，500MPa结合乳链菌肽杀菌效果更好。

极高的流体静压会影响细胞的形态。胞内的气体空泡在0.6MPa压力下会破裂。大肠杆菌的长度在常压下为1~2μm，而在40MPa下为10~100μm。对于能动的微生物，特别是原虫，运动的停止直接与超高压引起的结构变化有关。这种现象还与菌种有关，而且往往是可逆的。多数微生物在解除压力后会返回到正常形状重新开始运动。高福成等认为核酸对剪切力的作用虽然敏感，但耐受流体静压力则远远胜过蛋白质。当施加的压力高达1000MPa时，鲑鱼精子和小牛胸腺的脱氧核糖核酸（DNA）天然结构在25~40℃下60min不发生变化。枯草杆菌的DNA溶液（0.002%~0.04%，pH=4.8~9.9）在室温和高达1000MPa压力下也不变性。实际上，270MPa压力对热变性具有稳定作用，这也许是由压力抵消了伴随热变性而来的容积增大所致。由于DNA螺旋结构大部分由氢键形成，所以压力上升必然有利于氢键形成时所具有的容积变小作用。DNA与蛋白质两者之间耐压性的差异可能就是这种分子内部高度氢键结合的结果。尽管DNA在压力下有这种稳定性能，但是由酶参与的DNA复制和转录步骤却因压力而中断。

1967年，Landau发现大肠杆菌的诱导、转录和翻译因持续施加流体静压而受到抑制。27MPa时诱导作用停止，68MPa时翻译完全受到抑制但在27MPa时不受影响。转录受压力影响最小，在68MPa时仍有影响。一旦压力释放，所有受抑制的诱导等各步均恢复到正常情形。

在细菌中，30S核蛋白体亚单元决定了核蛋白体对压力敏感的程度。50S亚单元似乎在不同属细菌的功能上是相同的，因而在限制压力效应上不起明显的作用。另外，在压力作用下核蛋白体亚单元的稳定性还受环境离子的影响。例如，大肠杆菌的核蛋白体在相对较高和较低离子浓度下是静压敏感的，荧光假单胞菌在任何离子浓度下都是耐静压的，深海假单胞菌只在高离子浓度下耐流体静压。众所周知，核蛋白体需要Mg^{2+}才会稳定，才会有活性。

细胞壁赋予微生物细胞以刚性和形状。20~40MPa的压力能使较大的细胞因受压力发生细胞壁机械断裂而松解。这也许对真菌类微生物来说是主要的因素。而真核微生物一般比原核微生物对压力更敏感。细胞膜使胞内物质与周围环境相隔离，因而也就在细胞传输方面起着重要的作用，同时还起着呼吸方面的作用。如果细胞膜通透性过高，细胞便面临死亡。细胞膜的主要成分是磷脂和蛋白质，其结构靠氢键和疏水键来保持。在压力作用下，细胞膜的双层结构的容积随着每一磷脂分子横切面积的缩小而收缩。加压的细胞膜常常表现出通透性的变化。在核蛋白体中，钾和钠的漏出随着压力而升高，超过 40MPa 而呈线性下降。压力引起的细胞膜功能破坏将导致氨基酸摄取受抑制，原因可能是蛋白质在膜内发生变性。一般认为，对于微生物，压力引起损伤的前沿部位是细胞膜。

增压过程中会伴随着温度的同步上升，这一现象称为压缩绝热升温。绝热升温速率因物质的化学成分不同而异（例如：在 20℃ 时，水的绝热升温速率为 3～5℃/100MPa，动植物油脂的绝热升温速率为 6～8℃/100MPa），同时也与温度和压力有关。绝热升温的程度变化很大，在 90℃、压力约 200MPa 时，水的绝热升温速率增加到超过 5℃/100MPa。压力释放时，绝热升温会完全逆转。

虽然这种温度升高的程度相对较小，但它对 UHP 的总体杀菌效果有实质性的促进作用。然而，对于实验型的超高压处理设备，金属材质的压力腔体积较小，食物被金属包围着，部分热量会被这些金属吸收，因此，实验型设备处理的产品绝热升温的程度小于工业化的大型生产设备。

高压高温处理（high pressure，high temperature，HPHT）和压力辅助热处理（pressure-assisted thermal proccessing，PATP）被应用于提高杀菌效果，尤其对芽孢的杀灭效果，以生产保质期内品质稳定的低酸产品，在这种情况下，杀菌过程称为压力辅助热杀菌（PATS）。HPHT 使用大约 600MPa 的压力和 60～90℃ 的腔初始温度，由于绝热升温现象，高压处理温度会升至 90～130℃。绝热升温效应和高压作用的结合加剧了对芽孢的破坏作用。这种方法的优点是在压力释放阶段中，快速冷却最大限度地减少了热处理对食物的损伤。2009 年，土豆泥是第一个美国 FDA 批准采用 PATS 技术生产的保质期内品质稳定的低酸产品。

7.2.2.4　超高压杀菌在乳制品中的应用

乳制品的加工方法主要采用热处理，因此乳制品中热敏性的营养成分易被破坏，而且热加工使得褐变反应加剧，影响色泽，乳制品中挥发性的风味物质也会因加热而有所损失。而采用超高压技术处理食品，可以在灭菌的同时，较好地保持食品原有的色、香、味及营养成分。

在超高压杀菌过程中，由于乳制品的成分及组织状态十分复杂，对不同的乳制品对象采用不同的处理条件。乳制品中各种微生物所处的环境不同，因而耐压的程度也就不同。一般地，考虑超高压杀菌时应考虑 pH 值、温度、微生物的生长阶段、产品成分的影响，下面将逐一介绍。

（1）pH 值对超高压杀菌的影响

在压力作用下，介质的 pH 值会影响微生物的生长。根据研究报道，一方面压力会改变介质的 pH 值，且逐渐缩小微生物生长的 pH 值范围。例如，在 680 atm 下，中性磷酸盐缓冲液的 pH 值会降低 0.4 个单位。另外在大气压下，pH＝9.5 时，粪链球菌（*Streptococcus faecalis*）的生长受抑制，而在 40MPa 下，pH＝8.4 也可使之受抑制。黏质沙雷氏菌（*Serratia marcescens*）在 0.1MPa、pH＝10.0 时被抑制，而在 40MPa 下，pH＝9.0 即使之生长受抑制。这可能是因为压力影响细胞膜 ATP 酶。另一方面，在乳制品允许范围内，改变介质 pH 值，使微生物生长环境劣化，也会加快微生物的死亡速率，使超高压杀菌的时间缩短或降低杀菌压力。Wouter 发现植物乳杆菌在 pH＝5.0 环境中比 pH＝7.0 更耐 250MPa 的压力，说明 pH 值越低微生物细胞对超高压的抗性越好，杀菌效果越差。

（2）温度对超高压杀菌的影响

根据研究，在低温或高温下，超高压对微生物的影响加剧。这主要是由于微生物对温度具有敏感性。因此在温度作用的协同下，超高压杀菌的效果可大大提高。大多数微生物在低温下的耐压程度降低，主要是由于压力使得低温下细胞内因冰晶析出而破裂的程度加剧，所以低温对超高压杀菌有促进作用。

乳制品在不同温度下进行超高压杀菌如图 7-10 所示，在同样的压力下，杀死同等数量的细菌，高温所需杀菌时间更短。因为在一定温度下，微生物中蛋白质、酶等成分均会发生一定程度的变性，因此，适当提高温度对超高压杀菌亦有促进作用。超高压杀菌效率最差的温度范围是 20～40℃，温度离这范围越远杀菌效果越好。

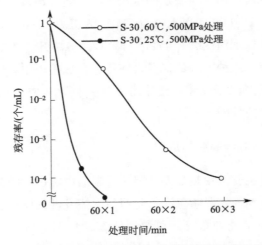

图 7-10 较高温度对蜡状芽孢杆菌的超高压杀菌的影响

Arroyo 发现超高压（200MPa、300MPa 和 400MPa）、5℃、30min 可以杀死不同微生物，包括阴性菌和阳性菌、霉菌和酵母菌，而且杀菌效果比相同压力下 20℃、10min 和 10℃、20min 要好。

500MPa、40℃、15min 可将枯草芽孢杆菌的数量降低 4.9 个对数单位，而同样条件温度改为 25℃可将菌数降低 2.7 个对数单位（图 7-10）。

同样压力下，对荧光假单胞菌进行的超高压杀菌在室温下不如低温或温和的高温效果好；而杀灭大肠杆菌时温和高温效果好。

（3）微生物生长阶段对超高压杀菌的影响

微生物对超高压的耐受性随其生长阶段不同而异。许多研究表明，微生物在其生长期，尤其是对数生长早期，对压力更敏感。例如，在 100MPa 下对大肠杆菌进行杀菌，40℃时需 12 h，而在 30℃时需 36 h，在 20℃时需 124 h 才能杀死。这主要是因为大肠杆菌的最适生长温度在 37～42℃，在生长期进行超高压杀菌，所需时间短，杀菌效率高。从这个意义上讲，在微生物最适生长温度范围内进行超高压杀菌，可提高杀菌效率。

（4）乳制品成分对超高压杀菌的影响

乳制品的成分组织状态各异。因而对超高压杀菌的影响情况也非常复杂。通常，当乳制品中富含营养成分时，其杀菌速率均有减慢趋势。这大概与微生物的高耐压性有关。

如图 7-11 所示，糖浓度越高，微生物的致死率越低。如图 7-12 所示，盐浓度越高，微生物的致死率越低。

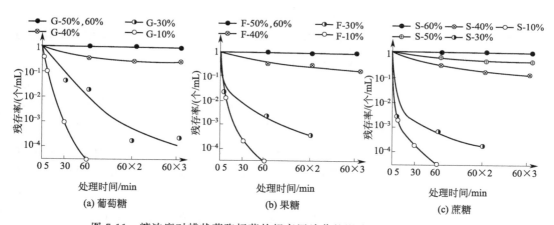

图 7-11　糖浓度对蜡状芽孢杆菌的超高压杀菌的影响（500MPa，25℃）

目前研究已经涉及压力用于改变或改善乳制品的某些特性方面。例如，Okamoto 等就成功地在 200MPa 下处理乳清，使酶解的 β-乳球蛋白（β-Lg）沉淀。且这种沉淀是选择性的，即只沉淀 β-Lg，而不沉淀 α-乳白蛋白（α-La），后者正是配制婴儿改性乳所需要的蛋白质[18]。

（5）时间对超高压杀菌的影响

在一定压力下杀菌效果是用 D 值来表示的，D 值的单位是 min。如 Zook 等[19] 提出了超高压杀灭 pH＝3.5～5.0 的苹果汁和橙汁的酿酒酵母（*Saccharomyces cerevisiae*）的杀菌动力学，证明在 300～500MPa 条件下 D 值范围为 8s～10.8min，杀灭

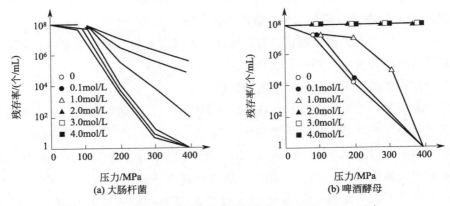

图 7-12 盐浓度对超高压杀菌的影响 （pH＝7.0，20min）

$(0.5\sim1.0)\times10^6$ CFU/mL 的活菌，Z 值（热力杀菌时对象菌的热力致死时间曲线的斜率，也即温度变化时热力致死时间相应变化或致死速率的估量）范围是 $115\sim121$MPa，且 pH 值对杀菌效果没有显著作用。

又如含脂率为 6％的羊奶接种浓度分别为 10^7 CFU/mL 和 10^8 CFU/mL 的大肠杆菌和荧光假单胞菌，两种菌在 $0\sim30$min 内的死亡速度属于一级反应，D 值（在 $150\sim300$MPa 压力范围内）分别是 $2\sim18$min 和 $2\sim23$min。6％脂肪的羊奶的微生物对超高压杀菌有自动保护作用，这点与一般的研究结论不同。

即使是耐高压的菌株，延长受压时间或增大压力，细菌的死亡率都会增加。且随着时间延长，超高压杀菌的效果越明显。

（6）杀菌方式对超高压杀菌的影响

脉冲杀菌效率比常压杀菌效果更好。全蛋液的大肠杆菌经不同超高压（300MPa、350MPa、400MPa 和 450MPa）、不同温度（50℃、20℃、2℃和－15℃）和不同时间（5min、5min＋5min、10min、5min＋5min＋5min、15min）杀菌，效果最好的是 50℃，在 20℃和－15℃下大肠杆菌更耐高压，350MPa 下间歇式杀菌比同时间的连续杀菌效果更好。

目前提出最合理的超高压杀菌参数是：a. 两个或更多的超高压脉冲；b. 杀菌终点温度是 105℃或更高；c. 芽孢的数量和种类；d. 超高压前的温度和杀菌温度一致。更高的压力结合更低的初始温度效果更好，这可以减少食品组分的热损失。

乳品的超高压杀菌要求满足乳制品的卫生指标和货架期指标。从 1899 年开始，Hite 就开始研究超高压杀菌的乳制品的杀菌效果，但他的研究仅包括了一些微生物，还很不足。Timson 和 Short 研究了从－20℃到 100℃下，从大气压到 1 GPa 的处理下，液奶中的微生物的存活。从液奶中分离和鉴定了一些具有抗压性的微生物，其中芽孢有特殊的抗压性。

Styles 等研究了超高压杀菌时液奶中单核细胞增生李斯特菌在 23℃时的破坏程度。结果发现，生奶经 340MPa 处理 60min 可以将其数量降低 6 个对数单位。他们还发现与在磷酸缓冲液中加热相比，液奶对单核细胞增生李斯特菌有一定的保护作用。

在室温下，采用 400MPa 保压 15min 或 500MPa 保压 3min 处理液奶，就微生物指标安全性而言，可以达到巴氏杀菌的效果。在 55℃ 下，对液奶进行 586MPa 保压 5min 的超高压处理，可延长其保质期至 45 d 以上，这是巴氏杀菌乳保质期的 2 倍多。

采用 482MPa、586MPa、620MPa 和 655MPa 的压力和 45℃、55℃、60℃ 和 75℃ 的温度，对液奶进行压力辅助热处理（PATP），保持 1min、3min、5min 和 10min，生产"巴氏杀菌乳"或"灭菌乳"，由于杀菌工艺的不同，PATP 液奶的风味与相应的热处理液奶差异很大。PATP 液奶含有饱和醛类，如己醛、庚醛、辛醛、壬醛和癸醛等，但甲基酮、2-甲基丙醛、2,3-丁二酮和挥发性含硫化合物（如二硫化碳、二甲基二硫醚和二甲基三硫醚等）的浓度则低很多。采用约 650MPa 和 >100℃ 处理生产出的灭菌乳，比热杀菌的 UHT 乳有更好的风味。这将为解决 UHT 乳风味差的问题提供一个可能的方案，而这一方案的可行性很大程度上取决于 PATS 系统的成本。

7.2.3 超高压均质杀菌技术

研究发现超高压均质对大部分的微生物有杀死作用。一般情况下，均质压力越高或进料温度越高，杀菌效果越好。此外，对于微射流均质机，采用多次均质联用，可提高杀菌效果。物料的成分也是杀菌效率的影响因素之一。例如，有研究发现在全脂液奶中超高压均质对大肠杆菌的杀死效果比在脱脂液奶中好。

HPH 处理过程中升温现象和高速剪切、空穴现象、湍流具有协同效应。事实上，与单独使用热处理进行杀菌相比，均质过程中瞬间产生的热量和均质产生的物理效应共同作用，可达到延长产品保质期的同时确保产品具有更好的感官特性的双重效果。

下面用两个例子来说明 HPH 对液奶的杀菌作用。采用高压阀均质机处理全脂液奶，均质压力为 300MPa，进料温度为 30～40℃，研究发现乳球菌、嗜冷菌和细菌总数均减少了约 3.5 个对数单位，而大肠菌群、乳酸杆菌和肠球菌几乎全部被杀死，未检出。有研究报道含有微生物的液奶在 4℃ 下的保质期为 14～18 d。Picart 使用高压阀均质机处理原料乳，均质压力为 250MPa 和 300MPa，进料温度为 24℃，结果表明均质后菌落总数降低了 2～3 个对数单位。他们还观察到液奶分别接种荧光假单胞菌、藤黄微球菌（Micrococcus luteus）和英诺克李斯特氏菌李斯特菌，经 290MPa 的均质后，它们的数量分别下降 4.0、2.6 和 1.8 个对数单位。这些研究结果表明革兰氏阳性菌对 HPH 的耐受性比革兰氏阴性菌强。例如，Wuytack 采用了高压阀均质机 100～300MPa 的均质与 200～400MPa 的静态超高压处理（UHP）两种杀菌方法，测试了 5 株革兰氏阳性菌（粪肠球菌、金黄色葡萄球菌、植物乳杆菌、无害李斯特氏菌和葡聚糖明串珠菌）和 6 株革兰氏阴性菌（鼠伤寒沙门氏菌、弗氏志贺氏菌、小肠结肠炎耶尔森氏菌、荧光假单胞菌、2 株大肠杆菌）对 HPH 的耐受性。研究发现测试的革兰氏阳性菌对 HPH 的耐受性比革兰氏阴性菌强，同为革兰氏阳性菌（或阴性菌）的菌株间的耐受性差异很小。与之相比，测试菌对 UHP 处理的耐受性则有很大的不同。革兰氏阳性菌和革兰氏阴性菌的耐受性会出现部分重叠现象，研究还发现对 UHP 具有耐受性的大肠杆菌对 HPH 没有耐受性。HPH 和 UHP 作用效果的另一区别是 UHP 会给细菌带来亚致死损伤，而 HPH 则不会。这一发现对处理产品在贮藏过程中的细菌生长有重要影响。

对 HPH 耐受性较强的革兰氏阳性菌，如李斯特菌和葡萄球菌，由于它们具有致病性，是需要特别注意的。Jose-Brinez 建议进料温度应该大于 20℃，以实现将革兰氏阳性菌数量降低至少 4 个对数单位，但同时提出某些耐 HPH 的葡萄球菌需要强度更剧烈的 HPH 处理条件才能被有效灭活。

细菌芽孢对 HPH 有很强的耐受性，常见的报道表明 HPH 仅能将芽孢数量降低 1 个对数单位。然而，在 HPH 过程中芽孢遭受的高速剪切力可以降低其耐热性，采用低于常规热杀菌的温度就能达到同样的杀菌效果。另一种可以达到相同效果的方法是，利用 HPH 过程中的急速升温现象，对芽孢造成致命的伤害，这同时也将对液奶成分的破坏降至最低。

采用高压阀均质机进行 HPH 处理可增强过氧化物酶、溶菌酶和乳铁蛋白对细菌的杀菌作用。当有上述酶存在时，HPH 可以破坏细菌的细胞膜，这有助于酶穿过受损的细胞膜；同时，HPH 还可以通过改变酶的构象或暴露更多的蛋白质疏水区域来增加酶的活性。有研究发现，乳酸链球菌素和 HPH 也有类似的协同增效作用。

HPH 处理和许多其他破坏微生物细胞的加工技术一样，在乳制品加工行业具有良好的发展潜力。Bury 采用 HPH、超声波处理和珠磨法破坏德氏乳杆菌保加利亚亚种的细胞，并对释放出的胞内 β-半乳糖苷酶进行评估。试验发现，使用同一台高压阀均质机在 135MPa 下均质 3 次（或在 200MPa 下均质 1 次），或珠磨处理 2～3min，都比超声波处理更有效。因此，由于 HPH 具有可连续处理的优点，可能会用于大规模地从细菌或其他细胞中提取胞内物质。

HPH 也能够杀死噬菌体，噬菌体的存在会导致乳制品发酵失败。采用高压阀均质机在 200MPa 下均质 5 次（进料温度为 25℃），来灭活磷酸缓冲盐水中的 3 种乳球菌噬菌体，可将其数量降低 5 个对数单位。当采用 100MPa 的均质压力或减少均质的次数时，噬菌体的致死率会降低。此外，当噬菌体在液奶或乳清介质中进行超高压匀质处理时，其数量最多只能减少 3 个对数单位。

7.2.4　微波杀菌技术

微波杀菌已经广泛应用于多种食物，如牛肉、鸡肉、冷冻食品、土豆等，微波杀菌和传统加热杀菌效果没有显著差异。

7.2.4.1　杀菌效果

（1）杀灭细菌

表 7-5 列出了文献记载的能被微波杀死的主要细菌。

表7-5 微波辐射能够杀死的细菌

细菌种类	相关文献
铜绿假单胞菌	Saeed and Gilbert,1981；Papadopoulou et al.,1995；Atmaca et al.,1996
食酸假单胞菌	Atmaca et al.,1996
金黄色葡萄球菌	Saeed and Gilbert,1981；Atmaca et al.,1996；Wu,1996；Yeo et al.,1999
李斯特菌	Coote et al.,1991
大肠杆菌	Fujikawa et al.,1992；Papadopoulou et al.,1995；Woo et al.,2000
沙门氏菌	Levre et al.,1998
沙门氏菌	Papadopoulou et al.,1995
肠炎沙门氏菌	Papadopoulou et al.,1995；Bates and Spencer,1995
奇异变形杆菌	Papadopoulou et al.,1995
枯草芽孢杆菌	Woo et al.,2000
枯草芽孢杆菌	Wu,1996
嗜热脂肪芽孢杆菌	Wu,1996
短小芽孢杆菌	Wu,1996
蜡样芽孢杆菌	Wu,1996
产气荚膜梭菌	Blanco and Dawson,1974

微波能有效杀灭液态基质中的肠道细菌（大肠杆菌、沙门氏菌、奇异变形杆菌和铜绿假单胞菌等，菌的浓度大于 10^6 CFU/mL）。有研究人员认为枯草芽孢杆菌可以用做微波杀菌效率的指示菌种。

（2）杀灭病毒

2450 MHz 微波能杀死干酪乳杆菌（*Lactobacillus casei*）的一种噬菌体，致死动力学为一级反应。致死效果不受微波辐射的类型、噬菌体浓度影响，但与噬菌体的体积有关。噬菌体经微波辐射处理后，只剩一些空的噬菌体头部，尾部片断几乎难以发现；噬菌体的基因 DNA 受微波热的破坏，但不会受到来自外面的热量的伤害。由此推出微波杀灭噬菌体的机制主要是微波热效应。

（3）杀菌原理

微波主要作用于细菌细胞的细胞膜或细胞壁，导致细菌死亡，这种作用包括热因素和非热因素。

Vela 和 Wu 对比了在有水和干燥的环境下 2450 MHz 微波对细菌、放线菌、真菌和噬菌体的影响，发现在有水存在的条件下微生物会被杀死，但干燥环境下即使延长辐射时间它们也不会被杀死；因此他们认为微波杀菌主要是由于微波热效应对微生物的作用。

Woo 等发现随着微波辐射时间延长，大肠杆菌和枯草芽孢杆菌的悬浮液温度升高，悬浮液中 DNA 和蛋白质的含量逐渐增加，但细胞密度没有变化，由此认为微波作用于细菌细胞壁，但细胞壁并没有裂解。

　　塑料袋包装食物经微波加热时各个部位温度变化不一致，加热开始时中心温度高边缘温度低，而且这种温差比较大；加热一段时间后温差减少，但边缘温度依然要略低（图7-13）。

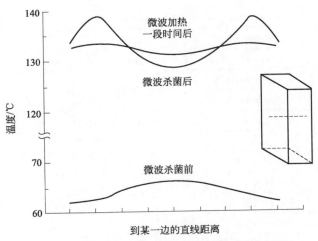

图 7-13　微波加热对袋装食物不同部位温度的影响

　　微波杀菌和传统加热杀菌（90℃、100℃和110℃）对生孢梭菌（*Clostridium sporogenes* PA 3679）的杀菌效果相似，两者效果没有差异。

7.2.4.2　影响因素

　　（1）微波辐射频率

　　2450MHz、16h 能杀死铜绿假单胞菌和金黄色葡萄球菌。在 2450MHz 和超过800W 的微波下细菌数量随着时间减少，110s 后所有细菌失活；当细菌是在不锈钢碟中或溶液中时，引起细菌死亡所需要的功率分别是 23.8W 和 0.16W。

　　（2）微波时间

　　食物经微波照射的时间是影响微波杀菌效果最主要的因素之一。Levre 等[20] 发现含有 10^7 CFU/g 沙门氏菌的肉块经 4min 微波加热并保温 2min，肉块的内部和表面都检测不到细菌；但加热时间为 3.5min 的肉片会发现细菌。

　　微波杀菌一定要保证有足够的时间，有时微波不如传统加热杀菌彻底（如 70℃、2min 微波加热含单核细胞增生李斯特菌的食物，细菌还能生存），这主要是因为加热时间不充足、温度不均匀。

　　（3）溶液体积

　　1mL 的铜绿假单胞菌、食酸假单孢菌、金黄色葡萄球菌和葡萄球菌溶液在 2450MHz、550W 条件下照射 5s、6s、7s、8s、10s、12s、14s、16s、18s、20s、25s 以及 30s，这些细菌数目明显减少，溶液体积增加能加剧微波的效果。

　　（4）容器形状

　　在 0.01mol/L 磷酸盐缓冲液（pH＝7.0，玻璃大口杯）中大肠杆菌的死亡速度与暴露时间、微波强度有关,如果容器是平的有盖培养皿,缓冲液的温度下降速率值较低,细菌死亡速率受到抑制。

另外盐浓度对微波的杀菌效果也有影响,当磷酸盐浓度从 0 增加到 1.35mol/L 时,温度下降速率值下降,细菌存活能力更强。

7.2.4.3 对营养物质的影响

微波对食物的营养和风味物质的破坏作用与传统加热方法没有明显差异,甚至比后者造成的损失更少。Hoffman 和 Zabik[21] 证实,如果采用低功率技术,微波杀菌引起营养物质(如维生素 B_1、维生素 B_2、维生素 B_6、叶酸和维生素 C)损失程度较传统加热方式更少,对食物的风味影响也较少;微波加工烟熏肉产生的亚硝胺含量较传统的方法也要少。

7.2.4.4 微波设备

Kozempel 等[22] 设计的微波杀菌设备包括 5 个连有微波发生器的通道,物料穿过通道后进入接收池,该设备的加工流速为 0.96~1.26kg/min,通道时间 1.1~1.5min。用冷却管路冷却微波产生的热,冷凝管温度低于 40℃。该设备能明显减少水、10% 葡萄糖溶液、苹果汁的菌数和啤酒的酵母数,也可用来小幅度减少番茄汁、菠萝汁和苹果酒的微生物数量,但对脱脂液奶几乎没有效果。

图 7-14 是一个经典微波杀菌装置,管道直径为 6in (1in=0.0254m),管道末端用来进料和接收杀菌好的产品。物料用袋装容器盛装,在进料口的一对蝴蝶阀引导下滑到狭窄传输带上,传输带运输物料通过微波场,物料在微波场中被加热杀菌;杀菌后容器从传输带末端掉入盛有冷水的池中被冷却,然后物料定时被拖走。由于没有额外的热能补充,为了减少辐射热损失,容器选用绝热材料。

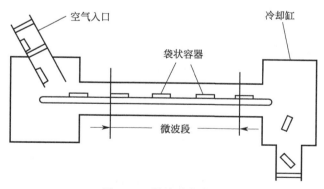

图 7-14 微波杀菌装置

图 7-15 是 Guarneri 和 Ferrari 设计的包装前杀菌设备。整个杀菌过程是:产品进入微波场受热,微波场是超高压的高温气体,在此产品的温度逐渐升高;然后产品在保温室保温,保温室的压力、温度和微波场一样,但没有微波辐射;最后到冷却室被冷却,

冷却室也是高压状态。杀菌温度和时间根据产品类型可做调整，如可以是 80℃、5min 的巴氏杀菌，也可选择 120℃或 130℃杀菌。周日兴等[23] 将圆柱腔式微波杀菌机用于袋装鲜牛奶杀菌，处理后鲜奶风味纯正，营养素没有破坏，鲜奶品质明显优于巴氏杀菌法。也有研究表明微波加热牛奶体系的成分更稳定，快速传热法在提高牛奶营养价值方面更胜一筹[24]。

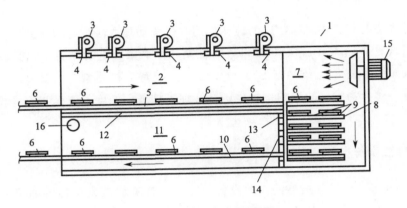

图 7-15　包装前微波杀菌设备

1—杀菌设备；2—微波场；3—产生微波辐射的磁电管；4—微波的发射触角；5—传输带；
6—产品；7—保温室；8—缓冲装置；9—可移动支撑架；10—传输带；11—冷却室；
12，13—隔热板；14—通道；15，16—产生热、冷高压气体的压缩机

7.2.5　脉冲电场杀菌技术

与热处理相比，脉冲电场（pulsed electric field，PEF）技术是一种低能量的过程。根据 Toepfl 等的结论，PEF 的一些应用，例如改变植物细胞的通透性，需要非常少的能量，约 1.5kJ/kg，但是其他的应用，如类似巴氏杀菌目的灭活微生物，需要 40～1000kJ/kg。如果在升高的温度下进行 PEF 处理，巴氏杀菌所需的能量可以大大降低，例如 50℃，PEF 处理的协同热作用达到巴氏杀菌效果所需的能量降低很多，并通过热再生系统实现热循环。当这些参数被确定，能量输入可以接近 20kJ/kg，这是热巴氏杀菌所需的能量。

7.2.5.1　杀菌研究

对于液奶产品而言，PEF 杀菌技术是一种有前途的巴氏杀菌替代技术，在其他条件均相同的情况下用 PEF 杀菌，菌种的存活率由高到低排序为霉菌、乳酸菌、大肠杆菌、酵母菌。已经证明当 PEF 与某些热处理相结合时更有效，有些研究人员认为二者具有协同作用。PEF 可灭活多数病原性和腐败微生物的营养细胞，短时间处理之后，灭活数量可达到 5～6 个对数单位。PEF 处理可以与不同程度的热处理产生相同的效果，例如巴氏杀菌、高温度的巴氏杀菌以及 UHT 灭菌。简而言之，PEF 处理在室温或

稍高温度下对细菌的消灭作用，可实现减少 2～4 个对数单位，与热杀菌作用效果类似。PEF 在 50～60℃ 的处理作用与巴氏杀菌等效，PEF 在 65℃ 处理或与 HTST 巴氏杀菌结合，可延长货架期。热处理（105～112℃）之后再进行 PEF 处理可得到货架期稳定的产品。

PEF 处理温度是影响其杀菌效果的关键因素，这在 Craven 等[25] 的研究中已经得到了很好的验证，其中灭菌液奶接入腐败假单胞菌培养，再进行 PEF 处理（电场强度为 31kV/cm，电能输入为 139.4kJ/L），温度为 15℃、40℃、50℃ 和 55℃（最终温度）。15℃ 和 40℃ 的杀菌效果低于 50℃、55℃。在 55℃ 可得到最高灭活值高于 5 个对数单位。此温度下处理可延长货架寿命（计数达到 10^7CFU/mL），4℃ 下保藏，保质期超过未处理的液奶至少 8d。在这种方式下，液奶在最终温度 55℃ 下停留时间大约有 5s，实验结果类似单独的热处理达到的最小减少量。Shamsi 等的研究中用到的 PEF 条件与 Craven 等类似，但是最终温度为 60℃，可实现假单胞菌属的灭活量为 5.9 个对数单位。这包括一个显著的热效应，作为对比，在 60℃ 热处理会引起假单胞菌属的灭活量减少 2.4 个对数单位。从这些数据可以看到，对于这种类型的微生物，在 55℃ 和 60℃ 之间热处理的作用很明显。

Sepulveda 等[26] 在 65℃ 下使用 PEF 处理（65kV/cm，总时间 11.5μs），得到了货架期延长至少 24d 的液奶。他们认为与热再生系统一起使用，类似的 PEF 加工的能源效用与热巴氏杀菌相比更具有竞争力。Sepulveda 等通过两种方式来延长液奶的货架期——在 HTST 巴氏杀菌之后立即在 65℃ 应用 PEF 处理，或是在巴氏杀菌 8d 之后使用 PEF 处理。这两种方法实现了货架期延长，延长时间分别为 60d 和 78d。PEF 主要的作用是延长细菌生长的延滞期。HTST 巴氏杀菌 8d 后进行 PEF 处理，附加的效用是灭活细菌，包括在贮藏期间开始繁殖的芽孢杆菌属。在此过程达到的货架期与在 120～130℃ 热处理时间为 1～4s 延长乳制品保质期类似。

Evrendilek 等[27] 采取了与 Sepulveda 类似的方法，利用 PEF 生产巧克力风味液奶，货架期稳定性相当于 UHT 灭菌。采用的条件为 35kV/cm，11.9～24℃，总的处理时间为 45μs，运行速度为 105L/h，加热温度为 112℃、31.5s。以这种方式处理的巧克力液奶的货架期为 119d，贮存温度为 4℃、22℃、或 37℃。贮存期间液奶没有颜色的变化。

因此，延长特定的液体产品的货架期可以采用 PEF 结合热处理方式，热处理作用可在 PEF 之前、期间或之后。PEF 和热处理的协同作用可利用各自优势。

另一个增强 PEF 杀菌效果的方法是将其与其他技术或抗菌剂结合使用，Pagan 等认为超声波会引发孢子萌发，营养细胞对 PEF 敏感，PEF 和超声波对灭活枯草芽孢杆菌孢子有灭活作用，实现了减少量数值最大，约 4 个对数单位。在灭活液奶中的李斯特菌方面，PEF 和超声波的组合同样比单独使用任何一种技术更有效。PEF 和超声单独处理会分别引起 1.1～3.3 个对数单位以及 1.2 个对数单位的减少量，二者结合使用，会导致 6.8 个对数单位数量值的减少。

乳酸链球菌素和溶菌酶都可与 PEF 一起发挥协同杀菌作用，实现液奶中原生微生物 7 个对数单位值的减少。但是，添加的顺序和方式非常重要，在没有微生物存在时，PEF 对乳链菌肽存在破坏作用。

7.2.5.2 产业化应用

目前 PEF 技术用于乳制品加工得到广泛关注，在过去十年或更长的时间可以从不同国家得到可支持的研究文献。Braakman 认为产业化的 PEF 可以实现，用于多种乳制品（酸奶、液奶制品或布丁）。但目前脉冲电场在乳品行业还没有实现产业化。一个可能的原因是 PEF 单独作用于孢子，没有像预期一样实现灭活作用。另外也有可能是由于乳品设备的规模都非常大，在很多地区已经存在完善的热处理工艺，使得产业化十分困难。但是，对巴氏杀菌热处理敏感的蛋白质为 PEF 提供了机会，可以增强安全性，延长货架期，同时保持功能性。另外，Sepulveda 等的研究表明，PEF 与一般的巴氏杀菌协同，可将巴氏杀菌乳的货架期延长 2～4 周，具有一定的商业潜力。Sepulveda 等将 PEF 与温和的热处理（65℃，10s）结合，显著提升货架期。

一个已经产业化的食品加工应用，可能对乳品加工产生价值，例如污水处理。PEF 可将生物固体转化为有效的碳源，起脱氮作用，从而提高生物质的有效性和效率，进行能量转化。污泥减少率可高达 50%，提高沼泽产期 75%，也增加了消化池能力，提高了污泥安全性。

PEF 杀菌是美国 FDA 研究非热杀菌的四个课题之一，另外还有超声波、微波和电磁波杀菌。电磁波杀菌可用于杀死细菌和病毒。

7.2.6 超声波杀菌技术

超声波是指频率高于 20kHz 的机械波，具有方向性强、穿透性强及在液体中引起空化的强烈机械作用等特点。超声的空化作用能在极短的时间内杀灭和破坏微生物，是通过在液体中产生的局部瞬间高温及温度交替变化、局部瞬间高压及压力变化，使液体中某些细菌致死、病毒失活，甚至使体积较小的某些微生物的细胞壁破坏。超声灭菌机理见图 7-16[28]，超声波产生的空化效应可引起微生物的细胞壁变薄甚至裂解，从而导致微生物细胞抵抗外界胁迫能力下降。在超声波能量的压缩和稀疏循环条件下，微生物细胞因受到周期性变化的压力而产生共振，双层磷脂分子振动频率和振幅加大，导致细胞膜穿孔甚至破裂，胞内基质泄漏，从而加快菌体死亡（图 7-16 中 a～d，i）。此外，超声波的空化作用还能降低甚至使酶失活，从而抑制微生物相关代谢通路（图 7-16 中 e）。同时膜内的流体静压力可诱导细胞核机械破裂致使核内 DNA 释放（图 7-16 中 f），这对微生物失活具有重要作用。空化泡在瞬间破裂时产生的高温高压使其周围的水分子裂解产生·OH 等自由基，进而促进硝酸、亚硝酸和 H_2O_2 等胞内物质释放（图 7-16 中 g），从而影响溶液的酸碱度，破坏细菌生长的外界环境，降低细胞结构的稳定性

（图 7-16 中 h）。

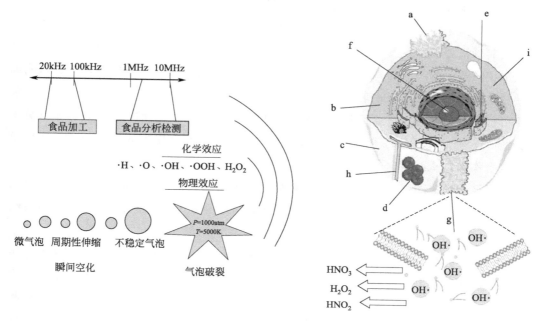

图 7-16　超声波灭菌机理

超声波（ultrasound）可破坏微生物，但这种能力取决于处理的时间、温度、超声波的强度、微生物的性质以及介质的特性。一般来说，大细胞对超声处理比小细胞更为敏感，革兰氏阴性菌比革兰氏阳性菌更敏感，杆状菌比球形菌更敏感。超声波对细菌芽孢的影响很小，即使温度和压力升高，芽孢的热稳定性降低。

营养细胞在温度低于 51℃ 时，超声波处理的效果几乎为完全非热处理；在 52～60℃，相当于热处理与非热处理结合；当温度＞60℃，作用效果几乎与完全热处理一致。Villamiel 和 de Jong 发现连续流量、高强度的超声波，在 62℃ 条件下处理液奶，与热杀菌的效果类似（热杀菌条件为 60～65℃，5～15s），但是有额外的减小脂肪球体积的作用。

已证实液奶在 57℃、20kHz 条件下超声波处理，能量强度为 118W/cm^2，时间为 18min，可达到类似巴氏杀菌作用。由于脂肪具有保护作用，含有脂肪的样品相对不含脂肪的样品需要更长的处理时间。所需长时间的超声波杀菌是相对其他非热技术而言的，如 PEF 和 UHP 在微生物灭活方面的应用。超声波的长时间处理增加了异味风险，以及乳制品成分的降解。Mason 等报告了一种极端的蒸煮味，类似于新鲜处理的 UHT 液奶，Riener 等在超声波处理的液奶中发现了一种类似橡胶的味道。Chouliara 等发现全脂液奶的风味经超声波处理后介于"烧坏的（burnt-out）"和"异质的（foreign）"之间。Riener 等在超声波条件 100～400W、24kHz，处理液奶 2.5～20min 后，判定一系列化合物可能源于液奶中 1,3-丁二烯、1-丁烷-4-炔成分，也可能来自光氧化反应产生的氢过氧化物热分解的戊醛、己醛、庚醛；C6～C9 烷-1-烯类可从脂肪酸链以及芳香族烃的热分裂中形成，例如甲苯和二甲苯。虽然起源尚不清楚，但这些化合物的形成会限制超声波杀菌在乳制品加工中的应用。

在温度高于 60℃时，超声波处理会弱化较高的水汽压力对空化气泡瓦解的缓冲作用。更高的压力提供双重效用，使超声波作用可在高温下进行，甚至高于 100℃，并且可增加提供给实物产品的功率。因此，超声波处理在 112℃、0.3MPa 条件下，与同温度的热处理相比，对致病的蜡状芽孢杆菌、嗜热脂肪芽孢杆菌和凝结芽孢杆菌的孢子致死率可提高 6～30 倍。高温压力下的超声波处理，钙、吡啶二羧酸，以及低分子（分子量为 7000）糖肽，可从孢子的皮层释放到介质中。从皮质中损失的物质会诱导原生质体的水合作用，从而减少孢子的耐热性。

超声波对细菌的一个有趣的效用是对细胞簇集的破坏作用。因此细菌短时间处理，在较长的培养时间中，会导致在数量下跌前计数明显增加。但是这种现象不会在所有细菌中观察到。

超声波自身可以杀灭微生物，并且经常作为一种辅助杀菌的高效手段。超声波作用的时候会产生热效应，这种热效应很弱并且更有助于杀灭微生物，超声波在食品领域中已经有广泛的应用[29]。Skiba 等在超声波频率 22kHz 下分别用功率为 90W、120W 和 150W 处理生牛乳，生牛乳处理量分别为 80mL、160mL 和 240mL。研究发现，当处理量减少 3 倍时达到巴氏杀菌效果所需的超声时间也相应减少 3 倍，超声功率增加时，达到巴氏杀菌效果所需的超声时间也减少。生牛乳量少时，达到巴氏杀菌和灭菌效果所需的时间缩短，超声波灭菌效率在 99.998%～100%[30]。王蕊等[31] 用频率为 50kHz 的超声波在 60℃下作用生牛乳 60s，发现杀菌率可达 87%，在 15℃条件下保存 45h，对营养物质无破坏作用，说明超声波应用于原料乳保鲜是可行的。

7.2.7 紫外杀菌技术

紫外线属于电磁波，波长范围在 10～400nm。其中波长在 200～275nm 的称为短波紫外线（UV-C），然而生物体 DNA 易吸收 254nm 处的紫外线导致无法正常复制，从而起到杀菌作用。

紫外线最早来源于太阳辐射，后期出现人工合成紫外线，人工紫外线光源主要是低压汞灯，低压汞灯发展时间早，工艺相对成熟，紫外线杀菌灯的结构及工作原理如图 7-17 所示[32]。

后来，研究者又开发出微波无极紫外灯，这种紫外灯是通过微波来激发产生紫外线，与传统低压汞灯相比，具有汞含量低、寿命长、功率灵活可调等优点。微波无极紫外灯发光原理如图 7-18 所示[33]。随着半导体材料的发展，研究者致力于开发出新型 UV-LED 新光源。该光源无需填充汞，可以直接将电能转化为光和辐射能，更加环保。但是 UV-LED 芯片仍存在单颗功率、辐射效率非常低，且价格昂贵等不足。

紫外线波段中只有 200～275nm（UV-C）具有较强的杀菌能力，波段在 100～

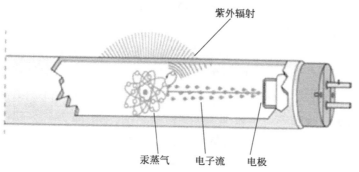

图 7-17　紫外线杀菌灯的结构及工作原理

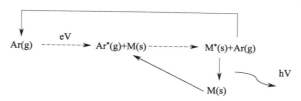

图 7-18　微波无极紫外灯发光原理示意

200nm 的紫外线本身并没有杀菌消毒作用，但它能将空气中的氧气变成具有强氧化杀菌功效的臭氧。微生物经紫外线照射后，其核酸和蛋白质会吸收紫外线进而被破坏。紫外线还会影响酶的活性，从而影响蛋白质合成。有研究表明，260nm 的紫外线很容易被核酸中嘌呤和嘧啶吸收，254nm 的紫外线容易被核蛋白吸收[34]。紫外线杀菌机理如图 7-19 所示。

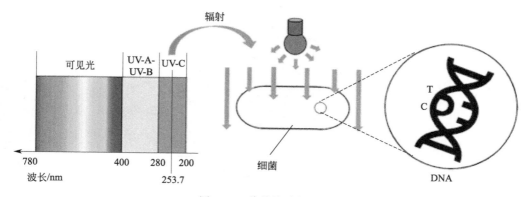

图 7-19　紫外线杀菌机理

已经有大量文献报道，紫外线表现出广谱的杀菌性能，对目前已知的大多数细菌和病毒都能起到很好的杀灭作用。2000 年，美国食品药品监督管理局已经批准水、饮料和食品的杀菌消毒可以使用紫外线实现。近些年紫外线在乳制品杀菌领域研究也有重要进展。

Hu 等使用剂量为 $11.8W/m^2$ 的紫外线处理 50mL 牛乳 5min，细菌总数从 6.0CFU/

mL 降至 2.7CFU/mL，大肠杆菌数降至 24MPN/100mL[35]。Engin 等[36] 使用定制的紫外线设备处理生牛乳，发现 13.87J/mL 剂量的紫外线可以使细菌减少 2.0 个对数单位，并且在牛乳中的香气活性化合物方面没有观察到重大差异。Ansari 等[37] 研究了紫外线结合热（110℃，30s）对脱脂牛乳、全脂牛乳和全脂羊奶中枯草芽孢杆菌孢子的灭活效果。结果显示，该方法可以使脱脂牛乳中细菌减少约 6.0 个对数单位、全脂牛乳中减少 2.9 个对数单位和羊奶中减少 1.1 个对数单位。Zhang 等[38] 使用紫外结合微滤处理脱脂乳将保质期延长了 40d，细菌可以减少 5.0 个对数单位，增加紫外线剂量会进一步减少细菌负荷，但不会明显损害生物活性乳血清蛋白。

7.2.8 微滤杀菌技术

微滤（microfiltration，MF）是以静压差为推动力，利用膜的"筛分"作用进行分离的膜过程。MF 膜具有孔径均一、绝对过滤的特点。因此，小于膜孔的溶剂、小分子、大分子物质在静压差的作用下通过滤膜，而大于膜孔的物质则被 100% 机械截留，其分离作用相当于"过滤"。MF 分离主要用于从气相或液相物质中截留分离微米及亚微米级的细小悬浮物、细菌、酵母、红血球、污染物等，以达到净化分离和浓缩的目的。工业中 MF 常采用错流操作模式，以有效减弱膜的污染对膜通量的影响，如图 7-20 所示。

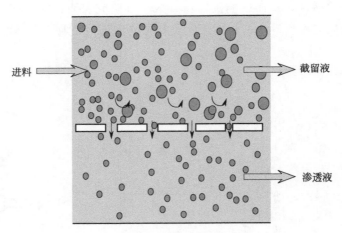

图 7-20　错流模型

MF 通常在常温下进行，因而特别适用于热敏感物质的除菌，能够有效保持产品的色香味和营养成分。另外，膜过滤能耗较低、操作简单、易实现自动化控制。MF 除菌被广泛应用在酒类、果汁饮料、牛奶的生产中。20 世纪 80 年代初，美国、德国、日本等发达国家已在生鲜啤酒生产中广泛采用滤膜过滤技术。全脂奶、脱脂奶经 MF 过滤处理，微生物去除效果好，保质期延长，且对乳品理化性质影响较小[39]。吕加平等[40] 构建了梯度膜切向流反向脉冲 MF 系统，研究表明 1.4μm 孔径梯度膜对脱脂乳成分几乎没有截留，而对细菌和芽孢高效截留，截留率分别达到 99.94% 和 99.86%。值得说明的是膜材质采用无机陶瓷膜的 MF 系统易于清洗，消毒方法简单彻底，在乳品工业中有着广阔的应用前景。Zhang 等[38] 使用 $1.4\mu m$ 的微滤膜对脱脂乳进行实验，发现单独微滤处理，牛奶中细菌可以减少 5 个对数单位，与紫外线联合处理后可以杀灭全部细菌，牛奶保质期可以延长至 40d，而不会对乳铁蛋白、免疫球蛋白和乳过氧化物酶等生物活性乳清蛋白造成明显损害。

7.2.9 低温等离子体杀菌技术

等离子体是由各种带电粒子（如电子、离子、中性粒子、活性自由基、射线）组成的电离气体，这些带电粒子拥有足够高的能量，能够激发相应的化学反应。根据带电粒子温度的相对高低，等离子体可以分为高温等离子体和低温等离子体。阴极保护由多种技术产生，如介质阻挡放电（DBD）、射频放电、电晕放电、微波放电和等离子体射流。低温等离子体的生成包含复杂的物理及化学反应。可以产生多种具有杀菌性能的活性物质，如活性氧、活性氮、带电粒子、紫外光子等。低温等离子体杀菌机理见图7-21。

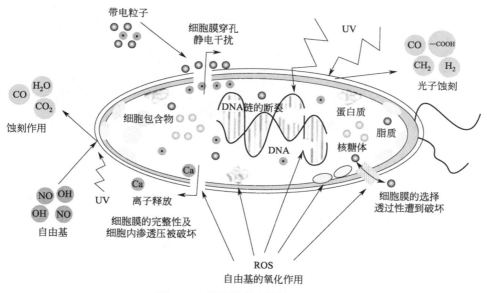

图 7-21 低温等离子体杀菌示意

刘雅夫等[41] 研究了低温等离子体对金黄色葡萄球菌和铜绿假单胞菌的杀菌效果及动力学特性，发现低温等离子体对金黄色葡萄球菌和铜绿假单胞菌的杀菌效果受处理电压、处理时间、阻挡介质厚度、处理后放置时间等多种因素影响明显，提高处理电压、延长处理时间和处理后放置时间能够显著（$p<0.05$）增强杀菌效果。不同菌株之间对低温等离子体处理的敏感度不同，其原因可能和革兰氏阳性菌与革兰氏阴性菌的细胞壁的差异有关，革兰氏阴性菌细胞壁较薄而疏松，革兰氏阳性菌相比革兰氏阴性菌有更厚的细胞壁、更致密的肽聚糖层和大量磷壁酸，使具有杀菌作用的活性成分很难穿透，因

此金黄色葡萄球菌比铜绿假单胞菌更难被低温等离子体杀死。

陈玥等[42] 研究了冷等离子体对食源性腐败菌失活作用机制，得到常压低温等离子体引起大肠杆菌和金黄色葡萄球失活分别是由氧化作用造成的细胞外膜破裂和带电粒子物理撞击造成的细胞外膜被刻蚀引起的，通过腐败菌形态变化进一步证明细胞膜被破坏，如图 7-22 所示。

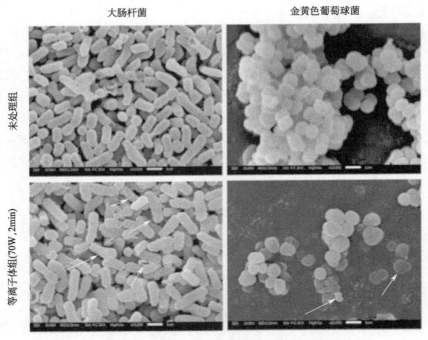

图 7-22　常压冷等离子体对不同食源性腐败菌形态的影响

研究人员已证实了低温等离子体对各种乳制品微生物杀灭效果。Ponraj 等[43] 研究了氩气等离子体（2kHz、3kHz 和 4kHz，持续 2min；4kHz，持续 30～120s）在牛奶中的抗菌效果和保质期延长。与商业巴氏杀菌相比，120s 的处理效果更好。在贮存期间，低温等离子体处理过的牛奶（90s 和 120s）在 6 个月的贮存期内表现出比巴氏灭菌牛奶样品更高的抑菌活性。Wu 等[44] 研究了不同压力和时间下低温等离子体处理后牛奶中细菌存活情况，发现 70V（120s）和 80V（120s）处理的牛奶样品显示出很少的菌落数，比巴氏处理杀菌效果更好。并且低温等离子体处理使牛奶结构更稳定，牛奶颜色、黏度、pH 值和可滴定酸度的值显示出可接受的物理化学性质。

参考文献

[1]　产业信息网 .2020—2026 年中国牛奶行业市场竞争模式及未来趋势预测研究［EB/OL］. https://www.chyxx.com/research/201912/817639.html

[2]　Mellgren C. , Sternesjo A. , Hammer P. , et al. Comparison of biosensor, microbiological, immunochemical, and

physical methods for detection of sulfamethazine residues in raw milk [J]. J Food Prot, 1996, 59 (11): 1223-1226.

［3］ 张艳杰,徐红华. 益生菌及在食品中的应用 [J]. 中国乳品工业,2001,29(5):48-50.

［4］ Xing Q. ,Ma Y. ,Fu X. ,et al. Effects of heat treatment,homogenization pressure,and overprocessing on the content of furfural compounds in liquid milk [J]. J Sci Food Agric,2020,100(14):5276-5282.

［5］ 王凤芳. 巴氏杀菌在牛乳生产中的作用 [J]. 食品工业,2006,27(4):56-58.

［6］ 庞全岭,张曼,宋现安,等. 一种牛奶巴氏杀菌装置[P]. CN 201921172810X,2020

［7］ Porretta S. ,Birzi A. ,Ghizzoni C. ,et al. Effects of ultra-high hydrostatic pressure treatments on the quality of tomato juice [J]. Food Chem,1995,52(1):35-41.

［8］ Arroyo G. ,Sanz P. ,Préstamo G. Response to high - pressure,low - temperature treatment in vegetables:Determination of survival rates of microbial populations using flow cytometry and detection of peroxidase activity using confocal microscopy [J]. J Appl Microbiol,1999,86(3):544-544.

［9］ 马汉军,周光宏,余小领,等. 高压与加热协同处理对牛肌肉中蛋白酶活性的影响 [J]. 高压物理学报,2011 (01):91-98.

［10］ 沈梦琪,龄南,王猛,等. 超高压处理对生牛乳中微生物的影响 [J]. 中国乳品工业,2021,49(1):31-34.

［11］ 田晓琴,宋社果. 超高压对鲜牛奶杀菌效果研究 [J]. 安徽农业科学,2006,34(17):4397-4398.

［12］ 马莉,张杰,任宪峰,等. 超高压杀菌工艺对生牛乳中微生物的影响 [J]. 食品工业,2020,41(10):107-110.

［13］ 冯艳丽,余翔. 超高压杀菌技术在乳品生产中的探索 [J]. 食品工业,2005,26(1):30-31.

［14］ 章中,胡小松,廖小军,等. 温压结合超高压处理对芽孢杀灭作用的研究进展 [J]. 高压物理学报,2013,27(1): 147-152.

［15］ Black E. P. ,Linton M. ,McCall R. D. ,et al. The combined effects of high pressure and nisin on germination and inactivation of Bacillus spores in milk [J]. J Appl Microbiol,2008,105(1):78-87.

［16］ Masschalck B. ,Van Houdt R. ,Michiels C. W. High pressure increases bactericidal activity and spectrum of lactoferrin,lactoferricin and nisin [J]. Int J Food Microbiol,2001,64(3):325-332.

［17］ Black E. ,Wei J. ,Hoover D. ,et al. Analysis of factors influencing the rate of germination of spores of Bacillus subtilis by very high pressure [J]. J Appl Microbiol,2007,102(1):65-76.

［18］ Okamoto M. ,Rikimaru H. ,Enomoto A. ,et al. High-pressure proteolytic digestion of food proteins:selective elimination of β-lactoglobulin in bovine milk whey concentrate [J]. Agric Biol Chem,1991,55(5):1253-1257.

［19］ Zook C. ,Parish M. ,Braddock R. ,et al. High pressure inactivation kinetics of *Saccharomyces cerevisiae* ascospores in orange and apple juices [J]. J Food Sci,1999,64(3):533-535.

［20］ Levre E. ,Valentini P. Inactivation of Salmonella during microwave cooking [J]. Zentralbl Hyg Umweltmed, 1998,201(4-5):431-436.

［21］ Hoffman C. J. ,Zabik M. E. Current and future foodservice applications of microwave cooking/reheating [J]. J Am Diet Assoc,1985,85(8):929-933.

［22］ Kozempel M. ,Cook R. D. ,Scullen O. J. ,et al. Development of a process for detecting nonthermal effects of microwave energy on microorganisms at low temperature [J]. J Food Process Pres,2000,24(4):287-301.

［23］ 周日兴,韩清华,李惠,等. 圆柱腔式微波杀菌机[J]. 食品与机械,2001(4):35-37.

［24］ Tang X S. ,Fan D M. ,Hang F,et al. Effect of microwave heating on the dielectric properties and components of iron-fortified milk [J]. J Food Qual,2017,2017:1-10.

［25］ Craven H. ,Swiergon P. ,Ng S. ,et al. Evaluation of pulsed electric field andminimal heat treatments for inactivation of pseudomonads and enhancement of milk shelf-life [J]. Innovative Food Sci Emerg Technol,2008,9 (2):211-216.

[26]　Sepulveda D. ,Góngora-Nieto M. ,Guerrero J. ,et al. Production of extended-shelf life milk by processing pas
　　　teurized milk with pulsed electric fields [J]. J Food Eng,2005,67(1-2):81-86.

[27]　Evrendilek G. ,Yeom H. ,Jin Z. ,et al. Safety and quality evaluation of a yogurt - based drink processed by a
　　　pilot plant PEF system [J]. J Food Process Eng,2004,27(3):197-212.

[28]　樊丽华,侯福荣,马晓彬,等. 超声波及其辅助灭菌技术在食品微生物安全控制中的应用 [J]. 中国食品学报,
　　　2020,20(7):326-336.

[29]　刘媛丽. 超声波杀菌技术在牛乳加工中的应用 [J]. 现代畜牧科技,2017(8):4-5.

[30]　Skiba E. A. ,Khmelev V. N. Sterilization of milk by ultrasonics; proceedings of the 2007 8th Siberian Russian
　　　Workshop and Tutorial on Electron Devices and Materials,F,2007 [C]. IEEE.

[31]　王蕊,高翔. 超声波在原料乳保鲜中应用的研究 [J]. 中国乳品工业,2004,32(6):35-37.

[32]　张德保,秦碧芳. 紫外线杀菌装置在教室消毒中的应用初探 [J]. 中国教育技术装备,2020,(15):32-36.

[33]　夏东升,施银桃,曾庆福,等. 新型微波无极紫外光源用于光化学反应的综合评述 [J]. 自然杂志,2005,27(3):
　　　147-150.

[34]　Rosario D. K. A. ,Rodrigues B. L. ,Bernardes P. C. ,et al. Principles and applications of non-thermal technolo-
　　　gies and alternative chemical compounds in meat and fish [J]. Crit Rev Food Sci Nutr,2021,61(7):1163-1183.

[35]　Hu G. ,Zheng Y. ,Wang D. ,et al. Comparison of microbiological loads and physicochemical properties of raw
　　　milk treated with single-/multiple-cycle high hydrostatic pressure and ultraviolet-C light [J]. High Pressure
　　　Res,2015,35(3):330-338.

[36]　Engin B. ,Karagul Yuceer Y. Effects of ultraviolet light and ultrasound on microbial quality and aroma - active
　　　components of milk [J]. J Sci Food Agric,2012,92(6):1245-1252.

[37]　Ansari J. A. ,Ismail M. ,Farid M. Investigate the efficacy of UV pretreatment on thermal inactivation of Bacillus
　　　subtilis spores in different types of milk [J]. Innovative Food Sci Emerg Technol,2019,52:387-393.

[38]　Zhang W. ,Liu Y. ,Li Z. ,et al. Retaining bioactive proteins and extending shelf life of skim milk by microfiltra-
　　　tion combined with Ultraviolet-C treatment [J]. LWT,2021,141:110945.

[39]　Madaeni S. ,Yasemi M. ,Delpisheh A. Milk sterilization using membranes [J]. J Food Process Eng,2011,34
　　　(4):1071-1085.

[40]　吕加平,丁玉振,于景华,等. 牛奶微滤除菌技术研究 [J]. 中国乳品工业,2005,33(6):15-18.

[41]　刘雅夫,符腾飞,刘宸成,等. 低温等离子体对金黄色葡萄球菌和铜绿假单胞菌的杀菌效果及动力学特性 [J].
　　　现代食品科技,2021,37(12):127-135.

[42]　陈玥,李书红,孟琬星,等. 常压冷等离子体对食源性腐败菌失活作用机制研究 [J]. 食品研究与开发,2021,42
　　　(5):71-76.

[43]　Ponraj S. B. ,Sharp J. A. ,Kanwar J. R. ,et al. Argon gas plasma to decontaminate and extend shelf life of milk
　　　[J]. Plasma Process Polym,2017,14(11):1600242.

[44]　Wu X. ,Luo Y. ,Zhao F. ,et al. Influence of dielectric barrier discharge cold plasma on physicochemical property
　　　of milk for sterilization [J]. Plasma Processes Polym,2021,18(1):1900219.

第8章

液奶质量监管体系

8.1 液奶质量安全相关理论

8.1.1 乳制品质量安全监测与评价

8.1.1.1 乳制品质量安全监测

近代监测的概念起源于经济监测。经济监测预警的研究最早起源于 19 世纪后期，它是西方资本主义国家经济统计学家进行宏观经济景气分析的一个重要方面。乳制品质量安全监测是运用现代科学技术手段对影响乳制品质量的各种风险因素进行监视、监控和测定，从而科学评价乳制品质量安全状态及其变化趋势的操作过程。乳制品质量安全监测包括监测、评价及预警三个方面。本章乳制品质量安全状态是通过评价乳制品质量安全内部影响因素（包括奶牛养殖、乳制品加工、乳制品销售）和外部影响因素（包括政治因素、经济因素、社会因素和技术因素）测度出的安全状态。因此乳制品质量安全监测包括对供应链各环节的监测和外部影响因素的监测。目前我国农产品质量安全监测的重点是对最终产品进行风险监测，这种监测方式能突出时效，但难以掌控影响农产品质量安全的全程，对最终产品的监测属于事后控制，无法进行预防。从农场、牧场的原料生产到食品企业的加工、包装、贮藏、运输和销售，食品风险贯穿于食品供应链的全过程，各种食品均存在安全隐患，重大食品安全事故屡有发生。因此乳制品质量安全监测应该涵盖"从牧场到餐桌"的整个供应链全过程，建立基于奶牛养殖、乳制品加工、乳制品销售、乳制品消费等环节的全程监测体系。

乳制品质量安全监测的目的是反映乳制品质量安全风险因素的状况，及时掌握影响乳制品质量安全的因素现状，并对其进行评价，以便有针对性地对乳制品质量安全进行及时有效的监管。监测按照时间长短可以分为：短期监测（1 年期）、中期监测（1～5年）和长期监测（5 年以上）。乳制品质量安全监测是针对短期安全问题，监测周期为 1

年，主要涉及乳制品质量安全的年度安全监测，具体包括监测评价和监测预警，其中监测评价是事后的评估性监测，即直接对当年乳制品质量安全状况进行评估；监测预警是对乳制品质量安全进行事前的预测性监测（是一种提前量的研究，即对未来一年内乳制品质量安全所处状态进行的预先判断）。乳制品质量安全监测的主要内容包括：监测乳制品质量安全影响因素的状态、监测乳制品质量安全的总体状态、预警乳制品质量安全状态三个方面。监测乳制品质量安全影响因素用来观察各影响因素当前的状态，并通过历年的状态变化分析变化趋势。监测乳制品质量安全总体状态是通过综合各影响因素的监测结果来判断乳制品质量安全综合状况。预警则是通过各影响因素历年的数据资料对未来年度的状态做出判断。

8.1.1.2　乳制品质量安全评价预警

乳制品质量安全评价是监测体系的一部分，乳制品质量安全评价是运用监测数据分析乳制品质量安全状况及其变化趋势的活动，评价为监测内容提供依据，监测为评价提供具体分析资料。乳制品质量安全监测的主要思路是：首先通过分析乳制品质量安全影响因素构建监测指标体系，然后收集汇总数据评价乳制品质量安全年度状态，最后对监测指标进行预测，对照确定的安全等级进行未来年度的预警。

评价是人们参照一定标准对客体的价值或优劣进行评判比较的一种认知过程。根据评价指标的多少可以将评价分为"单一评价"和"综合评价"。单一评价是指评价指标比较单一、明确的评价。这里单一评价主要是对供应链各环节影响乳制品质量安全的各个风险因素的评价。综合评价是评价指标比较复杂、抽象的评价，例如对乳制品综合质量安全状态的评价就是根据多个指标，使用一定的评价技术进行评价。要进行乳制品质量安全评价，关键是首先建立一套科学、可行的评价指标体系。评价指标是监测活动开展识别、判断、预测、控制的前提和基础，是通过对影响乳制品质量安全风险因素的信息进行定量化、条理化和可运用化处理而得到的指标。

预警是对事物未来的发展趋势进行预测。预测结果一般有两种情况：一是事物发展处于正常轨道，属于安全的状态，不会导致大的损失，不需要发出警示或警告，这种状态即为"无警"；二是事物发展偏离正常轨道，处于将要发生损失且损失结果超过人们接受能力态势，这种状态即为"有警"。乳制品质量安全的无警，是指乳制品质量处于安全的状态，正常食用乳制品不会对人体产生危害或潜在危害。乳制品质量安全的有警，是指乳制品质量处于不安全的状态，若食用将对人体产生危害；通过发出警示警告，即确定警情、预报警度，以引起消费者注意，促使管理者加以防范并适时控制，通过预警将危害降至最低。有警的状态又可以分为轻警、中警、重警等。乳制品质量安全的警情是指乳制品质量对消费者造成的损失程度、范围大小等基本情况。在实践预警中，通常采用交通信号灯的标识方法，用绿灯、黄灯、红灯等来更直观地表示警情的大小。

8.1.2 乳制品的质量安全特性

8.1.2.1 乳制品质量安全的品质特性

（1）商品的信息特性

尼尔逊（Nelson，1970）在《信息与消费行为》中根据商品信息特性将商品划分为两种基本类型：搜寻产品（search goods）和经验产品（experience goods）。搜寻产品是指消费者在购买之前就能获得充分的产品信息，决定产品的品质，如产品的外观。经验产品是指只有在购买之后才能判断其质量的产品，如产品的滋味。搜寻产品的质量消费者在购买之前就能知道，经验产品的质量消费者只能消费之后才知道。达比和卡尼（Darby and Karni，1973）又提出信任产品（credence goods）的存在，信任产品是指消费者即使在消费之后也无法判断其品质，只能借助其他的信息才能决定其品质，如产品的安全性。信任产品的质量不仅在消费之前无法辨别，即使消费之后也很难做出判断[1]。

（2）乳制品质量安全特性

乳制品质量同时具备搜寻产品、经验产品和信任产品特性。乳制品的搜寻产品特性是指购买者在购买之前就可以获得一些相关信息，例如根据品牌判断生产商，根据乳制品包装上标注生产日期和添加的成分可以判断产品质量，生乳的收购方可以根据生乳的色泽、气味判断其质量等。购买者在使用之前无法了解，而使用之后可以根据经验才能获得的相关信息称为乳品的经验产品特性，如口感、新鲜程度、浓度等，该特性具有一定滞后性。信任产品特性是指不仅在购买之前无法知道确切信息，即使购买方在使用之后仍然不能判断的一些产品特征，例如，乳品中营养成分含量、兽药残留量、生乳中一些非强制检测的指标等。奶牛养殖过程的复杂性，乳制品加工过程中添加剂和相关成分的添加使得乳制品成分较复杂，消费者即使使用之后，短期时间内也无法做出有效的判断，有些成分可能长期也无法做出判断，例如，乳制品中的兽药残留问题。乳制品的信任产品的特征不仅影响消费者对乳制品的消费信心，也使得市场本身不能激励乳制品加工企业及奶牛养殖企业提供高质量产品，降低了市场交易效率。

8.1.2.2 乳制品质量安全的经济特性

（1）乳制品质量安全信息不对称特性

现存的许多食品安全问题并不只是因为技术上达不到，更多的是因为相关利益主体之间的信息不对称。信息不对称（information asymmetry）是指在商品市场交易活动中，交易双方对于面临选择的有关经济变量所拥有的信息并不完全相同，一方知道得多一些，另一方知道得少一些。乳制品的经验产品和信任产品的特性决定了乳制品相关主体之间存在着信息不对称。随着乳制品相关技术的发展，产业链条的不断延长，乳制品安全的经验产品和信任产品的特点不断凸显，乳制品安全信息不对称的情况愈发严重。

乳制品质量安全涉及的行为主体既包括与生产销售有关的奶牛养殖场、乳制品加工企业、乳制品销售企业，也包括作为消费主体的消费者和负责监管的政府。在这些主体之间存在着大量的信息不对称，近几年乳制品质量安全问题频繁发生与信息不对称密切相关。乳制品利益相关者之间的信息不对称表现为：投入品供给者和奶牛养殖者之间的信息不对称、奶牛养殖企业和乳制品加工企业之间的信息不对称、乳制品加工企业和消费者之间的信息不对称、政府部门和各被监管主体之间的信息不对称。在上述多种形式的信息不对称情况中，又以乳制品加工企业和奶牛养殖企业的信息不对称、乳制品加工企业和消费者之间的信息不对称为主。信息不对称对乳制品质量安全的影响主要表现为"逆向选择"和"道德风险"。有人以不完全逆向选择模型来分析乳制品加工企业和奶牛养殖企业的信息不对称，表明奶牛养殖环节既是乳制品产业链的薄弱环节又是影响乳制品质量的关键环节；而以信号博弈模型分析乳制品加工企业和消费者之间的信息不对称，发现提高劣质乳制品企业销售的风险成本及提高销售劣质乳制品的处罚力度能有效保障乳制品质量安全。

（2）乳制品质量安全的公共物品特性

美国经济学家保罗·萨缪尔森将公共物品和私人物品定义为：公共物品是指不论个人是否愿意购买，都能使整个社会每一个成员获益的物品[2]。私人物品恰恰相反，是那些可以分割、可以供不同人消费，并且对他人没有外部收益或成本的物品。高效的公共物品通常需要政府提供，而私人物品则可由市场进行有效的分配。物品根据是否具备"排他性"和"竞争性"分为私人物品和公共物品。如果物品既具有排他性又具有竞争性则称为私人物品；如果同时具备非排他性和非竞争性则称为公共物品。公共物品的特征决定了由市场供给公共物品必然导致公共物品均衡价格偏低，社会供给量小于社会需求量，私人不愿意提供公共物品，因此公共物品通常由政府来提供。

乳制品质量安全具备公共物品属性主要体现在两个方面：一方面，乳制品安全信息是公共物品，由于奶牛养殖者、乳制品加工者、消费者和政府之间处于信息不对称的状态，因而需要政府向社会提供一个公共物品——信息服务，即政府利用其自身优势，运用强制性的法规及制度，迫使食品加工、销售者公布真实的卫生、质量、安全等信息，通过建立健全食品安全检验检测体系，定期监督，并将检测信息公之于众，提高全社会的信息分享程度，使消费者知情，从而从制度层面降低消费者的交易成本和健康风险，避免由于信息不对称造成的无效率；另一方面，随着经济的发展，食品安全已从消费者个体面临的问题，上升为一个国家乃至整个世界面临的问题，食品安全是各国政府必须提供的公共物品[3]。而实际上政府食品安全监督行为本身就是一种公共物品。政府食品安全监管不是针对某一个经济主体，而是针对众多的食品生产和经营的经济主体。政府食品安全监管提供的不是一般的有形的公共物品，而是一整套法律、法规、制度和规则，是食品安全状况的改善和良好市场秩序的维护，是无形的公共服务。

（3）乳制品质量安全的外部特性

马歇尔最早在《经济学原理》一书中提出了"内部经济"和"外部经济"的概念。外部性可分为两种，正的外部性是由于生产的个人收益低于社会收益导致社会供给量小于社会需求量，负的外部性是由于生产的个人成本低于社会成本将导致社会供给量大于社会需求量。两种外部性都不能实现资源的最优配置，不能通过市场机制自动削弱或消除，需要借助市场之外的力量（即政府）来纠正和弥补。纠正外部性可以通过企业的合并实现外部性的内部化或者通过税收对外部性进行补偿[4,5]。

乳制品质量安全同时具备正外部性和负外部性。例如奶牛养殖场改善奶牛养殖环境，采取循环经济养殖方式，奶牛场本身能从中获得经济效益，消费者获得安全的乳制品，消费者对乳制品充满信心，社会安全感提高，同时社会生态环境也得到改善，这是正的外部性。随着经济的发展，奶牛养殖逐渐向规模化发展，伴随规模化养殖出现的问题是环境污染问题。奶牛养殖对环境的影响主要体现在水污染、空气污染和土壤污染三方面。若是有害物质流入地下水或饮用水中，会导致硝酸盐、细菌等有害物质超标。粪便中的有毒气体散入空气会导致奶牛多发疾病，产奶能力下降，对工人及周围群众的身体也会造成不利影响。此外，粪便作为肥料直接施入农田会破坏土壤结构，对作物生长产生不利影响。这是奶牛养殖形成的负的外部性。乳制品质量安全的外部性就要求政府一方面应该鼓励相关利益主体提供安全的乳制品，并对其产生的正外部性加以补偿。另一方面应该加强监管，监管部门检查的成本越高，检查出劣质品获得收益越低（包括社会公信力收益和罚金收益），以此增加企业生产劣质乳制品的成本。同时应及时提供乳制品质量信息，保障消费者的信息知情权。

8.2 液奶质量安全监管方式

8.2.1 乳制品质量安全监管方式

从改革开放到现在，我国食品安全监管方式经历了从对抗型监管到合作型监管，包括了强制型监管、激励型监管、能力建设型监管与象征劝诱型监管方式[6-8]。传统的乳制品质量监管是由政府主导，并由其附属部门来辅助完成，在乳制品交易和投入使用的过程中发挥重要作用的消费者和有关团体没有参与监管活动的资格和渠道。这种传统的乳制品监管方式主要是强制监管，而且封闭性较强，乳制品安全监管流于形式，不利于乳制品安全的良性监管。在当前行政活动逐渐倾向服务性发展的环境下，逐步开展多元化主体参与以及非强制性的监管方式。政府部门在乳制品安全监管时，需要注意不要直接干涉市场活动，防止公权力过分干涉市场，让市场的自主调整能力可以有效发挥，实现监管主体多元化；在保障食品监管权力的独立性、合法性以及有效性的同时，在监管力量中积极引导加入非政府监管的力量，鼓励并引导社会公众以及非政府组织积极参与到食品安全的监督当中，用激励和引导的方式鼓励食品生产经营企业主动参与到食品安全的保障活动当中，和政府之间构成良性的互动。

此外，我们需要不断创新食品安全监管方式。实施智慧监管、信用监管，建立基于大数据分析的食品安全信息平台，推进大数据、云计算、物联网、人工智能、区块链等技术在食品安全监管领域的应用，督促落实企业主体责任，及时发现和消除食品安全隐患，提升监管工作信息化水平。建立"高度开放、覆盖全国、共享共用、通查通识"的食品安全追溯管理信息平台，完善食品安全检测信息网络，保障食品安全信息能够公平、及时传递，通过创新信息技术手段赋能食品安全监管。

8.2.2 乳制品质量安全监管原则

乳制品质量安全监管原则借鉴食品安全和农产品质量安全管理的原理，体现在以下三个方面。

8.2.2.1 预防性原则

安全食品是生产出来的，不是检测或规制出来的，预防性原则是降低乳制品质量安全风险的最有效的途径，"从农田到餐桌"的整体概念强调了预防性原则。因此要保障乳制品质量安全就要基于乳制品的整个供应链进行危害分析，实现从养殖、生产到消费的整个链条的控制。对乳制品产业链上一些潜在的危害可以通过应用良好操作规范加以控制，如良好操作规范（GMP）、良好卫生规范（GHP）等。危害分析与关键控制点（HACCP）可应用于乳制品生产、加工和处理的各个阶段，HACCP 已成为提高食品安全性的一个基本工具。

8.2.2.2 风险分析原则

风险分析原理已经成为国内外食品安全管理的重要依据。国际食品法典委员会（CAC）将风险分析的程序引入《卫生与植物检疫措施》的协议（SPS）。WTO 等国际组织鼓励其成员国在本国食品管理体系中认可国际风险分析的结果。风险分析是指对乳制品的安全性进行风险评估、风险管理和风险交流的过程。风险评估是以科学为基础对乳制品可能存在的危害进行界定，特征描述，暴露评估和风险特征描述的过程。风险管理是对风险评估的结果进行咨询，对消费者的保护水平和可接受程度进行讨论，对公平贸易的影响程度进行评估，以及对政策变更的影响程度进行权衡，选择适宜的预防和控制措施的过程。风险交流是指在乳制品安全科学工作者、管理者、生产者、消费者以及感兴趣的团体之间进行风险评估结果、管理决策基础意见和见解传递的过程。

8.2.2.3 透明性原则

乳制品质量安全管理必须发展成一种透明的行为。消费者对乳制品质量安全的信心是建立在对乳制品控制的有效性基础上的。应该允许利益相关者发表积极的建议，管理部门应该对政策的基础加以解释，这样会鼓励相关团体的合作，增加乳制品质量安全管理体系的协同性，因此决策过程的透明性原则是重要的。

8.2.3　监管主体

由于乳制品质量安全相关利益主体之间存在着信息不对称,尤其是政府和企业之间的信息不对称决定了政府监管不是万能的,因此应该充分发挥媒体、企业自身和消费者的监督功能。

8.2.3.1　政府监管

政府是目前我国食品安全监管的主要责任人。依照发达国家食品安全监管的经验,应该以政府监管为主、以其他监管主体为补充才能有效消除乳制品质量安全信息不对称。

8.2.3.2　企业自我监管

安全乳制品不是监管出来的而是生产出来的。《食品安全法》强调生产经营者是食品安全的第一责任人。在乳制品产业链中影响乳制品质量安全的企业主要是奶牛养殖企业和乳制品加工企业,提高企业自身的质量安全管理水平是保障乳制品质量安全的根本。

8.2.3.3　媒体监督

发达国家媒体监督被视为独立于立法、行政和司法之外的"第四权利",媒体监督对企业经营有着明显影响,媒体监督在我国食品安全监管中也扮演着越来越重要的角色。由于地方政府既是监管者,又是推动地方经济发展者,而地方政府绩效评价又以经济发展为主,因此在实际中往往出现以经济发展为第一目标,地方政府保护企业成为常见现象。很多乳制品质量安全事件都是首先被媒体披露,政府才开始重视着手解决。在众多食品安全事件中,媒体都起到了重要的披露和监督作用。

8.2.3.4　消费者监督

保障消费者利益是食品安全监管的最终目的。消费者对乳制品质量安全有发言权,也掌握着乳制品质量安全的一手信息,因此消费者也是乳制品质量安全的重要监督者。

8.3　液奶质量安全监管措施

8.3.1　完善乳制品质量安全监管体系

8.3.1.1　完善乳制品质量安全管理体系

政府监管是保障乳制品质量安全的关键,要充分发挥政府的监管作用就要不断完善乳制品质量安全监管体系。我国目前的食品安全管理体系在原有的基础上逐步明确了各部门的责任，逐渐由分散监管向统一管理转变。2018 年以前，我国食品安全监管工作由多部门分段监管，自 2018 年起，我国成立市场监督管理局，由其对食品安全进行统一监管，改变了传统的多部门分头管理的状态。该行业的管理部门包括国家市场监督管理总局、国务院食品安全委员会、国家卫生健康委员会、国家发展和改革委员会及农业农村部等部门。其中，市场监督管理总局对该行业进行宏观调控，对食品生产经营活动、产品质量实施监督管理；国务院食品安全委员会主要负责分析食品安全形势，研究部署、统筹指导食品安全工作，提出食品安全监管的重大政策措施，督促落实食品安全监管责任；国家卫生健康委员会负责食品安全风险评估，组织拟订食品安全国家标准，开展食品安全风险监测、评估和交流，承担新食品原料、食品添加剂新品种、食品相关产品新品种的安全性审查；国家发展与改革委员会和农业农村部分别负责相关产业政策的研究制定、行业的管理与规划，统筹研究和组织实施"三农"工作战略、规划和政策，监督管理农产品质量安全。

另外，乳制品行业自律职能主要由中国乳制品工业协会（China Dairy Industry Association，CDIA）、中国奶业协会（Dairy Association of China，DAC）和中国食品工业协会（China National Food Industry Association，CNFIA）等各级行业协会承担，上述行业协会主要承担制订并监督执行行规行约、收集并发布行业信息、协调同行价格争议、维护公平竞争等工作。中国乳制品工业协会侧重于管理乳制品加工企业，中国奶业协会侧重于管理养殖基地及其相关的乳制品加工企业。

8.3.1.2 完善乳制品质量安全法律法规体系

健全的法律法规体系是保障乳制品的质量安全的基础，也是乳制品质量安全监管的依据。2009 年 2 月，《食品安全法》取代了《食品卫生法》，正式开始实施。《食品安全法》将食品安全放在了首要位置。从这部法律的立法宗旨来看，国家旨在通过强化食品安全生产企业、加工企业和销售企业的责任，进一步保护消费者的生命健康和人身安全。《食品安全法》中明确说明供食用的源于农业的初级产品的质量安全管理，遵守《农产品质量安全法》的规定，即《食品安全法》和《农产品质量安全法》是目前我国食品安全管理的两部大法。2018 年 6 月，国务院办公厅印发《关于推进奶业振兴保障乳品质量安全的意见》，该意见围绕加强优质奶源基地建设、完善乳制品加工和流通体系、强化乳制品质量安全监管、加大乳制品消费引导、完善保障措施等方面提出多项举措。2011 年 1 月 4 日，美国 FDA 通过了《食品安全现代化法案》，强调了源头的可追溯性，核心是强调食品安全应以预防为主。目前有关乳制品质量安全的法律法规比较多，具体的内容分散在各部法律法规当中，为了实现"从农田到餐桌"的无缝衔接，从源头上保障乳制品的质量安全，我国可以借鉴美国的经验，将现有的与乳制品相关的法律法规进行整合，形成一套专门针对乳制品质量安全的法律法规，各种单项法规要对乳制品的不同方面进行更明确的规定，使得乳制品相关利益主体有法可依。

8.3.1.3　完善乳制品质量安全标准体系

（1）提高乳制品质量安全标准的科学性

《食品安全法》第二十一条规定，食品安全风险评估结果是制定、修订食品安全标准和对食品安全实施监督管理的科学依据。可见风险评估在乳制品质量安全管理中起着重要的作用，乳制品质量安全标准应该来源于对乳制品质量安全风险评估结果的分析。质量标准体系是规范行业产品的具体依据，与国际接轨、与时俱进、可操作性强，这是对质量标准的基本要求。2010 年 3 月卫生部批准公布了 66 项乳品安全国家标准。新的乳品安全国家标准包括乳品产品标准 15 项、生产规范 2 项、检验方法标准 49 项。与以往乳品标准比较，新的乳品安全国家标准有以下特点：一是新的乳品安全国家标准严格遵循食品安全法的要求，突出与人体健康密切相关的限量规定；二是以食品安全风险评估为基础，兼顾行业现实和发展需要；三是整合现行乳品标准，扩大标准的覆盖范围；四是与现行法规和产业政策相衔接，确保政策的连续性和稳定性。

新的乳制品安全国家标准基本解决了现行乳制品标准的矛盾、重复、交叉和指标设置不科学等问题，提高了乳制品安全国家标准的科学性，形成了统一的乳制品安全国家标准体系。并且我国食品安全标准不断完善，增强了现有标准部分指标的科学性，完善了我国乳制品安全标准体系。截至 2021 年 12 月 31 日，我国共发布食品安全国家标准 1419 项，其中通用标准 13 项、食品产品标准 70 项、食品添加剂质量规格及相关标准 646 项、食品营养强化剂质量规格标准 53 项、食品相关产品标准 15 项、生产经营规范标准 34 项、理化检验方法标准 234 项、微生物检验方法标准 32 项、毒理学检验方法与规程标准 29 项、农药残留检测方法标准 120 项、兽药残留检测方法标准 74 项、被替代（拟替代）和已废止（待废止）标准 89 项。

（2）注重国家标准与国际标准接轨

尽管我国政府对乳制品原有标准进行了修改，发布了 66 项新的乳品安全国家标准，但与国际乳制品安全标准相比，很多指标还比较落后。制定标准时考虑中国的现实情况可能在一定程度上保护了行业发展，却给进口食品提供了可乘之机，直接导致在中国市场销售的产品质量低于国际质量，让消费者面临着食品安全的威胁。但新的乳制品国际标准尤其是生鲜乳标准反映了目前我国乳制品质量总体水平不高，我们的标准与发达国家相比存在较大的差距，因此应该加强乳制品产业链薄弱环节的建设，提供乳制品质量水平。

8.3.1.4　完善乳制品质量安全检验检测体系

检验检测体系是进行乳制品质量评估和乳制品质量安全预警的重要信息来源，是乳制品质量安全的判断依据。针对目前我国乳制品质量安全检验检测体系的问题，应采取以下措施。

（1）整合现有检测资源

"三聚氰胺"事件之后我国加强了乳制品质量安全检验检测体系的建设，针对目前检验检测体系重复建设，检测设备落后的现状，应该对现有的资源进行整合。我国应该对现有的检测机构进行统一规划，在各省建立乳制品质量安全综合检测中心，此中心可以依托于更大的综合机构，也可以作为一个独立的机构存在。在各县市建立统一规划的快速检测中心，县市级的检测中心发现问题要及时向省级检测中心进行汇报，并委托省级检测中心进行更具体的检测，以保证检测的科学性。乳制品质量安全检验检测机构除了承担日常检验任务外应该增强其服务消费者的功能，鼓励消费者将有质量安全隐患的产品主动送到相关检测机构进行检验。

（2）充分利用第三方检测机构

目前我国原奶收购过程主要通过乳制品加工企业的检测结果对原奶进行定价，相对于大型乳制品加工企业来说，奶牛养殖明显处于劣势地位。这既不利于提高奶牛养殖户的积极性，也给乳制品质量安全埋下了隐患。利用第三方检测机构就使得原奶检测环节独立出来，对乳制品加工企业和奶牛养殖企业都公平，有利于提高奶牛养殖户提供优质奶源的积极性。另外第三方检测机构作为专业的检测机构就会在开发更先进更快速的检测设备方面有很高积极性，将有利于提高我国乳制品检测水平和检测手段，从整个社会的角度来看也是一种资源的集中和节约。目前从总体上来说政府整体的检验检测效率还有待提高，因此应该充分利用以高校、科研院所和企业为主体的第三方检测机构，同时发挥国际检测机构在检验检测体系中的作用。第三方检测机构由于不受利益的影响，其检测结果相对中立可信。

（3）重视企业自检

企业作为食品安全责任第一人，应鼓励其加强自身的检测能力。通过对伊利、蒙牛和三元公司的调研发现，这些大型乳制品加工企业都有很强的检测能力，他们的检测能力远远超出国家的要求。因此应该鼓励乳制品加工企业增强自身的检测能力，从规范上要求他们对检测数据进行上报，以便和政府检测结果相比较，提前发现问题进行预防。

8.3.1.5　完善乳制品质量安全认证认可体系

食品安全认证认可体系对维护和提高食品安全标准具有重要作用。

（1）加强认证之后的追踪监督工作

针对实施产品认证后监管不足、标签滥用的状态，应该规范认证机构的职责，要求认证之后不定期地抽检产品，并对产品生产状况进行追踪，一旦发现违反认证条例或降低产品质量的情况应该撤销其认证证书，并向相关部门报告，进行相关处罚。

（2）加强认证知识的宣传

针对乳制品的产品认证主要包括无公害农产品和绿色食品，但很多消费者对这两类产品的具体含义区分不清，降低了认证产品的公信力。因此应该利用电视、报纸、网络等媒体加强对认证知识的宣传，增强有经济实力的消费者购买高质量产品的积极性，以此推动更多企业参加产品认证，从而提高产品的整体质量。

8.3.1.6 完善乳制品质量安全信息服务体系

（1）多渠道采集乳制品质量安全信息

《食品安全信息公布管理办法》对食品安全信息进行了分类，明确了各类信息的发布主体。目前食品安全信息主要来源于政府相关检测检验所得的信息，但是频繁发生的食品安全事件最初大部分都不是由主管部门发现的，一般都以新闻媒体的关注引起社会各界的重视。因此要掌握食品安全的信息必须充分利用各种信息来源，要重视行业协会、消费者、新闻媒体等信息渠道，把这些信息渠道作为政府信息的来源之一。要给多种渠道设置向政府传递信息的通道，这样不仅有利于掌握食品安全信息的总体情况，也有利于充分利用社会资源、节约政府的监控成本。乳制品质量安全信息要利用奶业协会的信息，奶业协会作为中国乳制品行业的主要协会对中国奶业比较了解，对于基本情况掌握得比较全面。

（2）实现乳制品质量安全信息的共享

分段监管的模式使得每个部门掌握着自己监管段的信息，而乳制品产业链各环节之间联系紧密，一个环节出现问题就会影响后续环节，因此实现信息共享有利于及时掌握乳制品质量安全的动态。目前我国基本取消了省以下垂直管理的方式，强化了地方政府在食品安全监管中的责任，而目前乳制品地域流动性比较强，要掌握乳制品质量安全的信息就必须实现信息共享。各地方相关监管部门应该把掌握的信息及时传达给中央，由中央政府对信息进行分类汇总，通过乳制品质量安全预警系统进行信息分析，及时发现情况并进行处理。

8.3.2 规范奶牛养殖，保障奶源安全

8.3.2.1 规范奶牛养殖场兽药使用

兽药残留问题将是未来影响乳制品质量安全，影响消费者消费信心的关键问题之一。要控制乳制品兽药残留，一方面是加强监管的事后管理，另一方面是规范奶牛场兽药使用的预防管理。规范奶牛养殖场兽药使用主要从健全养殖档案、养殖场兽药来源的控制、提高养殖场兽医素质三个方面实施。

8.3.2.2 继续推进奶牛适度规模化养殖

适度规模的规范化养殖是奶牛养殖业的发展趋势。养殖规模小、养殖技术低是制

约奶牛养殖成本和生鲜乳质量安全的主要因素，标准化、规模化养殖能有效降低养殖成本，保障生鲜乳质量安全。我国奶牛养殖还以小规模养殖场、奶牛养殖小区和散养的形式为主，百头以上规模化养殖占比不到40%。目前要使先进的养殖经营和技术得到普及需要把这些经验和技术转化为针对素质不高的养殖户的规范化养殖方式，让养殖户易于接受，使用方便。规范化养殖要为奶牛创造良好的养殖环境，这样可以增强奶牛免疫力，降低奶牛的发病率，尽量减少兽药的使用，充分使用低毒、低残留兽药，不使用禁用兽药，避免兽药滥用。虽然规模化经营是奶牛养殖的必然发展趋势，但我国目前的情况还不可能实现规模化养殖的迅速发展。基于我国目前奶牛养殖的现实情况，应该寻求具有地方特色的奶牛规模化经营之路，这意味着我国奶牛的规模化经营应该是多样化的，有大型现代化牧场，也有以合作社为主导的中小规模奶牛养殖场或养殖小区，还可以发展奶牛养殖的多样化经营，走奶牛养殖差异化经营的道路。

8.3.2.3 充分发挥奶农合作社的作用

乳制品加工企业对生鲜乳收购价格的垄断使生鲜乳质量安全面临逆向选择的风险。目前由于我国70%左右的奶牛为小规模养殖，即使实现规模化养殖，大部分养殖规模也在500头以下，面对可与世界奶业发达国家媲美的乳制品加工企业，奶牛养殖企业明显处于弱势地位，在交易过程中处于被动状态。考虑到目前我国奶牛分散小规模经营为主的实际情况，培育发展奶农合作社是保障生鲜乳质量安全、提高奶牛养殖环节谈判能力的重要方式。要真正发挥奶牛养殖合作社的作用，就要让合作社本身作为一个经营机构，一方面代表合作社成员跟乳品加工企业进行谈判，使合作社成员的原料奶得到一个不错的价格，另一方面可以对合作社成员实行统购统销的方式，严格控制合作社成员奶牛养殖过程中的投入品，监控养殖过程和原奶质量。

8.3.2.4 大力发展奶牛循环经济养殖模式

奶牛养殖循环经济是指在人类、自然资源和科学技术的系统内，基于生态学理论，依据减量化（reducing）、再利用（reusing）、资源化（再生利用，recycling）的3R原则，最大限度地将奶牛养殖废弃物转化为可用品，降低奶牛养殖废弃物的产量和排量，同时减少奶牛养殖污染治理和环境监管成本，从而减少环境污染，提高资源利用率，实现人口、环境和资源的和谐、可持续发展目标。奶牛循环经济养殖基本模式是利用尽量少的资源，满足奶牛养殖要求，并对奶牛养殖过程中产生的粪便和污水进行无害化、再利用、资源化处理，实现资源的循环利用，减少环境污染，提高资源利用率。在奶牛粪尿的处理方面已经有多种循环经济模式可供参考，图8-1总结了五种奶牛循环经济养殖方式，包括直接堆肥的模式、制作生物有机复合肥料、畜禽废弃物生产食用菌、新鲜牛粪经过晾晒用来养殖蚯蚓、液体废弃物可用于沼气工程等。

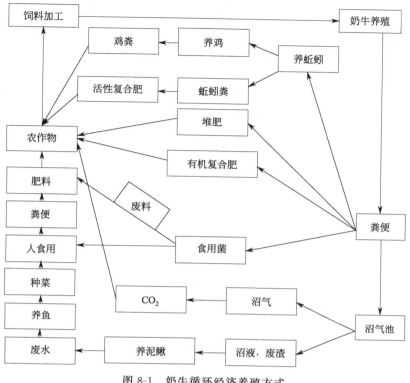

图 8-1　奶牛循环经济养殖方式

奶牛循环经济养殖模式的发展是一个循序渐进的过程，发展过程中要注意以下问题。

① 奶牛循环经济养殖模式要逐步推进。大体可分为模式探索阶段、模式优选阶段和模式创新应用阶段。

② 注重发展绿色和生态饲料，以提高奶牛的状况和原料乳奶的质量。

③ 科技先行，完善关键技术。力争形成适用的循环经济技术体系，这些技术包含在产业链的各个环节中，例如农作物或果蔬优选、奶牛品种改良、疫病综合防治、饲料配制生产、废物处理利用、集约化饲养等。

④ 建立相关的法律法规体系和激励制度。以法律法规的形式来进行规范，使企业有法可依。并充分利用经济、行政、法律三种手段鼓励有利于环境保护和资源合理利用的活动。

8.3.3　增强乳制品加工企业竞争能力

8.3.3.1　提升乳制品加工业科技创新能力

从长远发展的观点来看，一个国家的经济强盛，一个企业核心竞争力的打造，最终依赖于拥有自主知识产权的核心技术。自主创新应该成为我国乳制品加工业的最终目标和努力方向。因此，必须加强乳品产业基础技术研究，加强乳制品产业科技人才队伍建设。技术创新的基础在于技术能力的积累。要在引进、消化、吸收的基础上加大我国包括检测设备、乳品浓缩设备等加工设备的自主开发力度；加强与乳业相关的生物技术、杀菌技术等关键技术的基础研究和应用研究。企业应建立自己的乳品技术与工程研究中心、实验室等研究平台。不同乳品企业可以根据自己企业的规模大小、经营状况等选不同的方面进行创新。对于乳品企业中一些大型的知名企业，可在创新投入方面适当地加大对领先创新方式的投入。这些企业本身有一定的知名度，消费者对其信誉相对比较信任，因此当这些企业创新新产品上市时也较容易被消费者接受，企业也可因此获得领先创新的市场收益。规模较小的企业可避开选择投入成本相对较大的设备创新，而选择成本较小的配料创新，产出新产品。

8.3.3.2　推广 HACCP 体系

我国在乳制品加工行业推行应用 HACCP 体系，《乳制品加工 HACCP 准则》对HACCP 体系的具体应用做了详细规定。作为国际上被广泛应用的质量安全控制体系，应加强 HACCP 体系应用的相关宣传和培训，加深乳制品加工企业对乳制品生产中使用此体系的理解，促进 HACCP 体系的广泛应用。为从源头上保障乳制品质量安全，把HACCP 体系延伸到乳制品的奶牛养殖环节具有重要意义。针对目前我国奶牛养殖环节质量安全水平低、影响生鲜乳质量安全的因素难以控制的情况，应该在奶牛养殖过程中推广 HACCP 体系的应用，制定奶牛养殖过程中的 HACCP 准则。奶牛饲养管理中HACCP 体系的应用，可以有效控制饲养过程中危害因素。

8.3.4　开展质量飞行检查

8.3.4.1　质量飞行检查简介

飞行检查是指在确保被检查单位生产过程正常进行的基础上，事先不通知被检查单位，对其生产过程控制的有效性实施突击性检查，具有秘密性、突击性、迅速性和检查项目内容的不确定性等特点[9]。它是依据《中华人民共和国食品安全法及实施条例》《食品生产许可管理办法》《食品召回管理办法》、《乳品质量安全管理条例》等法律法规以及《食品生产许可审查通则》《企业生产乳制品许可条件审查细则（2010 版）》《食品安全国家标准　乳制品良好生产规范》（GB 12693—2010）、《食品安全国家标准　食品生产通用卫生规范》（GB 14881—2013）等技术规范、食品安全国家标准的规定。内容包括企业资质保持情况、采购进货查验管理情况、生产场所及设施设备情况、生产过程控制情况、仓储管理情况、出厂检验落实情况、不合格品管理情况、食品标识标注及标准执行情况、产品追溯及不安全食品召回情况和从业人员情况等。乳制品加工企业的飞行检查重点在于抽检不合格的液态奶加工企业，风险监测有问题的乳粉企业和风险等级高的乳品企业。图 8-2 是企业内部质量飞行检查应用流程图[10]。

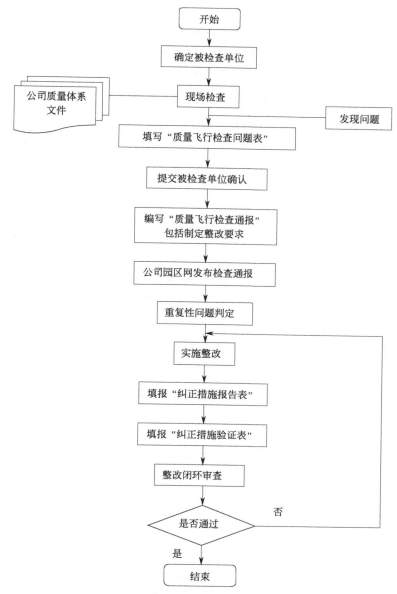

图 8-2　企业内部质量飞行检查应用流程图

8.3.4.2　飞行检查常见的问题情况及改进措施

（1）常见问题

① 生产场所及设备设施：生产场所脏乱差、作业区布局不合理或无效隔离、设备不够清洁、设备防护问题、设备设施不能正常运转等。

② 仓储管理：无状态标识、仓储设施不满足、无台账记录、未隔墙离地、没有先进先出等。

③ 检验管理：检验原始记录缺失及无法溯源、检验室条件差、化验员不足、仪器

设备不能正常使用等。

④ 生产过程控制：缺少关键控制点记录，对生物、化学及物理的污染防控有问题，车间清洁度不符合要求，地面破损、墙面或顶面易脱落，工艺参数控制问题，车间卫生差，在车间的物料传递与污染问题，食品添加剂没有做到"四专"管理等。

⑤ 产品追溯：产品不能够追溯、没有建立产品追溯体系等。

⑥ 产品留样：没有或缺少产品留样、产品留样条件不符、留样记录缺失等。

⑦ 车间设计与布局：未及时进行车间布局变更备案、存在人流和物流交叉污染等。

⑧ 产品召回管理：未建立产品召回管理制度、未进行产品召回模拟演练记录、产品召回记录不全等。

⑨ 采购管理和从业人员管理：部分进货查验没有索证索票、索证过期、不合格供应商、原辅料进货查验记录缺失、未按进货查验制度及内控标准进行验收、检验验收标准缺项或与食品安全标准不符等。

⑩ 从业人员管理：管理及技术人员资质问题、部分人员无健康证明或者健康证明过期、生产人员佩戴饰物、人员培训计划及记录问题等。

（2）管理措施

相应的乳品企业需及时组织自查及整改以提高管理水平与发现问题的能力，建立完善的管理体系[11]。

① 严把现场核查关，切实掌握企业的情况：严格把关食品企业的生产场所、设备设施、设备布局和工艺流程，应重点细致地对照检查实验室、原料库房、水处理设备等项目。

② 加强风险管理，落实风险防控制度：要加强对未知风险的研究和分析，尽可能把未知因素变为已知因素，改变过去有标准时管理、无标准时不管的被动局面。构建持续的风险监测机制，分析可能诱发食品安全的问题，及时发现食品生产过程中潜在的问题，开展预警研究，为下一步政策的制定和监管提供参考，为消费者提供安全预警。

③ 强化企业负责人的法律意识，落实食品生产企业主体责任：《食品安全法》第四十四条规定："食品生产经营企业应当配备食品安全管理人员，加强对其培训和考核。经考核不具备食品安全管理能力的人员不得上岗[12]。食品药品监督管理部门应当对企业食品安全管理人员随机进行监督、抽查考核并公布考核情况。"应建立对企业食品安全管理人员考核长效机制，督促企业加强员工的培训和考核，不断提升企业人员的素质和管理水平。

8.3.4.3 飞行检查在乳制品企业内部质量监督管理应用中的成效

（1）具有很强的震慑效果

质量飞行检查具有很强的震慑效果，有意识、有重点地解决了乳制品企业产品生产过程中存在的诸如生产过程控制、产品标识与追溯、工艺设计开发和策划、记录管理、监视与测量资源管理、生产设备管理、工艺更改等方面的漏洞，及时纠正了生产主体单位自我质量监督未充分反映的问题，增强了自我质量监督的效果，使一些质量隐患得到了及时发现和整改，在提高企业质量管理水平、促进遵章合规操作、强化执行力建设、遏制操作风险等方面发挥了重要作用，加强了企业生产主体单位各级人员的质量责任意识，促进了各级人员遵章守纪行为习惯的形成，在实现企业增值质量管理的道路上迈出了创新一步[13]。

（2）推动企业质量体系的不断改进与完善

企业根据内部质量飞行检查发现的问题，需要围绕管理基础、技术条件、人员能力等方面采取整改措施，逐项进行整改，修订相关管理制度，完善工艺、技术文件，开展相关业务培训；举一反三检查相关工艺、技术、管理文件，相关记录、标准件、工装、仪表以及产品实物，发现类似问题一并完成整改，推动管理水平和产品质量不断提升，真正发挥质量体系的持续改进作用。通过整改，可以增强生产主体单位的质量责任意识，完善质量体系文件，改观生产现场，进一步夯实企业质量管理基础，强化生产过程管控能力，推动企业质量体系的不断深入改进与完善。

（3）违章操作现象减少，产品制造质量提升

由于质量飞行检查暴露问题较多，可以拉动直接责任单位和归口业务部门的系统整改，通过在技术和管理手段上做"加法"，在现场操作层面做"减法"，增强生产主体单位（生产单位、业务部门）各级人员的质量责任意识，强化遵章守纪行为习惯的形成以及自我质量监督改进。

8.3.5 充分发挥媒体监督功能

媒体监督已经在现代经济、社会、文化等方面发挥了重要作用，媒体在食品安全事件的发生、发展过程中起到了重要的舆论传播作用。媒体监测主要有三大功能：填补政府监管漏洞或防止政府监测失效、反映乳制品质量安全现状和对民众进行舆论引导。随着我国食品安全监管向统一监管的推进，媒体监督将发挥更大的作用。媒体是消费者食品安全信息的重要来源，也是消费者最信任的信息源之一，因此媒体对乳制品质量安全现状的公布，将有助于消费者了解事实真相，增强消费者的识别能力。乳制品质量安全事件的发生会对民众的消费信心造成巨大打击，媒体及时的跟踪报道能让民众及时了解真相，乳制品质量安全信息的公开透明也有助于增强消费者的消费信心。

8.3.6 提高消费者监督能力

8.3.6.1 加强消费者教育和风险交流

目前我国居民对食品安全缺乏信心，对安全食品的鉴别能力有限，因此应该通过各种传媒渠道，向民众宣传乳制品质量安全的基本常识，对一些导致误导消费者的信息及

时进行澄清。遇到的乳制品质量安全问题只有少数消费者会努力争取自身利益，大部分消费者难以做到理性的处理，或者忍气吞声，或者采取过激手段。因此应普及相关法律法规，加强消费者维权意识。要恢复消费者信心，消除消费者的顾虑，风险沟通是最有效的方式。通过风险交流让消费者知道，生产企业是用什么样的方式来尽量降低风险的，慢慢让消费者重新建立对乳制品的消费信心。

8.3.6.2　激励消费者提供质量安全信息

保障乳制品质量安全就是要保障消费者的权益，但目前出于维权成本高、维权渠道不畅等各种原因，我国消费者维权意识比较差。消费者作为乳制品的直接食用者，掌握着乳制品质量安全的一手信息，激励消费者积极提供乳制品质量安全信息对于全面掌握乳制品质量安全状态、及早发现问题、避免更严重的损失有着重要意义。目前主要的维权渠道是向消费者协会投诉或者通过法律途径，少数人会向媒体求助进行解决，这些解决方式都给消费者自身带来了很多麻烦，消费者面临维权渠道有限、维权成本过高等问题。消费者的维权行为不仅为自身带来利益，也是对社会食品安全状况的反映，利于食品安全信息的反馈，增加食品生产企业的违规成本，有利于社会食品安全的提高。因此应该拓宽消费者的维权渠道，降低消费者维权成本，才能使得消费者手里的质量安全信息得到释放。乳制品相关监管部门都设置了消费者咨询电话和邮箱，并积极向消费者宣传这些提供信息的渠道，并对消费者提供的信息要及时进行处理和反馈。

8.3.6.3　加强媒体和消费者之间的沟通

媒体是消费者最信赖的监督主体之一，目前已经有不少媒体把帮助消费者维权作为自己的使命之一。相对于政府监管部门来说，消费者更愿意将信息提供给新闻媒体：一是因为新闻媒体反应快，及时性强；二是新闻媒体对提供信息的消费者有一定经济奖励。因此应该加强媒体与消费者之间的信息交流。通过媒体把消费者掌握的乳制品质量安全信息进行释放，是一种有效的提高监督效果的方式。

参考文献

[1]　陈可. 商品类型对网上购物偏好性别差异的影响[J]. 商场现代化,2007(05):163-164.

[2]　刘勉,黄娅妮. 基于萨缪尔森经典定义对公共物品定义的研究[J]. 中国市场,2010(49):141-142.

[3]　李静. 食品安全治理的国外研究述评[J]. 学理论,2013(27):92-96.

[4]　林曦. 弗里曼利益相关者理论评述[J]. 商业研究,2010(08):66-70.

[5]　肖兴志,赵文霞. 规制遵从行为研究评述[J]. 经济学动态,2011(05):135-140.

[6]　王磊. 我国食品安全监管方式的多元化分析[J]. 食品安全导刊,2019(18)：25.

[7]　刘霄. 我国食品安全监管方式的多元化路径探索[J]. 食品安全导刊,2020(30)：43.

[8]　崔龙霞,徐国冲. 走向合作监管：改革开放以来我国食品安全监管方式的演变逻辑——基于438份中央政策文

本的内容分析(1979—2017)[J]. 公共管理评论, 2020, 1(2):68-91.

[9] 何晨平, 凡哲梅, 聂淑芬, 等. 实施飞行检查, 提升护理质量[J]. 中国中医药科技, 2014(z1): 230-230.

[10] 白小红, 张蓓, 李红霞. 飞行检查在企业内部质量监督管理中的应用[J]. 上海质量, 2020(5): 65-70.

[11] 张惠芳, 陈晰, 黄晓娟, 等. 对 2018 年食品飞行检查发现问题的统计分析[J]. 中国食品药品监管, 2020 (01): 48-53.

[12] 郑善爱. 《食品安全法》对食品经营者义务的规定[J]. 中国市场监管研究, 2009(7): 56-61.

[13] 周利茗, 郭艳婧, 侯立新, 等. 飞行检查在重庆市食品生产经营企业检查中的应用案例剖析[J]. 食品安全质量检测学报, 2019(7):2078-2082.

附表 1　乳及乳制品微生物国家标准检验方法

食品类别 （标准号）	标准号	标准名称	项目	采样方案及限量				检验方法	适用范围
				n	c	m	M		
生乳① （GB 19301—2010）	GB 4789.2 —2016❶	食品安全国家标准　食品微生物学检验　菌落总数测定	菌落总数			$\leqslant 2 \times 10^6$		平板计数法	食品中菌落总数
巴氏杀菌乳 （GB 19645—2010）	GB 4789.2—2016	食品安全国家标准　食品微生物学检验　菌落总数测定	菌落总数	5	2	50000	100000	平板计数法	食品中菌落总数
	GB 4789.3—2016	食品安全国家标准　食品微生物学检验　大肠菌群计数	大肠菌群	5	2	1	5	平板计数法	大肠菌群含量较高的食品
	GB 4789.10—2016	食品安全国家标准　食品微生物学检验　金黄色葡萄球菌检验	金黄色葡萄球菌	5	0	0/25g	—	定性检验	食品中金黄色葡萄球菌的定性检验
	GB 4789.4—2016	食品安全国家标准　食品微生物学检验　沙门氏菌检验	沙门氏菌	5	0	0/25g	—	生化试验＆血清学鉴定	食品中沙门氏菌的检验

❶ 将于 2022 年 12 月 30 日作废，新标准为 GB 4789.2—2022。

续表

食品类别 (标准号)	标准号	标准名称	项目	采样方案及限量				检验方法	适用范围
				n	c	m	M		
灭菌乳 (GB 25190—2010)	GB 4789.26—2013	食品安全国家标准 食品微生物学检验 商业无菌检验	微生物	商业无菌				感官检验&pH测定&涂片镜检	食品商业无菌的检验
调制乳② (GB 25191—2010)	GB 4789.2—2016	食品安全国家标准 食品微生物学检验 菌落总数测定	菌落总数	5	2	50000	100000	平板计数法	食品中菌落总数
	GB 4789.3—2016	食品安全国家标准 食品微生物学检验 大肠菌群计数	大肠菌群	5	2	1	5	平板计数法	大肠菌群含量较高的食品
	GB 4789.10—2016	食品安全国家标准 食品微生物学检验 金黄色葡萄球菌检验	金黄色葡萄球菌	5	0	0/25g	—	定性检验	食品中金黄色葡萄球菌的定性检验
	GB 4789.4—2016	食品安全国家标准 食品微生物学检验 沙门氏菌检验	沙门氏菌	5	0	0/25g	—	生化试验&血清学鉴定	食品中沙门氏菌的定性检验
	GB 4789.3—2016	食品安全国家标准 食品微生物学检验 大肠菌群计数	大肠菌群	5	2	1	5	平板计数法	大肠菌群含量较高的食品
	GB 4789.10—2016	食品安全国家标准 食品微生物学检验 金黄色葡萄球菌检验	金黄色葡萄球菌	5	0	0/25g	—	定性检验	食品中金黄色葡萄球菌的定性检验
	GB 4789.4—2016	食品安全国家标准 食品微生物学检验 沙门氏菌检验	沙门氏菌	5	0	0/25g	—	生化试验&血清学鉴定	食品中沙门氏菌的定性检验
发酵乳① (GB 19302—2010)	GB 4789.15—2016	食品安全国家标准 食品微生物学检验 霉菌和酵母计数	酵母			≤100		平板计数法	各类食品中霉菌与酵母
			霉菌			≤30			
	GB 4789.35—2016	食品安全国家标准 食品微生物学检验 乳酸菌检验	乳酸菌数			$\geqslant 10^6$		平板计数法	含活性乳酸菌的食品

续表

食品类别（标准号）	标准号	标准名称	项目	采样方案及限量				检验方法	适用范围
				n	c	m	M		
炼乳① （GB 13102—2011）	GB 4789.2—2016	食品安全国家标准 食品微生物学检验 菌落总数测定	菌落总数	5	2	30000	100000	平板计数法	食品中菌落总数
	GB 4789.3—2016	食品安全国家标准 食品微生物学检验 大肠菌群计数	大肠菌群	5	1	10	100	平板计数法	大肠菌群含量较高的食品
	GB 4789.10—2016	食品安全国家标准 食品微生物学检验 金黄色葡萄球菌检验	金黄色葡萄球菌	5	0	0/25g	—	定性检验	食品中金黄色葡萄球的定性检验
	GB 4789.4—2016	食品安全国家标准 食品微生物学检验 沙门氏菌检验	沙门氏菌	5	0	0/25g	—	生化试验 & 血清学鉴定	食品中沙门氏菌的检验
干酪 （GB 5420—2021）	GB 4789.3—2016	食品安全国家标准 食品微生物学检验 大肠菌群计数	大肠菌群	5	2	100	1000	第一法：MPN计数法 第二法：平板计数法	第一法：大肠菌群含量较低的食品 第二法：大肠菌群含量较高的食品
	GB 4789.2—2016	食品安全国家标准 食品微生物学检验 菌落总数测定	菌落总数	5	2	100	1000	平板计数法	食品中菌落总数的计数
	GB 4789.3—2016	食品安全国家标准 食品微生物学检验 大肠菌群计数	大肠菌群	5	2	100	1000	平板计数法	大肠菌群含量较高的食品
	GB 4789.10—2016	食品安全国家标准 食品微生物学检验 金黄色葡萄球菌检验	金黄色葡萄球菌	5	2	100	1000	平板计数法	金黄色葡萄球菌含量较高的食品
	GB 4789.4—2016	食品安全国家标准 食品微生物学检验 沙门氏菌检验	沙门氏菌	5	0	0.25g	—	生化试验 & 血清学鉴定	食品中沙门氏菌的检验
再制干酪② （GB 25192—2010）	GB 4789.30—2016	食品安全国家标准 食品微生物学检验 单核细胞增生李斯特氏菌检验	单核细胞增生李斯特菌	5	0	0/25g	—	MPN计数法	单核细胞增生李斯特氏菌含量较低（<100CFU/g）而杂菌含量较高的食品的计数 特别是牛奶、水以及含干扰菌落计数的颗粒物质的食品
	GB 4789.15—2016	食品安全国家标准 食品微生物学检验 霉菌与酵母计数	酵母				≤50	平板计数法	各类食品中霉菌与酵母
			霉菌				≤50		

❶ 新版标准为 GB 13102—2022，将于 2022 年 12 月 30 日开始实施。
❷ 新版标准为 GB 25192—2022，将于 2022 年 12 月 30 日开始实施。

续表

食品类别（标准号）	标准号	标准名称	项目	采样方案及限量				检验方法	适用范围
				n	c	m	M		
乳粉/调制乳粉（GB 19644—2010）	GB 4789.2—2016	食品安全国家标准 食品微生物学检验 菌落总数测定	菌落总数	5	2	50000	200000	平板计数法	食品中菌落总数
	GB 4789.3—2016	食品安全国家标准 食品微生物学检验 大肠菌群计数	大肠菌群	5	1	10	100	平板计数法	大肠菌群含量较高的食品
	GB 4789.10—2016	食品安全国家标准 食品微生物学检验 金黄色葡萄球菌检验	金黄色葡萄球菌	5	2	10	100	平板计数法	金黄色葡萄球菌含量较高的食品
	GB 4789.4—2016	食品安全国家标准 食品微生物学检验 沙门氏菌检验	沙门氏菌	5	0	0/25g	—	生化试验&血清学鉴定	食品中沙门氏菌的检验
乳清粉和乳清蛋白粉（GB 11674—2010）	GB 4789.10—2016	食品安全国家标准 食品微生物学检验 金黄色葡萄球菌检验	金黄色葡萄球菌	5	2	10	100	平板计数法	金黄色葡萄球菌含量较高的食品
	GB 4789.4—2016	食品安全国家标准 食品微生物学检验 沙门氏菌检验	沙门氏菌	5	0	0/25g	—	生化试验&血清学鉴定	食品中沙门氏菌的检验
乳基0~6月婴儿配方食品①（GB 10765—2010）❶	GB 4789.2—2016	食品安全国家标准 食品微生物学检验 菌落总数测定	菌落总数②	5	2	1000	10000	平板计数法	食品中菌落总数
	GB 4789.3—2016	食品安全国家标准 食品微生物学检验 大肠菌群计数	大肠菌群	5	2	10	100	平板计数法	大肠菌群含量较高的食品
乳基6~12月婴儿配方食品（GB 10765—2021）	GB 4789.2—2016	食品安全国家标准 食品微生物学检验 菌落总数测定	菌落总数②	5	2	1000	10000	平板计数法	食品中菌落总数
	GB 4789.3—2016	食品安全国家标准 食品微生物学检验 大肠菌群计数	大肠菌群	5	2	10	100	平板计数法	大肠菌群含量较高的食品

❶ 新版标准为 GB 10765—2021,将于 2023 年 2 月 22 日开始实施。

续表

食品类别(标准号)	标准号	标准名称	项目	采样方案及限量				检验方法	适用范围
				n	c	m	M		
奶油、黄油和无水乳脂 (GB 19646—2010)	GB 4789.2—2016	食品安全国家标准 食品微生物学检验 菌落总数测定	菌落总数①	5	2	10000	100000	平板计数法	食品中菌落总数
	GB 4789.3—2016	食品安全国家标准 食品微生物学检验 大肠菌群计数	大肠菌群	5	2	10	100	平板计数法	大肠菌群含量较高的食品
	GB 4789.10—2016	食品安全国家标准 食品微生物学检验 金黄色葡萄球菌检验	金黄色葡萄球菌	5	1	10	100	平板计数法	金黄色葡萄球菌含量较高的食品
	GB 4789.4—2016	食品安全国家标准 食品微生物学检验 沙门氏菌检验	沙门氏菌	5	0	0/25g	—	生化试验 & 血清学鉴定	食品中沙门氏菌的检验
	GB 4789.15—2016	食品安全国家标准 食品微生物学检验 霉菌与酵母计数	霉菌	≤90				平板计数法	食品中霉菌和酵母菌的计数

注：1. 根据检验目的、食品特点、批量、检验方法、微生物的危害程度等确定采样方案。

2. 采样方案分为二级和三级采样方案。n 为同一批次产品应采集的样品件数；c 为最大可允许超出 m 值的样品数，个；m 为微生物指标可接受水平限量值（三级采样方案）或最高安全限量值（二级采样方案），CFU/g；M 为微生物指标的最高安全限量值，CFU/g。

3. 按照二级采样方案设定的指标，在 n 个样品中，允许有≤c 个样品其相应微生物指标检验值大于 m 值。按照三级采样方案设定的指标，在 n 个样品中，允许有≤c 个样品其相应微生物指标检验值在 m 值和 M 值之间，不允许有样品相应微生物指标检验大于 M 值。

① 微生物指标不适用于生乳，不适用于即食生乳。生乳是指从符合国家有关要求的健康奶畜乳房中挤出的无任何成分改变的常乳。产犊后 7d 的初乳、应用抗生素期间和休药期间的乳汁、变质乳不应用作生乳。

② 采用灭菌工艺生产的调制乳应符合商业无菌的要求，按 GB 4789.26 规定的方法检验。

③ 发酵后经热处理的产品对乳酸菌数不作要求。

④ 微生物限量仅适用于加糖炼乳、调制加糖炼乳、调制淡炼乳、乳淡炼乳（好氧和兼性厌氧益生菌）的产品。

⑤ 不适用于添加活性菌种（好氧和兼性厌氧益生菌）的产品。

⑥ 不适用于添加活性菌种（好氧和兼性厌氧益生菌）的产品〔产品中的活菌数应≥10^6 CFU/g（或 CFU/mL）〕。

⑦ 不适用于以发酵稀奶油为原料的产品。

附表2 乳及乳制品中真菌毒素国家标准检验方法

食品类别	标准编号	标准名称	项目	限量①/(μg/kg)	检验方法	适用范围
乳及乳制品	GB 5009.24—2016	食品安全国家标准 食品中黄曲霉毒素M族的测定	黄曲霉毒素M族	0.5	同位素稀释液相色谱-串联质谱法	乳、乳制品和含乳特殊膳食用食品中$AFTM_1$和$AFTM_2$的测定
					高效液相色谱法	适用范围同上
					酶联免疫吸附筛查法	乳、乳制品和含乳特殊膳食用食品中$AFTM_1$的筛查测定

①参考标准《食品安全国家标准 食品中真菌毒素限量》(GB 2761—2017);乳粉按照生乳折算。

附表3 乳及乳制品中污染物国家标准检验方法

食品类别	标准编号	标准名称	项目	限量/(mg/kg)	检验方法	适用范围
生乳,巴氏杀菌乳,灭菌乳,发酵乳,调制乳	GB 5009.12—2017	食品安全国家标准 食品中铅的测定	铅	0.05	石墨炉原子体质谱法、电感耦合等离子体质谱法、火焰原子吸收光谱法、二硫腙比色法	各类食品中铅的测定
	GB 5009.17—2021	食品安全国家标准 食品中总汞及有机汞的测定	总汞(以Hg计)	0.01	原子荧光光谱法、电感耦合等离子体质谱法、直接进样测汞法、冷原子吸收光谱法	食品中总汞的测定
	GB 5009.11—2014	食品安全国家标准 食品中总砷及无机砷的测定	总砷(以As计)	0.1	电感耦合等离子体质谱法、氢化物发生原子荧光光谱法、银盐法	各类食品中总砷的测定
	GB 5009.123—2014	食品安全国家标准 食品中铬的测定	铬	0.3	石墨炉原子吸收光谱法	各类食品中铬的测定
	GB 5009.33—2016	食品安全国家标准 食品中亚硝酸盐与硝酸盐的测定	亚硝酸盐②	0.4	离子色谱法、分光光度法	适用于食品中亚硝酸盐和硝酸盐的测定

续表

食品类别	标准编号	标准名称	项目	限量/(mg/kg)	检验方法	适用范围
乳粉	GB 5009.12—2017	食品安全国家标准 食品中铅的测定	铅	0.5	石墨炉原子吸收光谱法、电感耦合等离子体质谱法、火焰原子吸收光谱法、二硫腙比色法	各类食品中铅的测定
	GB 5009.11—2014	食品安全国家标准 食品中总砷及无机砷的测定	总砷(以As计)	0.5	电感耦合等离子体质谱法、氢化物原子荧光光谱法、银盐法	各类食品中总砷的测定
	GB 5009.123—2014	食品安全国家标准 食品中铬的测定	铬	2.0	石墨炉原子吸收光谱法	各类食品中铬的测定
	GB 5009.33—2016	食品安全国家标准 食品中亚硝酸盐与硝酸盐的测定	亚硝酸盐	2.0	离子色谱法、分光光度法	适用于食品中亚硝酸盐和硝酸盐的测定
非脱脂盐乳清粉	GB 5009.12—2017	食品安全国家标准 食品中铅的测定	铅	0.5	石墨炉原子吸收光谱法、电感耦合等离子体质谱法、火焰原子吸收光谱法、二硫腙比色法	各类食品中铅的测定
其他乳制品①	GB 5009.12—2017	食品安全国家标准 食品中铅的测定	铅	0.5	石墨炉原子吸收光谱法、电感耦合等离子体质谱法、火焰原子吸收光谱法、二硫腙比色法	各类食品中铅的测定

① 具体方法参见《食品安全国家标准 食品中多元素的测定》(GB 5009.268—2016)。

② 仅对生乳有亚硝酸盐限量规定。

③ 除杀菌乳、灭菌乳、发酵乳、调制乳、乳粉、非脱盐乳清粉以外的乳制品。

附表 4　生乳中农药最大残留限量及标准检验方法

农药名称	残留物	ADI①/(mg/kg bw)	限量/(mg/kg)	标准编号	标准名称	检测方法
2,4-滴和2,4-滴钠盐	2,4-滴	0.01	0.01②	—	—	—
2甲4氯(钠)	2甲4氯	0.1	0.04	GB 23200.104—2016	食品安全国家标准 肉及肉制品中2甲4氯及2甲4氯丁酸残留量的测定 液相色谱-质谱法	液相色谱-质谱法

续表

农药名称	限量/(mg/kg)	ADI[①]/(mg/kg bw)	残留物	标准编号	标准名称	检测方法
百草枯	0.005[②]	0.005	百草枯阳离子,以二氯百草枯表示	—	—	—
百菌清	0.07[②]	0.02	4-羟基-2,5,6-三氯异苯腈	—	—	—
苯并烯氟菌唑	0.01[②]	0.05	苯并烯氟菌唑	—	—	—
苯丁锡	0.05	0.03	苯丁锡	SN/T 4558—2016	出口食品中三环锡(三唑锡)和苯丁锡含量的测定	气相色谱-质谱法、气相色谱法
苯菌酮	0.01[②]	0.3	苯菌酮	—	—	—
苯醚甲环唑	0.02	0.01	苯醚甲环唑与1-[2-氯-4-(4-氯苯氧基)-苯基]-2-(1,2,4-三唑)-1-基-乙醇的总和,以苯醚甲环唑表示	GB 23200.49—2016	食品安全国家标准 食品中苯醚甲环唑残留量的测定 气相色谱-质谱法	气相色谱-质谱法
苯嘧磺草胺	0.01[②]	0.05	苯嘧磺草胺	—	—	—
苯线磷	0.005[②]	0.0008	苯线磷及其氧类似物(亚砜,砜化合物)之和,以苯线磷表示	—	—	—
吡虫啉	0.1[②]	0.06	吡虫啉及其含6-氯吡啶基的代谢物之和,以吡虫啉表示	—	—	—
吡噻菌胺	0.04[②]	0.1	吡噻菌胺与代谢物1-甲基-3-(三氟甲基)-1H-吡唑-4-甲酰胺之和,以吡噻菌胺表示	—	—	—
吡唑醚菌酯	0.03[②]	0.03	吡唑醚菌酯	—	—	—
吡唑萘菌胺	0.01[②]	0.06	吡唑萘菌胺(异构体之和)	—	—	—
丙环唑	0.01	0.07	丙环唑	GB/T 20772—2008	动物肌肉中461种农药及相关化学品残留量的测定 液相色谱-串联质谱法	液相色谱-串联质谱法
脱硫丙硫菌唑	0.004[②]	0.01	脱硫丙硫菌唑	—	—	—
丙炔氟草胺	0.02[②]	0.02	丙炔氟草胺	—	—	—

续表

农药名称	限量/(mg/kg)	ADI①/(mg/kg bw)	残留物	标准编号	标准名称	检测方法
丙溴磷	0.01	0.03	丙溴磷	SN/T 2234—2008	进出口食品中丙溴磷残留量检测方法 气相色谱法和气相色谱-质谱法	气相色谱法、气相色谱-质谱法
草铵膦	0.02②	0.01	草铵膦母体及其代谢物 N-乙酰基草铵膦、3-(甲基膦基)丙酸的总和	—	—	—
虫酰肼	0.01	0.02	虫酰肼	GB/T 23211—2008	牛奶和奶粉中493种农药及相关化学品残留量的测定 液相色谱-串联质谱法	液相色谱-串联质谱法
除虫脲	0.02②	0.02	除虫脲	—	—	—
敌草腈	0.01②	0.01	2,6-二氯苯甲酰胺	—	—	—
敌草快	0.01②	0.006	敌草快阳离子，以二溴化物表示	—	—	—
敌敌畏	0.01②	0.004	敌敌畏	—	—	—
丁苯吗啉	0.01	0.004	丁苯吗啉	GB/T 23210—2008	牛奶和奶粉中511种农药及相关化学品残留量的测定 气相色谱-串联质谱法	气相色谱-串联质谱法
丁氟螨酯	0.01②	0.1	丁氟螨酯	—	—	—
啶虫脒	0.02	0.07	啶虫脒	GB/T 20772—2008	动物肌肉中461种农药及相关化学品残留量的测定 液相色谱-串联质谱法	液相色谱-串联质谱法
啶酰菌胺	0.1	0.04	啶酰菌胺	GB/T 22979—2008	牛奶和奶粉中啶酰菌胺残留量的测定 气相色谱-质谱法	气相色谱-质谱法
毒死蜱	0.02	0.01	毒死蜱	GB/T 20772—2008	动物肌肉中461种农药及相关化学品残留量的测定 液相色谱-串联质谱法	液相色谱-串联质谱法

续表

农药名称	限量/(mg/kg)	ADI①/(mg/kg bw)	残留物	标准编号	标准名称	检测方法
多菌灵	0.05	0.03	多菌灵	GB/T 20772—2008	动物肌肉中461种农药及相关化学品残留量的测定 液相色谱-串联质谱法	液相色谱-串联质谱法
多杀霉素	1②	0.02	多杀霉素A和多杀霉素D之和	—	—	—
噁唑菌酮	0.03②	0.006	噁唑菌酮	—	—	—
二苯胺	0.01	0.08	二苯胺	GB/T 19650—2006	动物肌肉中478种农药及相关化学品残留量的测定 气相色谱-质谱法	气相色谱-质谱、液相色谱-串联质谱法
二甲戊灵	0.02②	0.1	二甲戊灵	—	—	—
二嗪磷	0.02②	0.005	二嗪磷	—	—	—
粉唑醇	0.01②	0.01	粉唑醇	—	—	—
呋虫胺	0.1②	0.2	呋虫胺与1-甲基-3-(四氢-3-呋喃甲基)脲之和,以呋虫胺表示	—	—	—
氟苯虫酰胺	0.1	0.02	氟苯虫酰胺	GB 23200.76—2016	食品安全国家标准 食品中氟虫酰胺残留量的测定 液相色谱/质谱法	液相色谱-质谱/质谱法
氟吡呋喃酮	0.7②	0.08	氟吡呋喃酮	—	—	—
氟吡菌胺	0.02②	0.08	氟吡菌胺	—	—	—
氟吡菌酰胺	0.8②	0.01	氟吡菌酰胺	—	—	—
氟虫脲	0.01②	0.04	氟虫脲	—	—	—
氟啶虫胺腈	0.2②	0.05	氟啶虫胺腈	—	—	—
氟硅唑	0.05	0.007	氟硅唑	GB/T 20771—2008	蜂蜜中486种农药及相关化学品残留量的测定 液相色谱-串联质谱法	液相色谱-串联质谱法

续表

农药名称	限量/ (mg/kg)	ADI[①] /(mg/kg bw)	残留物	标准编号	标准名称	检测方法
氟氯氰菊酯和 高效氟氯氰菊酯	0.01[②]	0.04	氟氯氰菊酯（异构体之和）	—	—	—
氟噻虫砜	0.01[②]	0.01	氟噻虫砜和代谢物 3，4，4-三氟丁-3-烯-1-磺酸之和，以氟噻虫砜表示	—	—	—
氟唑噻唑吡乙酮	0.01[②]	4	氟唑噻唑吡乙酮	—	—	—
氟酰脲	0.4	0.01	氟酰脲	SN/T 2540 —2010	进出口食品中苯甲酰脲类农药残留量的测定 液相色谱/质谱-质谱法	液相色谱-质谱/质谱法
活化酯	0.01[②]	0.08	活化酯和其代谢物阿拉酸式苯之和，以活化酯表示	—	—	—
甲氨基阿维菌素苯甲酸盐	0.002[②]	0.0005	甲氨基阿维菌素苯甲酸盐 B1a	—	—	—
甲胺磷	0.02	0.004	甲胺磷	GB/T 20772 —2008	动物肌肉中 461 种农药及相关化学品残留量的测定 液相色谱串联质谱法	液相色谱串联质谱法
甲拌磷	0.01	0.0007	甲拌磷及其氧类似物（亚砜、砜）之和，以甲拌磷表示	GB/T 23210 —2008	牛奶和奶粉中 511 种农药及相关化学品残留量的测定 气相色谱-质谱法	气相色谱-质谱法
甲基毒死蜱	0.01	0.01	甲基毒死蜱	GB/T 23210 —2008	牛奶和奶粉中 511 种农药及相关化学品残留量的测定 气相色谱-质谱法	气相色谱-质谱法
甲基嘧啶磷	0.01	0.03	甲基嘧啶磷	GB/T 23210 —2008	牛奶和奶粉中 511 种农药及相关化学品残留量的测定 气相色谱-质谱法	气相色谱-质谱法
甲萘威	0.05	0.008	甲萘威	GB/T 23210 —2008	牛奶和奶粉中 511 种农药及相关化学品残留量的测定 气相色谱-质谱法	气相色谱-质谱法

续表

农药名称	限量/(mg/kg)	ADI①/(mg/kg bw)	残留物	标准编号	标准名称	检测方法
甲氰菊酯	0.01②	0.03	甲氰菊酯	—	—	—
甲氧咪草烟	0.01②	3.0	甲氧咪草烟	—	—	—
腈菌唑	0.01②	0.03	腈菌唑	—	—	—
唑氧灵	0.01	0.2	唑氧灵	GB 23200.56—2016	食品安全国家标准 食品中唑氧灵残留量检测方法	液相色谱-质谱/质谱法
联苯吡菌胺	0.2②	0.02	联苯吡菌胺	—	—	—
联苯肼酯	0.01②	0.01	联苯肼酯和联苯肼酯二氮烯（二氮烯-1-基）羧酸，2-[4-甲氧基-(1,1'-联苯基)-3-基]-1-甲基乙酯，以联苯肼酯表示	—	—	—
联苯菊酯	0.2	0.01	联苯菊酯（异构体之和）	SN/T 1969—2007	进出口食品中联苯菊酯残留量的检测方法 气相色谱质谱法	气相色谱-质谱法
联苯三唑醇	0.05	0.01	联苯三唑醇	GB/T 23211—2008	牛奶和奶粉中493种农药及相关化学品残留量的测定 液相色谱-串联质谱法	液相色谱-串联质谱法
硫丹	0.01	0.006	α-硫丹和β-硫丹及硫丹硫酸酯之和	GB/T 5009.162—2008	动物性食品中有机氯农药和拟除虫菊酯农药多组分残留量的测定	气相色谱-质谱法、气相色谱-电子捕获检测器法测定
				GB/T 5009.19—2008	食品中有机氯农药多组分残留量的测定	毛细管柱气相色谱-电子捕获检测器法、填充柱气相色谱-电子捕获检测器法
螺虫乙酯	0.005②	0.05	螺虫乙酯及其代谢物顺式-3-(2,5-二甲基苯基)-4-羟基-8-甲氧基-1-氮杂螺[4,5]癸-3-烯-2-酮之和，以螺虫乙酯表示	—	—	—

续表

农药名称	限量/(mg/kg)	ADI①/(mg/kg bw)	残留物	标准编号	标准名称	检测方法
螺甲螨酯	0.015②	0.03	螺甲螨酯与代谢物 4-羟基-3-均三甲苯基-1-氧杂螺[4,4]壬-3-烯-2-酮之和,以螺甲螨酯表示	—	—	—
螺螨酯	0.004	0.01	螺螨酯	GB/T 23211—2008	牛奶和奶粉中 493 种农药及相关化学品残留量的测定 液相色谱-串联质谱法	液相色谱-串联质谱法
氯氨吡啶酸	0.02②	0.9	氯氨吡啶酸及其能被水解的共轭物,以氯氨吡啶酸表示	—	—	—
氯苯胺灵	0.01	0.05	氯苯胺灵	GB/T 23210—2008	牛奶和奶粉中 511 种农药及相关化学品残留量的测定 气相色谱-质谱法	气相色谱-质谱法
氯丙嘧啶酸	0.02②	3.0	氯丙嘧啶酸	—	—	—
氯虫苯甲酰胺	0.05②	2.0	氯虫苯甲酰胺	—	—	—
氯氟氰菊酯和高效氯氟氰菊酯	0.2	0.02	氯氟氰菊酯(异构体之和)	GB/T 23210—2008	牛奶和奶粉中 511 种农药及相关化学品残留量的测定 气相色谱-质谱法	气相色谱-质谱法
氯氰菊酯和高效氯氰菊酯	0.05	0.02	氯氰菊酯(异构体之和)	GB/T 23210—2008	牛奶和奶粉中 511 种农药及相关化学品残留量的测定 气相色谱-质谱法	气相色谱-质谱法
麦草畏	0.2②	0.3	麦草畏和 3,6-二氯水杨酸之和,以麦草畏表示	—	—	—
咪唑烟酸	0.01②	3.0	咪唑烟酸	—	—	—
咪鲜胺和咪鲜胺锰盐	0.05②	0.01	咪鲜胺及其含有 2,4,6-三氯酚部分的代谢产物之和,以咪鲜胺表示	—	—	—

续表

农药名称	限量/(mg/kg)	ADI[①]/(mg/kg bw)	残留物	标准编号	标准名称	检测方法
咪唑菌酮	0.01	0.03	咪唑菌酮	GB/T 23210—2008	牛奶和奶粉中511种农药及相关化学品残留量测定 气相色谱-质谱法	气相色谱-质谱法
咪唑乙烟酸	0.01[②]	0.6	咪唑乙烟酸	—	—	—
醚菊酯	0.02[②]	0.03	醚菊酯	—	—	—
醚菌酯	0.01[②]	0.4	E-甲基-2-甲氧基亚氨基-2-[2-(o-甲苯氧基)苯基]醋酸酯,以醚菌酯表示	—	—	—
嘧菌环胺	0.0004[②]	0.03	嘧菌环胺	—	—	—
嘧菌酯	0.01[②]	0.2	嘧菌酯	—	—	—
嘧霉胺	0.01[②]	0.2	嘧霉胺和2-苯胺基-4,6-二甲基嘧啶-5-羟基之和,以嘧霉胺表示	—	—	—
灭草松	0.01[②]	0.09	灭草松	—	—	—
灭多威	0.02[②]	0.02	灭多威	—	—	—
灭线磷	0.01	0.0004	灭线磷	GB/T 23211—2008	牛奶和奶粉中493种农药及相关化学品残留量的测定 液相色谱-串联质谱法	液相色谱-串联质谱法
灭蝇胺	0.01	0.06	灭蝇胺	GB/T 23211—2008	牛奶和奶粉中493种农药及相关化学品残留量的测定 液相色谱-串联质谱法	液相色谱-串联质谱法
嗪氨灵	0.01[②]	0.03	嗪氨灵和三氯乙醛之和,以嗪氨灵表示	—	—	—
氰氟虫腙	0.01	0.1	氰氟虫腙,E-异构体和Z-异构体之和	SN/T 3852—2014	进出口食品中氰氟虫腙残留量的测定 液相色谱-质谱/质谱法	液相色谱-质谱/质谱法
氰戊菊酯和S-氰戊菊酯	0.1	0.02	氰戊菊酯(异构体之和)	GB/T 5009.162	动物性食品中有机氯农药和拟除虫菊酯农药多组分残留量的测定	气相色谱-质谱法
炔螨特	0.1	0.01	炔螨特	GB/T 23211	牛奶和奶粉中493种农药及相关化学品残留量的测定 液相色谱-串联质谱法	液相色谱-串联质谱法

279

续表

农药名称	限量/(mg/kg)	ADI[①]/(mg/kg bw)	残留物	标准编号	标准名称	检测方法
噻草酮	0.02[②]	0.07	噻草酮及其可以被氧化成 3-(3-磺酰基-四氢噻唑基)-戊二酸-S-二氧化物和 3-羟基-3-(3-磺酰基噻唑基)-戊二酸-S-二氧化物的代谢物和降解产物，以噻草酮表示	—	—	—
噻虫胺	0.02	0.1	噻虫胺	GB 23200.39—2016	食品安全国家标准 食品中噻虫嗪及其代谢物噻虫胺残留量的测定 液相色谱-质谱/质谱法	液相色谱-质谱/质谱法
噻虫啉	0.05[②]	0.01	噻虫啉	—	—	—
噻虫嗪	0.05	0.08	噻虫嗪	GB 23200.39—2016	食品安全国家标准 食品中噻虫嗪及其代谢物噻虫胺残留量的测定 液相色谱-质谱/质谱法	液相色谱-质谱/质谱法
噻节因	0.01	0.02	噻节因	GB/T 20771—2008	蜂蜜中486种农药及相关化学品残留量的测定 液相色谱串联质谱法	液相色谱串联质谱法
噻螨酮	0.05[②]	0.03	噻螨酮和反式-5-(4-氯苯基)-4-甲基-2-四氢噻唑-3-氨基脲、反式-5-(4-氯苯基)-4-甲基-2-四氢噻唑-3-氨基脲-N-(顺式-3-羟基环己基)、反式-5-(4-氯苯基)-4-甲基-2-四氢噻唑-3-氨基脲-N-(反式-3-羟基环己基)、反式-5-(4-氯苯基)-4-甲基 1-2-四氢噻唑-3-氨基-N-(顺式-4-羟基环己基)、反式-5-(4-氯苯基)-4-甲基 1-2-四氢噻唑-3-氨基-N-(反式-4-羟基环己基)、5-(4-氯苯基)-4-甲基 1-2-四氢噻唑-3-氨基脲、反式-5-(4-氯苯基)-4-甲基 1-2-四氢噻唑-3-氨基脲-N-(4-环己酮基)、2-四氢噻唑-4-羟基 1-2-四氢噻唑-3-氨基脲、反式-5-(4-苯基 1)-4-甲基 1-2-四氢噻唑-5-(4-苯基)-4-甲基 1-2-四氢噻唑-3-氨基脲之和，以噻螨酮表示			

续表

农药名称	限量/(mg/kg)	ADI①/(mg/kg bw)	残留物	标准编号	标准名称	检测方法
噻嗪酮	0.01	0.009	噻嗪酮	GB/T 23211—2008	牛奶和奶粉中493种药及相关化学品残留量的测定 液相色谱-串联质谱法	液相色谱-串联质谱法
三唑醇	0.01②	0.03	三唑醇	—	—	—
三唑酮	0.01②	0.03	三唑酮和三唑醇之和	—	—	—
杀螟硫磷	0.01	0.006	杀螟硫磷	GB/T 5009.161—2003	动物性食品中有机磷农药多组分残留量的测定	气相色谱法
杀扑磷	0.001	0.001	杀扑磷	GB/T 20772—2008	动物肌肉中461种农药及相关化学品残留量的测定 液相色谱-串联质谱法	液相色谱-串联质谱法
杀线威	0.02②	0.009	杀线威和杀线威肟之和,以杀线威表示	—	—	—
双甲脒	0.01	0.01	双甲脒及 N-(2,4-二甲苯基)-N′-甲基甲脒之和,以双甲脒表示	GB 29707—2013	食品安全国家标准 牛奶中双甲脒残留标志物残留量的测定 气相色谱法	气相色谱法
霜霉威和霜霉威盐酸盐	0.01	0.4	霜霉威	GB/T 23211—2008	牛奶和奶粉中493种药及相关化学品残留量的测定 液相色谱-串联质谱法	液相色谱-串联质谱法
四螨嗪	0.05②	0.02	四螨嗪及含2-氯基结构的所有代谢物,以四螨嗪表示	—	—	—
特丁硫磷	0.01②	0.0006	特丁硫磷及其氧类似物(亚砜、砜)之和,以特丁硫磷表示	—	—	—
涕灭威	0.01	0.003	涕灭威及其氧类似物(亚砜、砜)之和,以涕灭威表示	SN/T 2560—2010	进出口食品中氨基甲酸酯类农药残留量的测定 液相色谱质谱/质谱法	液相色谱质谱/质谱法
戊菌唑	0.01②	0.03	戊菌唑	—	—	—

续表

农药名称	限量/(mg/kg)	ADI①/(mg/kg bw)	残留物	标准编号	标准名称	检测方法
硝磺草酮	0.01	0.5	硝磺草酮	SN/T 4045—2014	出口食品中硝磺草酮残留量的测定 液相色谱-质谱/质谱法	液相色谱-质谱/质谱法
溴氰虫酰胺	0.6②	0.03	溴氰虫酰胺			—
乙烯利	0.01	0.05	乙烯利	GB 23200.82—2016	食品安全国家标准 肉及肉制品中乙烯利残留量的检测方法	气相色谱法
异丙噻菌胺	0.01②	0.05	异丙噻菌胺	—	—	—
艾氏剂	0.006	0.0001	艾氏剂	(1)GB/T 5009.162—2008；(2)GB/T 5009.19—2008	(1)动物性食品中有机氯农药和拟除虫菊酯农药多组分残留量的测定；(2)食品中有机氯农药多组分残留量的测定	(1)气相色谱-电子捕获法、气相色谱-电子捕获检测器法；(2)毛细管柱气相色谱-电子捕获检测器法，填充柱气相色谱-电子捕获检测器法
滴滴涕	0.02	0.01	p,p'-滴滴涕、o,p'-滴滴涕、p,p'-滴滴伊和p,p'-滴滴滴之和			
狄氏剂	0.006	0.0001	狄氏剂			
林丹	0.01	0.005	林丹			
六六六	0.02	0.005	α-六六六、β-六六六、γ-六六六和δ-六六六之和			
氯丹	0.002	0.0005	顺式氯丹、反式氯丹与氧氯丹之和			
七氯	0.006	0.0001	七氯与环氧七氯之和			

① 每日容许摄入量，指人或动物每日摄入某种化学物质（食品添加剂、农药等），对健康无任何已知不良效应的剂量。

② 该限量为临时限量。

附表 5　食品用塑料自黏保鲜膜质量标准检验方法

检验方法	标准编号	标准名称	适用范围
机械测量法	GB/T 6672—2001	塑料薄膜和薄片厚度测定 机械测量法	不适用于压花的薄膜或薄片

项目		指标要求①
厚度偏差	标称厚度 t/mm	t≤0.010
		t>0.010
	厚度偏差/mm	±0.002
		±0.003

续表

项目		指标要求①	检验方法	标准编号	标准名称	适用范围
宽度偏差	标称宽度 ω/mm	ω≤200	计米器测量、人工测量	GB/T 6673—2001	塑料薄膜和薄片 长度和宽度的测定	长度100m以内的薄膜与薄片卷材，作为对其他测量方法检验的基准方法
		200<ω≤400				
		ω>400				
	宽度偏差/mm	±4				
		±5				
		±6				
长度偏差		无负偏差		—	—	—
外观	颜色	应为本色且透明	自然光线下目测	—	—	食品用自黏保鲜膜
	气泡、穿孔及破裂	不应有		—	—	
	杂质/(个/m²)	>0.6mm，不应有；≥0.3m且≤0.6mm，应不多于8	10倍刻度放大镜检查	—	—	
	杂质分散度/[个/(10cm×10cm)]	应不多于5	10cm×10cm的框板检查	—	—	
	鱼眼和晶块②/(个/m²)	>2mm，不应有；≥0.2mm且≤2mm，应不多于20	10倍刻度放大镜检查	—	—	
	鱼眼和晶块分散度/[个/(10cm×10cm)]	应不多于5	10cm×10cm的框板检查	—	—	
	平整度	膜表面应基本平整，允许有少量活褶，允许有少量膜边超出纸芯，但不影响膜卷从纸盒中拉出	自然光线下目测	—	—	

续表

项目	保鲜膜类型					检验方法	标准编号	标准名称	适用范围
	PE	PVC	PBAT	多层共挤	PVDC				
拉伸强度（纵、横向）/MPa	≥10	≥15	≥10	≥10	≥30	单层膜，2 型试样	GB/T 1040.3—2006	塑料 拉伸性能的测定 第 3 部分：薄膜和薄片的试验条件	不适用于泡沫塑料和纺织纤维增强塑料
断裂标称应变（纵、横向）/%	≥120	≥120	≥100	≥120	≥20				
透光率/%	≥90	≥92	≥85	≥90	≥85	雾度计法、分光光度计法	GB/T 2410—2008	透明塑料透光率和雾度的测定	适用于板状、片状、薄膜装透明塑料的透光率和雾度的测定
雾度/%	≤3	≤2	≤4	≤5	≤2				
氧气透过量/[cm³/(m²·24 h·0.1 MPa)]	—	—	—	—	≤85	压差法	GB/T 1038—2000	塑料薄膜和薄片气体透过性试验 压差法	适用于测定空气或其他试验气体
透湿量/[g/(m²·24h)]	—	—	—	—	≤12	红外检测器法	GB/T 26253—2010	塑料薄膜和薄片水蒸气透过率的测定 红外检测器法	适用于塑料薄膜、含塑料的多层复合膜、片材等材料的测定
氧气透过量偏差/%			±30		—				
二氧化碳透过量偏差/%			±30		—	压差法	GB/T 1038—2000	塑料薄膜和薄片气体透过性试验 压差法	适用于测定空气或其他试验气体
透湿量偏差/%			±30		—	红外检测器法	GB/T 26253—2010	塑料薄膜和薄片水蒸气透过率的测定 红外检测器法	适用于塑料薄膜、含塑料的多层复合膜、片材等材料的测定
直角撕裂强度（纵、横向）/(N/mm)			≥40		—	垂直试样方向拉伸	QB/T 1130—1991	塑料直角撕裂性能试验方法	适用于塑料薄膜、薄片及其他类似的塑料材料

物理力学性能

续表

项目	保鲜膜类型					检验方法	标准编号	标准名称	适用范围
		PE	PVC	PBAT	多层共挤	PVDC			
物理力学性能	自黏性(剪切剥离强度)(N/cm²)	≥0.5					拉力机拉伸测分离所需力	GB/T 10457—2021(试验设备应符合GB/T 1040.3—2006)	食品用塑料自粘保鲜膜质量通则	本标准适用于以聚乙烯(PE)、聚氯乙烯(PVC)、聚偏二氯乙烯(PVDC)、乙烯-乙酸乙烯共聚物(EVA)、聚对苯二甲酸己二酸丁二醇酯(PBAT)等树脂为主要原料,通过单层挤出或多层共挤出等工艺生产的食品用自黏保鲜膜
	开卷性	试样应在5s内完全剥开					自然剥离法	—	—	—
	防雾性	在实验条件下,保鲜膜表面应无水珠附着,或仅局部有小水珠附着,不应有水滴大面积附着在表现膜表面					—	—	—	—

① 参考标准《食品用塑料自粘保鲜膜质量通则》(GB/T 10457—2021)。本标准适用于以聚乙烯(PE)、聚氯乙烯(PVC)、聚偏二氯乙烯(PVDC)、乙烯-乙酸乙烯(EVA)、聚对苯二甲酸己二酸丁二醇酯(PBAT)等树脂为主要原料,通过单层挤出或多层共挤等工艺生产的食品用自黏保鲜膜。

② 树脂在成型过程中没有得到充分塑化而在薄膜表面形成的粒点或块状物。

附表6 液体食品包装用塑料复合膜、袋国家标准检验方法

项目		指标要求①	检验方法	标准编号	标准名称	适用范围
尺寸偏差	成品卷复合膜宽度偏差/mm	±2	—	GB/T 6673—2001	塑料薄膜和薄片长度和宽度的测定	长度100m以内的薄膜与薄片卷材,作为对其他测量方法进行检验的基准方法

续表

项目		指标要求①	检验方法	标准编号	标准名称	适用范围
尺寸偏差	卷筒内径偏差/mm	±20	用分辨率为0.1mm的游标卡尺测量	GB 19741—2005	液体食品包装用塑料复合膜、袋	适用于厚度小于0.2mm的由塑料与纸和铝箔(或其他阻透材料)复合而成的包装材料,也适用于用上述材料制成的包装袋
	成品卷端面不平整度偏差/mm	≤3				
	包装长度偏差/mm	±2	—	GB/T 6673—2001	塑料薄膜和薄片长度和宽度的测定	长度100m以内的薄膜与薄片卷材,作为对其他测量方法进行检验的基准方法
	包装宽度偏差/mm	±2				
印刷图案尺寸偏差	套印精度(卷筒、包装袋)/mm	±0.8	10倍刻度放大镜检查	GB 19741—2005	液体食品包装用塑料复合膜、袋	适用于厚度小于0.2mm的由塑料与纸和铝箔(或其他阻透材料)复合而成的包装材料,也适用于用上述材料制成的包装袋
	分切位置(卷筒)/mm	±1.0	用分辨率为0.02mm的游标卡尺测量			
	印刷图案间距(卷筒)/mm	±1.0	—	GB 19741—2005	液体食品包装用塑料复合膜、袋	适用于厚度小于0.2mm的由塑料与纸和铝箔(或其他阻透材料)复合而成的包装材料,也适用于用上述材料制成的包装袋
接头要求	数量	卷筒材料每卷总长度≤600m,接头数量≤3;卷筒材料每卷总长度>600m,接头数量≤5		GB 19741—2005	液体食品包装用塑料复合膜、袋	适用于厚度小于0.2mm的由塑料与纸和铝箔(或其他阻透材料)复合而成的包装材料,也适用于用上述材料制成的包装袋
	距离	相邻两接头之间距离>25m,接头与两端的距离>25m				
	图案与标记	接头处的印刷图案应对正和连接牢固,在使用过程中不应断开,接头处应有明显标记				

续表

项目	复合膜类型 SS膜	WSS膜	WSLZ膜	检验方法	标准编号	标准名称	适用范围
机械性能和物理性能 — 拉断力/(N/15mm)	纵向≥30 横向≥30	纵向≥30 横向≥30	纵向≥50 横向≥35	单层膜,2型试样	GB/T 1040.3—2006	塑料 拉伸性能的测定 第3部分:薄膜和薄片的试验条件	不适用于泡沫塑料和纺织纤维增强塑料
封合强度/(N/15mm)	≥30	≥30	搭接≥40 对接≥20	附录A-封合强度试验方法	GB 19741—2005	液体食品包装用塑料复合膜、袋	适用于塑料、塑料与其他材料(或塑料阻透材料、塑料和铝箔的包装)复合而用于上述材料制成的包装袋
内层塑料膜剥离程度/(N/15mm)	≥3	≥3	≥0.9	—	GB/T 8808—1988	软质复合塑料材料剥离试验方法	各种软质复合塑料材料剥力测定
复合塑料膜与纸黏结度/%	—	—	≥50	附录B-复合塑料膜与纸黏结度试验方法	GB 19741—2005	液体食品包装用塑料复合膜、袋	适用于厚度小于0.2mm的由塑料与其他材料(或塑料阻透材料、塑料和铝箔的包装)复合而用于上述材料制成的包装袋
透氧率/[cm³/(m²·24h·0.1MPa)]	≤2000	≤20	使用铝箔作阻透材料时≤2 使用其他阻透材料时≤20	压差法	GB/T 1038—2000	塑料薄膜和薄片气体透过性试验方法 压差法	适用于测定空气或其他试验气体

续表

项目	复合膜类型 SS膜	WSS膜	WSLZ膜	检验方法	标准编号	标准名称	适用范围
卫生指标	应符合 GB 9683 中规定	应符合 GB 9683 中规定	应符合 GB 9687 中规定	高锰酸钾消耗量、蒸发残渣、重金属、硫化物	GB/T 5009.60—2003②	食品包装用聚乙烯、聚苯乙烯、聚丙烯成型品卫生标准的分析方法	适用于以聚乙烯、聚苯乙烯、聚丙烯为原料制作的各种食具、容器及食品用包装薄膜或各种食品用工具、管道等制品中各项卫生指标的测定
与食品接触表面微生物指标 微生物总数/(个/cm²)	≤1	≤5	≤5	平板计数法及卫生检疫部门规定进行	GB 4789.2—2016	食品安全国家标准 食品微生物学检验 菌落总数测定	适用于食品中菌落总数的测定
生物指标 致病菌	不应检出	不应检出	不应检出				

项目	负荷与要求	检验方法	标准编号	标准名称	适用范围
包装袋(SS膜、WSS膜、WSLZ膜)与内容物总质量 m/g		耐压性能实验装置;试验用包装袋数量≥5个;耐压时间≥1min	GB 19741—2005	液体食品包装用塑料复合膜、袋	适用于厚度小于 0.2mm 的由塑料与塑料、塑料与纸和铝箔复合而成的包装袋。也适用于用上述材料制成的包装袋
m≤250g	≥200N,无破裂、无渗漏				
250g<m≤500g	≥300N,无破裂、无渗漏				
500g<m≤1000g	≥400N,无破裂、无渗漏				
m>1000g	≥400N,无破裂、无渗漏				

项目	跌落高度与要求	检验方法	标准编号	标准名称	适用范围
包装袋(SS膜、WSS膜、WSLZ膜)与内容物质量 m/g		试验面应为坚硬、光滑平面;试验用封合包装袋数量≥5个	GB 19741—2005	液体食品包装用塑料复合膜、袋	适用于厚度小于 0.2mm 的由塑料与塑料、塑料与纸和铝箔(或其他阻透材料)复合而成的包装材料、也适用于用上述材料制成的包装袋
m≤250g	1000mm,无破裂、无渗漏				
250g<m≤500g	800mm,无破裂、无渗漏				
500g<m≤1000g	600mm,无破裂、无渗漏				
m>1000g	500mm,无破裂、无渗漏				

① 参考标准《液体食品包装用塑料复合膜、袋》(GB 19741—2005),本标准适用于厚度小于 0.2mm 的由塑料与塑料、塑料与纸和铝箔(或其他阻透材料)复合而成的包装材料,也适用于用上述材料制成的包装袋。

② 部分有效。

附表7 运行中设备结垢的分类和简易定性鉴别方法及除垢率洗净率指标①

污垢类型②	主要成分	颜色	简易定性鉴别方法	除垢率 N③/%	洗净率 B③/%
碳酸盐垢	碳酸盐含量以 $CaCO_3$ 计不小于60%	灰白色	在5%盐酸溶液中,大部分可溶解,同时产生大量气泡,反应结束后,溶液中设有残留或残留少量不溶物质	≥95	≥95
硫酸盐垢	硫酸盐含量以 $CaSO_4$ 计不小于40%	黄白色或白色	在5%盐酸溶液中能产生极少量的气泡,难溶解;加入10%氯化钡溶液后,生成大量白色沉淀	≥85	≥85
硅酸盐垢	硅酸盐含量以 SiO_2 计不小于20%	灰白色	在5%盐酸溶液中不溶解,加热后部分缓慢溶解,产生透明状沉淀物,加入1%氢氟酸后,大部分能溶解	≥85	≥85
锈垢	氧化铁或铁的氧化物含量不小于80%	棕褐色	加5%盐酸溶液可缓慢溶解,溶液呈黄绿色;加入10%氢氟酸后,能较快地溶解	≥95	≥95
油垢	含油量不小于5%	黑色	将垢样研碎,加入乙醚后,溶液呈黄绿色	≥95	≥95
其他垢型	—	—	指除碳酸盐、硫酸盐、硅酸盐、锈垢、油垢以外的其他各类垢型,如:积装垢、聚合物垢和物料垢等	≥85	≥85

① 参考标准《工业设备化学清洗质量验收规范》(GB/T 25146—2010),本标准适用于碳钢、低合金钢、不锈钢、铜及铜合金、铝及铝合金等材质的工业设备表面形成的水垢、锈垢、油垢及其他污垢的化学清洗。

② 污垢类型定性鉴别方法只适用于粗略判别,如需精确判别,以定量分析结果为准。

③ 参考标准《工业设备化学清洗中除垢率和洗净率测试方法》(GB/T 25148—2010),本标准适用于各类工业设备化学清洗除垢率和洗净率的现场测定。除垢率的测定方法包括视觉清洁法、容积法和重量法;洗净率的测定方法包括拓印法和数点法。

附表 8 食品工具和工业设备用碱性清洗剂理化指标①

项目	含磷（HL类）		无磷（WL类）		检验方法	标准编号	标准名称	适用范围
	HL-A型	HL-B型	WL-A型	WL-B型				
总五氧化二磷（P$_2$O$_5$）含量/%	≥8.0	—	—	≤1.1	磷钼酸喹啉重量法（仲裁法）、磷钼蓝比色法	GB/T 13173—2021	表面活性剂 洗涤剂 试验方法	适用于表面活性剂和洗涤剂产品的指标测定
总碱的质量分数（以 NaOH 计）/%	≥8.0				酸碱滴定	QB/T 4314—2012	食品工具和工业设备用碱性清洗剂	适用于由碱性物质、无机助剂和表面活性剂等组成的食品工具和工业设备用碱性清洗剂，包括添加到碱性物质中用以提高清洗效果的碱性增效剂
荧光增白剂	不得检出				附录 C-荧光增白剂的限量试验			
砷（1%溶液中以 As 计）/（mg/kg）	≤0.05				附录 F-银盐法（仲裁法）、砷斑极限检验	GB 9985—2000	手洗餐具用洗涤剂	适用于由表面活性剂和助剂等配方生产的手洗餐具用洗涤剂
重金属（1%溶液中以 Pb 计）/（mg/kg）	≤1.0				附录 G-重金属限量试验			
去污力②/%	≥90				附录 A-去污力的测定	QB/T 4314—2012	食品工具和工业设备用碱性清洗剂	适用于由碱性物质、无机助剂和表面活性剂等组成的食品工具和工业设备用碱性清洗剂，包括添加到碱性物质中用以提高清洗效果的碱性增效剂

① 参考标准《食品工具和工业设备用碱性清洗剂》（QB/T 4314—2012），本标准适用于由碱性物质、无机助剂和表面活性剂等组成的食品工具和工业设备用碱性清洗剂，包括添加到碱性物质中以提高清洗效果的碱性增效剂。

② 碱性清洗剂的去污力指标要和碱性物质配合使用来测定（碱性增效剂按实际使用浓度添加）。

附表 9 食品工具和工业设备用酸性清洗剂理化指标①

项目	含磷（HL 类）	无磷（WL 类）	检验方法	标准编号	标准名称	适用范围
总五氧化二磷（P_2O_5）含量/%	—	≤1.1	磷钼酸喹啉重量法（仲裁法）、磷钼蓝比色法	GB/T 13173—2021	表面活性剂 洗涤剂 试验方法	适用于表面活性剂和洗涤剂产品的指标测定
有效酸质量分数（以 H_2SO_4 计）/%	≥8.0		酸碱滴定	QB/T 4313—2012	食品工具和工业设备用酸性清洗剂	适用于由酸性物质、各种水质稳定剂和表面活性剂等组成的食品工具和工业设备用酸性清洗剂
荧光增白剂	不得检出		附录 C-荧光增白剂的限量试验			
砷（1%溶液中以 As 计）/(mg/kg)	≤0.05		附录 F-银盐法（仲裁法）、砷斑法限量检验	GB 9985—2000	手洗餐具用洗涤剂	适用于由表面活性剂和助剂等配方生产的手洗餐具用洗涤剂
重金属（1%溶液中以 Pb 计）/(mg/kg)	≤1.0		附录 G-重金属限量试验			
去污力/%	≥90		附录 A-去污力的测定	QB/T 4314—2012	食品工具和工业设备用碱性清洗剂	适用于由碱性物质、各种水质稳定剂和特效表面活性剂等组成的食品工具和工业设备用碱性清洗剂
腐蚀率/[g/(m² · h)]	≤2.0		附录 B-腐蚀率的测定	QB/T 4313—2012	食品工具和工业设备用酸性清洗剂	适用于由酸性物质、各种水质稳定剂和特效表面活性剂等组成的食品工具和工业设备用酸性清洗剂

① 参考标准《食品工具和工业设备用碱性清洗剂》（QB/T 4314—2012），本标准适用于由酸性物质、各种水质稳定剂和特效表面活性剂等组成的食品工具和工业设备用酸性清洗剂。

附表 10　工业设备化学清洗中金属腐蚀率及腐蚀总量指标[1]

设备材质	腐蚀率 K [g/(m²·h)]		腐蚀量 A /(g/m²)	检验标准及适用范围
	实验室验证结果	现场实测结果		
碳钢	≤2	≤25	≤80	《工业设备化学清洗中金属腐蚀率及腐蚀总量的测试方法 重量法》（GB/T 25147—2010）；适用于工业设备清洗前实验室和清洗现场金属腐蚀率及腐蚀总量的测定
不锈钢	≤1	≤1.5	≤20	
紫铜	≤1	≤1.5	≤20	
铜及铜合金	≤1	≤1.5	≤20	
铝及铝合金	≤1	≤1.5	≤20	

① 参考标准《工业设备化学清洗质量验收规范》（GB/T 25146—2010），本标准适用于碳钢、低合金钢、不锈钢、铜及铜合金、铝及铝合金等材质的工业设备表面形成的水垢、锈垢、油泥及其他污垢的化学清洗。本标准只规定了便于现场测定的通用型均匀腐蚀数据，对其他类型的腐蚀，如果施工双方有异议时，可用腐蚀试片进行破坏性检测或直接在设备上进行相应的测试分析。